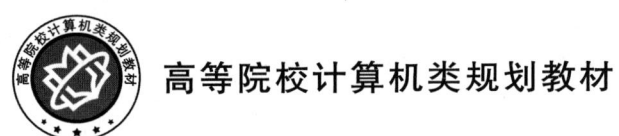

高等院校计算机类规划教材

Python 程序设计

主　编　武　岳
副主编　乔　旭　刘书昌　白云鹤　赵学军

北京邮电大学出版社
www.buptpress.com

内 容 简 介

Python 在 IEEE Spectrum 发布的 2025 年编程语言排行榜中,独占鳌头,是一门简单易学、功能强大且非常受欢迎的编程语言。在当今的人工智能时代,Python 已经成为主流的通用开发语言。它具有高效的数据结构和丰富的第三方开发库,能够用简单且高效的方式编程。本书由浅入深、循序渐进地讲述了 Python 语言的基础知识和需要读者深入掌握的知识要点,并介绍了 15 个项目案例,以加强读者的上机实践能力。

本书适合作为高等院校和培训学校相关专业师生以及编程爱好者的参考书。

图书在版编目（CIP）数据

Python 程序设计 / 武岳主编. -- 北京 ：北京邮电大学出版社，2025. -- ISBN 978-7-5635-7664-7

Ⅰ．TP312.8

中国国家版本馆 CIP 数据核字第 2025BX5239 号

策划编辑：彭　楠　　责任编辑：王小莹　　责任校对：张会良　　封面设计：七星博纳

出版发行	：北京邮电大学出版社
社　　址	：北京市海淀区西土城路 10 号
邮政编码	：100876
发 行 部	：电话：010-62282185　传真：010-62283578
E-mail	：publish@bupt.edu.cn
经　　销	：各地新华书店
印　　刷	：保定市中画美凯印刷有限公司
开　　本	：787 mm×1 092 mm　1/16
印　　张	：22.5
字　　数	：583 千字
版　　次	：2025 年 9 月第 1 版
印　　次	：2025 年 9 月第 1 次印刷

ISBN 978-7-5635-7664-7　　　　　　　　　　　　　　　　　　　　　　　　定价：68.00 元

·如有印装质量问题,请与北京邮电大学出版社发行部联系·

前 言

Python 是一种高层次地结合了解释性、编译性、互动性和面向对象的脚本语言,被广泛用于科学计算、人工智能、云计算、系统运维、数据分析、数据可视化、图形开发及 Web 开发等领域。

本书编写的目标是让零基础的读者可快速掌握关于 Python 语言开发的知识。本书内容包括两大部分:第一部分是 Python 基础,共有 14 章,包括 Python 概述、Python 的基本语法、Python 的组合数据类型、程序控制结构、函数、面向对象、文件、Python 中的正则表达式、异常、模块、GUI 编程、Numpy 库、Pandas 库及 Matplotlib 库;第二部分是项目实践,共有 15 个项目案例供读者上机实践,包括 Python 语言基础、Python 字符串与流程控制、Python 函数、Python 函数的其他相关结构、Python 面向对象程序设计、Python 文件的使用、Python 中的正则表达式、Python 异常处理、GUI 编程、Numpy 库的使用、Pandas 库的使用、Matplotlib 库的使用、Python 网络爬虫与信息的提取、Python 实现基于手写数字的 BP 神经网络、Python 实现基于 scikit-learn 库的鸢尾花数据集的预测。

本书是由北京邮电大学和中国矿业大学(北京)两校教师合作完成的。在本书编写和出版过程中,编者得到了两校领导、老师及同学们的大力支持与帮助,在此一并表示衷心的感谢!在本书的撰写过程中,编者参考了大量专业书籍和网络资料,在此向相关作者表示感谢!

由于编写时间仓促,编者水平有限,书中难免会有不足,希望广大读者批评指正。

编 者
2025 年 2 月于北京邮电大学

目 录

第 1 部分 Python 基础

第 1 章 Python 概述 3
1.1 Python 语言的背景及特点 3
1.2 Python 环境的搭建 5
1.3 pip 管理和 Python 扩展库 8
    1.3.1 pip 管理 8
    1.3.2 Python 扩展库 10
1.4 Python IDE 10
    1.4.1 PyCharm 11
    1.4.2 Visual Studio Code 18
    1.4.3 Jupyter Notebook 18
本章小结 19
练习题 19

第 2 章 Python 的基本语法 20
2.1 标识符、保留字符和基本数据类型 20
    2.1.1 标识符 20
    2.1.2 保留字符 20
    2.1.3 基本数据类型 21
2.2 行和缩进 21
2.3 解释器与注释 21
2.4 变量和运算符 22
    2.4.1 变量与赋值 23
    2.4.2 运算符 24
本章小结 29
练习题 29

第 3 章 Python 的组合数据类型 30
3.1 数字 30

3.2 字符串 30
   3.2.1 字符串的基本操作 31
   3.2.2 字符串的常用方法 32
3.3 序列概述 34
3.4 通用的序列操作 34
   3.4.1 索引 34
   3.4.2 切片 35
   3.4.3 成员资格检查 36
3.5 列表 36
   3.5.1 函数 list 36
   3.5.2 列表的基本操作 37
   3.5.3 列表方法 38
3.6 元组 43
3.7 字典 44
   3.7.1 字典的用途 44
   3.7.2 字典的创建和使用 45
3.8 集合 52
本章小结 53
练习题 53

第 4 章 程序控制结构 55

4.1 条件表达式 55
   4.1.1 关系运算符 55
   4.1.2 逻辑运算符 56
   4.1.3 增强赋值操作 57
4.2 单分支选择结构——if 语句 57
4.3 双分支选择结构——if...else 语句 58
4.4 多分支选择结构——if...elif...else 语句 59
4.5 选择结构的嵌套 60
4.6 循环结构 60
   4.6.1 for 循环与 while 循环 60
   4.6.2 break 与 continue 语句 61
本章小结 62
练习题 62

第 5 章 函数 64

5.1 函数的定义与使用 64
   5.1.1 函数的基本语法 64
   5.1.2 函数嵌套定义 65
   5.1.3 函数的递归调用 66

5.2 函数参数 …………………………………………………………………………… 67
　5.2.1 位置参数 ……………………………………………………………………… 68
　5.2.2 默认值参数 …………………………………………………………………… 68
　5.2.3 关键参数 ……………………………………………………………………… 70
　5.2.4 可变长度参数 ………………………………………………………………… 71
　5.2.5 传递参数时的序列解包 ……………………………………………………… 71
5.3 变量的作用域 ………………………………………………………………………… 73
5.4 生成器函数的设计要点 ……………………………………………………………… 75
本章小结 ……………………………………………………………………………………… 76
练习题 ………………………………………………………………………………………… 77

第 6 章 面向对象 …………………………………………………………………………… 78

6.1 类的定义与使用 ……………………………………………………………………… 78
6.2 数据成员与成员方法 ………………………………………………………………… 79
　6.2.1 私有成员与公有成员 ………………………………………………………… 79
　6.2.2 数据成员 ……………………………………………………………………… 80
　6.2.3 成员方法 ……………………………………………………………………… 81
　6.2.4 属性 …………………………………………………………………………… 83
6.3 继承、多态 …………………………………………………………………………… 85
　6.3.1 继承 …………………………………………………………………………… 85
　6.3.2 多态 …………………………………………………………………………… 86
6.4 特殊方法与运算符重载 ……………………………………………………………… 87
本章小结 ……………………………………………………………………………………… 88
练习题 ………………………………………………………………………………………… 89

第 7 章 文件 ………………………………………………………………………………… 90

7.1 基本文件操作 ………………………………………………………………………… 90
　7.1.1 创建和打开文件 ……………………………………………………………… 90
　7.1.2 使用 with 自动关闭文件 ……………………………………………………… 90
　7.1.3 写入文件内容 ………………………………………………………………… 91
　7.1.4 读取文件 ……………………………………………………………………… 93
7.2 目录操作 ……………………………………………………………………………… 95
　7.2.1 使用 mkdir 创建目录 ………………………………………………………… 95
　7.2.2 使用 rmdir 删除目录 ………………………………………………………… 96
　7.2.3 使用 listdir 列出目录内容 …………………………………………………… 96
　7.2.4 使用 chdir 修改当前目录 …………………………………………………… 97
　7.2.5 使用 glob 列出匹配文件 ……………………………………………………… 97
7.3 高级文件操作 ………………………………………………………………………… 97
　7.3.1 用 remove 删除文件 ………………………………………………………… 97
　7.3.2 用 rename 重命名文件 ……………………………………………………… 98

		7.3.3 用exists判断文件是否存在	98
		7.3.4 用isfile检查名称是不是文件、目录或符号链接	98
		7.3.5 用copy复制文件	99
本章小结			99
练习题			99

第8章 Python中的正则表达式 101

8.1	特殊符号和字符		101
	8.1.1	使用择一匹配符号匹配多个正则表达式模式	103
	8.1.2	匹配任意单个字符	103
	8.1.3	从字符串的起始、结尾位置或者单词边界处匹配	103
	8.1.4	创建字符集	104
	8.1.5	限定范围	104
	8.1.6	使用闭包操作符实现存在性和频数的匹配	105
	8.1.7	表示字符集的特殊字符	106
	8.1.8	使用圆括号指定分组	106
	8.1.9	扩展表示法	107
8.2	正则表达式和Python语言		107
	8.2.1	re模块：核心函数和方法	107
	8.2.2	使用compile函数编译正则表达式	109
	8.2.3	匹配对象以及group和groups方法	109
	8.2.4	使用match方法匹配字符串	109
	8.2.5	使用search在一个字符串中查找模式（搜索与匹配的对比）	110
	8.2.6	匹配多个字符串	111
	8.2.7	匹配任何单个字符	111
	8.2.8	严格限制示例	112
	8.2.9	重复、特殊字符以及分组	113
	8.2.10	匹配字符串的起始和结尾	115
	8.2.11	使用findall和finditer查找每一次出现的位置	116
	8.2.12	使用sub和subn搜索与替换	117
	8.2.13	在限定模式上使用split分隔字符串	118
	8.2.14	扩展符号	119
本章小结			123
练习题			123

第9章 异常 124

9.1	异常概述		124
9.2	异常处理语句		124
	9.2.1	处理ZeroDivisionError异常	124
	9.2.2	使用try-except代码块	125

9.2.3　使用异常避免崩溃 ··· 125
9.2.4　else 代码块 ·· 126
9.2.5　处理 FileNotFoundError 异常 ································· 127
9.3　程序调试 ·· 128
9.3.1　使用 print 进行程序调试 ·· 128
9.3.2　使用 assert 语句调试程序 ······································ 129
本章小结 ·· 129
练习题 ·· 129

第 10 章　模块

10.1　模块概述 ·· 131
10.2　自定义模块 ·· 132
　　10.2.1　创建模块 ·· 132
　　10.2.2　使用 import 语句导入模块 ································ 132
　　10.2.3　使用 from...import 语句导入模块 ···················· 132
　　10.2.4　使用 from...import * 语句导入模块 ················ 133
　　10.2.5　模块搜索目录 ·· 133
10.3　Python 中的包 ·· 133
　　10.3.1　Python 中的包结构 ··· 133
　　10.3.2　创建包 ·· 134
　　10.3.3　导入包 ·· 135
10.4　模板查看方法 ·· 137
　　10.4.1　查看模块成员：dir 函数 ···································· 137
　　10.4.2　查看模块成员：__all__ 变量 ··························· 138
10.5　Python 中常用的内置标准模块 ······································· 138
本章小结 ·· 139
练习题 ·· 139

第 11 章　GUI 编程

11.1　初识 GUI ··· 140
　　11.1.1　GUI 的定义 ·· 140
　　11.1.2　常用的 GUI 框架 ·· 140
　　11.1.3　安装 wxPython ·· 141
11.2　创建应用程序 ·· 141
　　11.2.1　创建一个 wx.App 子类 ······································ 141
　　11.2.2　直接使用 wx.App ·· 142
　　11.2.3　使用 wx.Frame 框架 ·· 143
11.3　常用控件 ·· 144
　　11.3.1　wx.StaticText 文本类 ··· 144
　　11.3.2　wx.TextCtrl 输入文本类 ···································· 147

11.3.3	wx.Button 按钮类	148
11.4	BoxSizer	149
11.4.1	BoxSizer 的定义	150
11.4.2	使用 BoxSizer 布局	150
11.5	事件处理	153
11.5.1	事件的定义	153
11.5.2	绑定事件	153

本章小结 ······ 155
练习题 ······ 155

第 12 章 Numpy 库 ······ 156

12.1	NumPy 数组基础	156
12.1.1	NumPy 数组的属性	156
12.1.2	单个元素的获取	157
12.1.3	数组切片：获取子数组	158
12.1.4	数组的变形	161
12.1.5	数组的拼接和分裂	161
12.2	NumPy 数组的通用函数	163
12.2.1	缓慢的循环	164
12.2.2	通用函数介绍	165
12.2.3	通用函数的存在形式	165
12.2.4	通用函数的特性	167
12.3	内置聚合函数	169
12.3.1	数组值求和	169
12.3.2	获取数组的最小值和最大值	169
12.4	广播	171
12.4.1	广播的介绍	171
12.4.2	广播的规则	172
12.4.3	广播的实际应用	172
12.5	比较、掩码和布尔逻辑	173
12.5.1	和通用函数类似的比较操作	173
12.5.2	使用布尔掩码进行数据筛选	174
12.5.3	操作布尔数组	175
12.6	花哨索引	177
12.6.1	探索花哨索引	177
12.6.2	组合索引	179
12.6.3	用花哨索引来修改值	179
12.7	数组的排序	180
12.7.1	NumPy 中的快速排序：np.sort 和 np.argsort	181
12.7.2	部分排序：分隔	182

12.8 结构化数据：NumPy 的结构化数组 ·········· 183
　12.8.1 更高级的复合数据类型 ·········· 183
　12.8.2 记录数组：结构化数组的扭转 ·········· 183
本章小结 ·········· 184
练习题 ·········· 184

第 13 章 Pandas 库 ·········· 185

13.1 安装并使用 Pandas ·········· 185
13.2 Pandas 对象简介 ·········· 186
　13.2.1 Pandas 的 Series 对象 ·········· 186
　13.2.2 Pandas 的 DataFrame 对象 ·········· 188
　13.2.3 Pandas 的 Index 对象 ·········· 192
13.3 数据选择 ·········· 195
　13.3.1 Series 数据选择方法 ·········· 195
　13.3.2 DataFrame 数据选择方法 ·········· 197
13.4 Pandas 数值运算方法 ·········· 198
　13.4.1 通用函数：保留索引 ·········· 198
　13.4.2 通用函数：索引对齐 ·········· 199
　13.4.3 通用函数：DataFrame 与 Series 的运算 ·········· 202
13.5 处理缺失值 ·········· 204
　13.5.1 Pandas 的缺失值 ·········· 204
　13.5.2 处理缺失值的方法 ·········· 205
　13.5.3 选择处理缺失值的方法 ·········· 208
13.6 层级索引 ·········· 209
　13.6.1 多级索引 Series ·········· 209
　13.6.2 多级索引的创建方法 ·········· 211
　13.6.3 多级索引的取值 ·········· 212
　13.6.4 多级索引的行列转换 ·········· 215
　13.6.5 多级索引的数据累计方法 ·········· 218
13.7 Concat 与 Append 操作 ·········· 218
13.8 合并与连接 ·········· 224
　13.8.1 关系代数 ·········· 224
　13.8.2 数据连接的类型 ·········· 224
　13.8.3 设置数据合并的键 ·········· 227
　13.8.4 设置数据连接的集合操作规则 ·········· 230
13.9 向量化字符串操作 ·········· 232
　13.9.1 Pandas 字符串操作简介 ·········· 232
　13.9.2 Pandas 的向量化字符串方法列表 ·········· 233
13.10 处理时间序列 ·········· 234
　13.10.1 Python 的日期与时间工具 ·········· 234

13.10.2 Pandas 时间序列:用时间作索引 ... 235
13.10.3 Pandas 时间序列的数据结构 ... 235
13.11 eval 与 query ... 237
13.11.1 用 pandas.eval 实现高性能运算 ... 237
13.11.2 用 DataFrame.eval 实现列间运算 ... 238
13.11.3 DataFrame.query 方法 ... 239
本章小结 ... 240
练习题 ... 240

第 14 章 Matplotlib 库 ... 241

14.1 Matplotlib 的常用技巧 ... 241
  14.1.1 导入 Matplotlib ... 241
  14.1.2 设置绘图样式 ... 241
  14.1.3 显示图形 ... 242
  14.1.4 将图形保存为文件 ... 245
14.2 简易线形图 ... 245
  14.2.1 调整图形:线条的颜色与风格 ... 245
  14.2.2 调整图形:坐标轴的上下限 ... 247
  14.2.3 设置图形标签 ... 248
14.3 简易散点图 ... 249
  14.3.1 用 plt.plot 创建散点图 ... 249
  14.3.2 用 plt.scatter 创建散点图 ... 249
  14.3.3 plt.plot 与 plt.scatter 的效率对比 ... 250
14.4 密度图与等高线图 ... 250
14.5 频次直方图、数据区间划分和分布密度 ... 254
14.6 配置图例 ... 258
  14.6.1 选择图例显示的元素 ... 258
  14.6.2 在图例中显示不同尺寸的点 ... 260
  14.6.3 同时显示多个图例 ... 261
14.7 配置颜色条 ... 261
14.8 多子图 ... 263
  14.8.1 plt.axes:手动创建子图 ... 263
  14.8.2 plt.subplot:简易网格子图 ... 265
  14.8.3 plt.subplots:用一行代码创建网格 ... 265
  14.8.4 plt.GridSpec:实现更复杂的排列方式 ... 266
14.9 文字与注释 ... 268
  14.9.1 坐标变换与文字位置 ... 268
  14.9.2 箭头与注释 ... 269
14.10 自定义坐标轴刻度 ... 271
  14.10.1 主要刻度与次要刻度 ... 271

14.10.2 隐藏刻度与标签 ... 272
14.10.3 自动设置刻度位置 ... 273
14.10.4 刻度格式 ... 273
14.11 用 Matplotlib 画三维图 ... 275
　14.11.1 三维数据点与线 ... 276
　14.11.2 三维等高线图 ... 277
　14.11.3 线框图和曲面图 ... 278
　14.11.4 曲面三角剖分 ... 279
本章小结 ... 280
练习题 ... 281

第 2 部分　项目实战

第 15 章　项目 1：Python 语言基础 ... 285
15.1 实验目的与要求 ... 285
15.2 实验内容 ... 285
15.3 实验练习 ... 287

第 16 章　项目 2：Python 字符串与流程控制 ... 289
16.1 实验目的与要求 ... 289
16.2 实验内容 ... 289
16.3 实验练习 ... 292

第 17 章　项目 3：Python 函数 ... 293
17.1 实验目的与要求 ... 293
17.2 实验内容 ... 293
17.3 实验练习 ... 300

第 18 章　项目 4：Python 函数的其他相关结构 ... 301
18.1 实验目的与要求 ... 301
18.2 实验内容 ... 301
18.3 实验练习 ... 303

第 19 章　项目 5：Python 面向对象程序设计 ... 304
19.1 实验目的与要求 ... 304
19.2 实验内容 ... 304
19.3 实验练习 ... 306

第 20 章　项目 6：Python 文件的使用 ... 307
20.1 实验目的与要求 ... 307

20.2 实验内容 ……………………………………………………………………………… 307
20.3 实验练习 ……………………………………………………………………………… 309

第 21 章 项目 7：Python 中的正则表达式 …………………………………………………… 310

21.1 实验目的与要求 ……………………………………………………………………… 310
21.2 实验内容 ……………………………………………………………………………… 310
21.3 实验练习 ……………………………………………………………………………… 312

第 22 章 项目 8：Python 异常处理 ……………………………………………………………… 313

22.1 实验目的与要求 ……………………………………………………………………… 313
22.2 实验内容 ……………………………………………………………………………… 313
22.3 实验练习 ……………………………………………………………………………… 315

第 23 章 项目 9：GUI 编程 ………………………………………………………………………… 316

23.1 实验目的与要求 ……………………………………………………………………… 316
23.2 实验内容 ……………………………………………………………………………… 316
23.3 实验练习 ……………………………………………………………………………… 322

第 24 章 项目 10：Numpy 库的使用 …………………………………………………………… 323

24.1 实验目的与要求 ……………………………………………………………………… 323
24.2 实验内容 ……………………………………………………………………………… 323
24.3 实验练习 ……………………………………………………………………………… 325

第 25 章 项目 11：Pandas 库的使用 …………………………………………………………… 326

25.1 实验目的与要求 ……………………………………………………………………… 326
25.2 实验内容 ……………………………………………………………………………… 326
25.3 实验练习 ……………………………………………………………………………… 328

第 26 章 项目 12：Matplotlib 库的使用 ………………………………………………………… 329

26.1 实验目的与要求 ……………………………………………………………………… 329
26.2 实验内容 ……………………………………………………………………………… 329
26.3 实验练习 ……………………………………………………………………………… 330

第 27 章 项目 13：Python 网络爬虫与信息的提取 …………………………………………… 331

27.1 实验目的与要求 ……………………………………………………………………… 331
27.2 实验内容 ……………………………………………………………………………… 331
27.3 实验练习 ……………………………………………………………………………… 332

第 28 章 项目 14：Python 实现基于手写数字的 BP 神经网络 ……………………………… 333

28.1 实验目的与要求 ……………………………………………………………………… 333

  28.2 实验内容 ………………………………………………………………………… 333
  28.3 实验练习 ………………………………………………………………………… 335

第 29 章 项目 15:Python 实现基于 scikit-learn 库的鸢尾花数据集的预测 …………… 336
  29.1 实验目的与要求 ………………………………………………………………… 336
  29.2 实验内容 ………………………………………………………………………… 336
  29.3 实验练习 ………………………………………………………………………… 340

参考文献 ……………………………………………………………………………………… 341

第1部分
Python 基础

第 1 章 Python概述

1.1 Python 语言的背景及特点

　　Python 是由 Guido van Rossum 在 20 世纪 80 年代末和 20 世纪 90 年代初，在荷兰国家数学和计算机科学研究所设计出来的。Python 是由诸多语言发展而来的，其中包括 ABC、Modula-3、C、C++、Algol-68、SmallTalk、Unix shell 和其他的脚本语言等。像 Perl 语言一样，Python 源代码同样遵循 GPL(GNU General Public License)协议。现在 Python 由一个核心开发团队在维护，Guido van Rossum 仍然在其中起着至关重要的作用，指导其进展。

　　Python 是一种易于学习、功能强大的编程语言。它具有高效的高级数据结构和简单有效的面向对象编程方法。Python 的优雅语法和动态类型，再加上它的解释性质，使其成为大多数平台上脚本编写和快速应用程序开发的理想语言。Python 语言是一种高层次地结合了解释性、编译性、互动性和面向对象的脚本语言。Python 语言的设计具有很强的可读性，相比于其他语言经常使用英文关键字以及标点符号，它的语法结构更有特色。

　　Python 语言是一种解释型脚本语言：这意味着开发过程中没有了编译这个环节。类似于 PHP 和 Perl 语言。Python 是一种交互式语言：这意味着可以在一个 Python 提示符"＞＞＞"后直接执行代码。Python 是一种面向对象语言：这说明 Python 是支持面向对象的风格或代码封装在对象的编程技术。Python 是初学者的语言：对初级程序员而言，Python 是一种伟大的语言，它支持广泛的应用程序开发。

　　Python 语言具有如下特点。
- 易于学习：Python 具有比较少的关键字，结构简单和方法明确，初学者学习起来很容易上手。
- 易于阅读：代码具有很高的可读性。
- 易于维护：由于代码具有很高的可读性，所以维护起来相对容易。
- 具有广泛的标准库：Python 具有丰富的库，跨平台的兼容性很好。
- 具有互动模式：用户可以在终端进行程序的运行和调试。

- 可移植：Python是一个开源的环境，可以被移植到多种平台。
- 可扩展：用户如果想便携一些不愿开放的算法，可以使用其他语言完成这些算法，然后在 Python 程序中调用。
- 具有多种数据库：Python 提供了所有主要的商业数据库接口。
- 支持 GUI 编程：Python 可以创建，也可以移植到多系统中调用。
- 可嵌入：可以将 Python 嵌入 C/C++程序，让用户程序获得脚本化功能。

Python 可以应用于以下领域。

1）Web 和 Internet 开发

Python 可以作为一种服务器语言来辅助前后端开发：从前端来说，其可以帮助生成各种 javascript 文件，从而实现网页端的动态呈现；从后端来说，其可以用来创建不同的应用程序，从而处理前端传过来的请求。目前，Python 里面有很多网页框架（Flask、Bottle、Django 等）和数据处理函数库（Panda、Numpy、Feedparser 等），它们可以直接调用，这能极大地提升网页开发的速度。

2）数据分析和数据科学

Python 里面有很多可以直接使用的数据分析和机器学习方面的函数库。比如，Pandas 和 Numpy 可以搭配起来处理数据表格，Scipy 可以对数据进行统计，Matplotlib 可以生成各种各样的图表来辅助分析，scikit-learn 里面有各种各样的可以直接调用的机器学习算法的函数。很多时候，人们只需要知道这些函数的调用方法及其参数代表的意思就可以了，这可以极大地减轻做研究或者分析时编程的负担。

3）AR/VR

AR/VR 里面涉及了很多的视频处理、图像处理技术，而 Python 里面有很多处理图像、视频的函数。比如，scikit-image 可以用来过滤图片里面的噪声，Pillow 可以用来剪切图片、调整图片的灰度、旋转图片以及给图片添加文字，OpenCV 可以用于边缘检测、模板匹配。上述函数都可以用来处理 AR/VR 里面图像、视频方面的问题。

4）自然语言处理

自然语言处理的主要目标就是准确地识别语义，Python 里面有能实现该目标的函数。比如，NLTK 可以对语句进行分类，提取关键词，Gensim 可以比较两个语句之间的相似度。当然，Python 里面还有很多其他函数可以进行语义识别。

5）人工智能

Python 在人工智能大范畴领域内的机器学习、神经网络、深度学习等方面都是主流的编程语言，得到广泛的支持和应用。许多流行的神经网络框架（如 Meta 的 PyTorch 和 Google 的 TensorFlow）都采用了 Python 语言。

6）云计算

Python 的最强大之处在于模块化和灵活性，而构建云计算平台的 IasS 服务的 OpenStack 就采用了 Python 语言，云计算的其他服务也都是在 IasS 服务之上的。

1.2　Python 环境的搭建

本节将向大家介绍 Python 开发环境的安装步骤及进行环境配置的方法。以下为在 Windows 平台上安装 Python 的简单步骤。

1）下载安装包

打开 Web 浏览器访问 https://www.python.org/downloads/windows/，如图 1.1 所示。

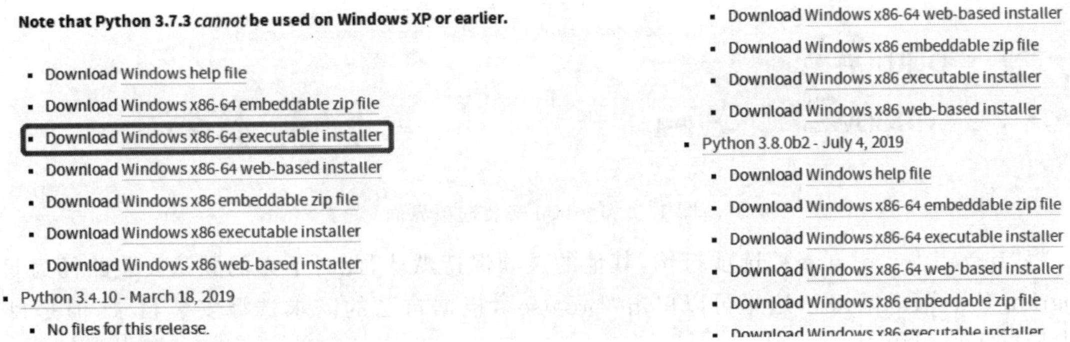

图 1.1　Python 环境下载界面

下载列表中选择 Windows 平台安装包，安装包是格式类似为 python-3.8.5-amd64.exe 的文件，其中-3.8.5 为你要安装的版本号，-amd64 为你系统的版本，如 Windows x86-64 为 64 位版本，Windows x86 为 32 位版本。

2）安装 Python

双击安装包进入安装界面，将图 1.2 所示的两个选项都打钩，再单击"Customize installation"进入下一步。

图 1.2　Python 安装界面

图 1.3 所示的界面默认所有选项都是打钩的，保持默认即可，单击"Next"进入下一步。

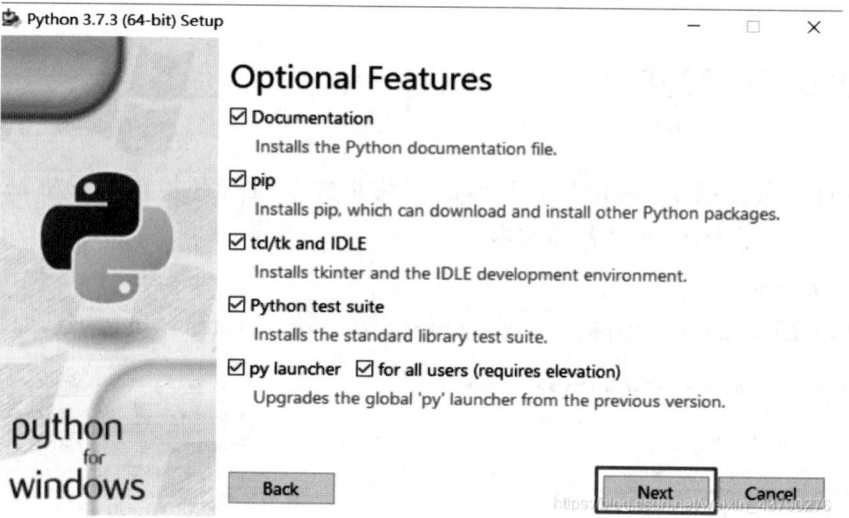

图 1.3　Python 安装选项界面

将"Install for all users"选项打钩,其他的选项保持默认,此时下方的默认安装路径为 C:\Program Files\Python37,这里可以单击"Browse",根据自己的需求选择安装目录,但是目录名中最好不要包含中文。

确认好安装位置后,单击"Install"进行安装,如图 1.4 所示。

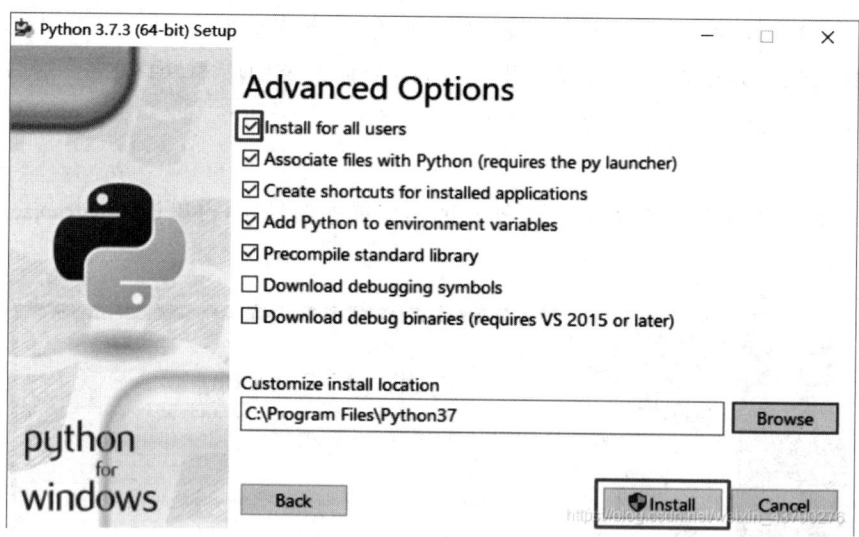

图 1.4　Python 安装路径界面

如图 1.5 所示,Python 3.7.3 开始安装,此时什么也不用做,很快就安装完成了。

进度条完成后,会显示图 1.6 所示的菜单,这表示已经安装成功了,单击"Close"即可。

3)验证安装结果

按 Win+R 键进入运行界面,在里面输入 cmd 并按回车键,进入 Windows 的命令行,在命令行输入 Python37 可以进入 Python 3.7.3 的命令行模式(如果先输入 a=1,然后输入 a,那么控制台会输出 1),测试成功则说明 Python 3.7.3 安装成功,如图 1.7 所示。

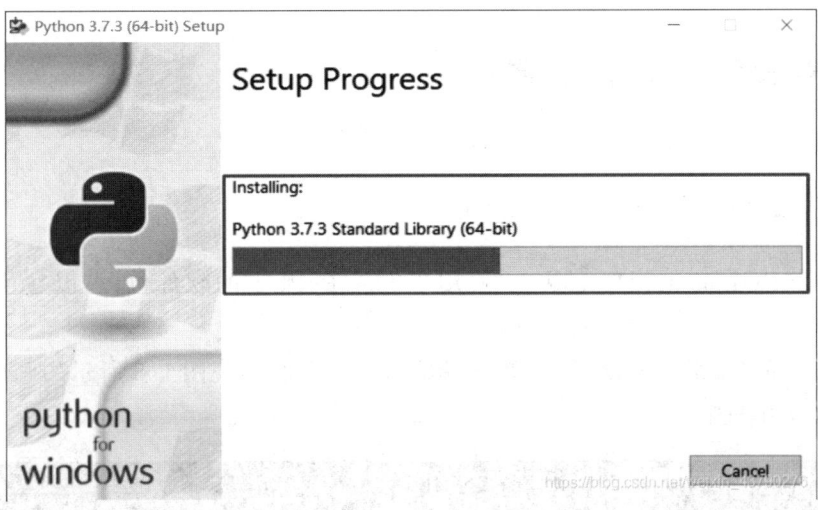

图 1.5　Python 安装界面

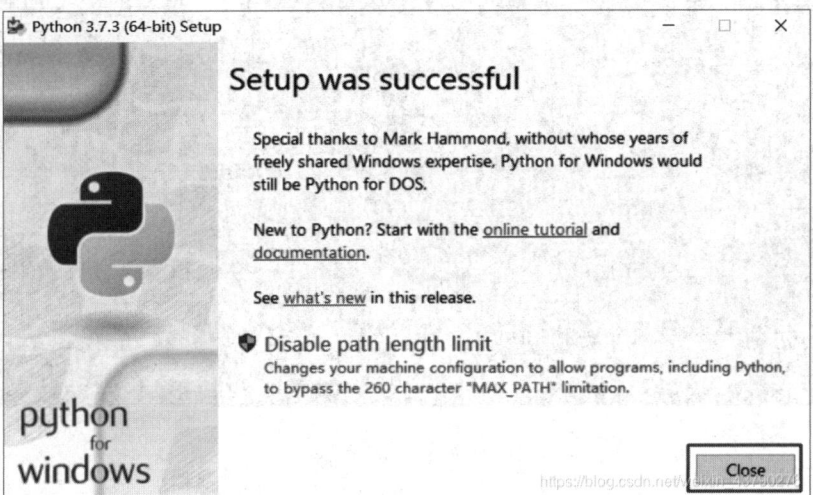

图 1.6　Python 安装完毕

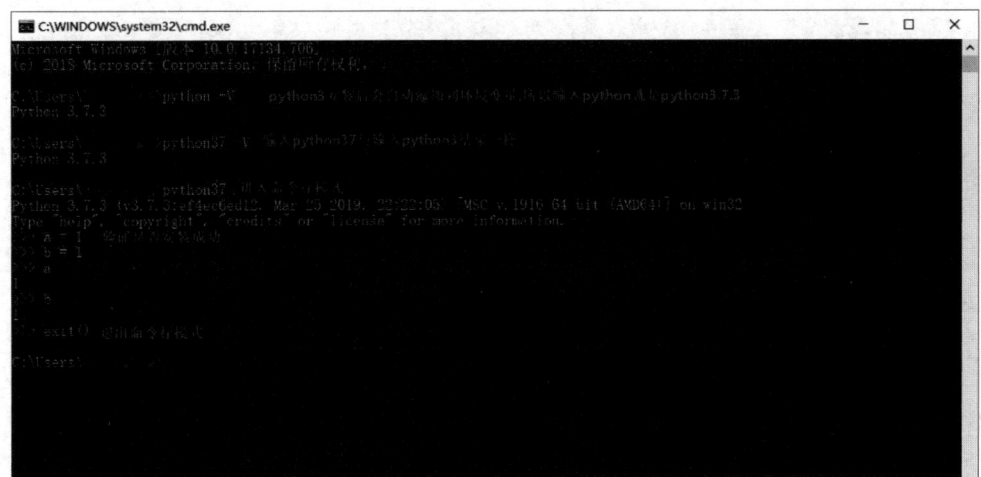

图 1.7　Python 安装成功界面

1.3　pip 管理和 Python 扩展库

1.3.1　pip 管理

pip 是一个 Python 包管理工具，主要用于安装 PyPI 上的软件包，可以替代 easy_install 工具。

在 Python 环境安装完毕之后，若在终端输入 pip，则会出现图 1.8 所示的画面，这证明 pip 已经被安装在了主机上。

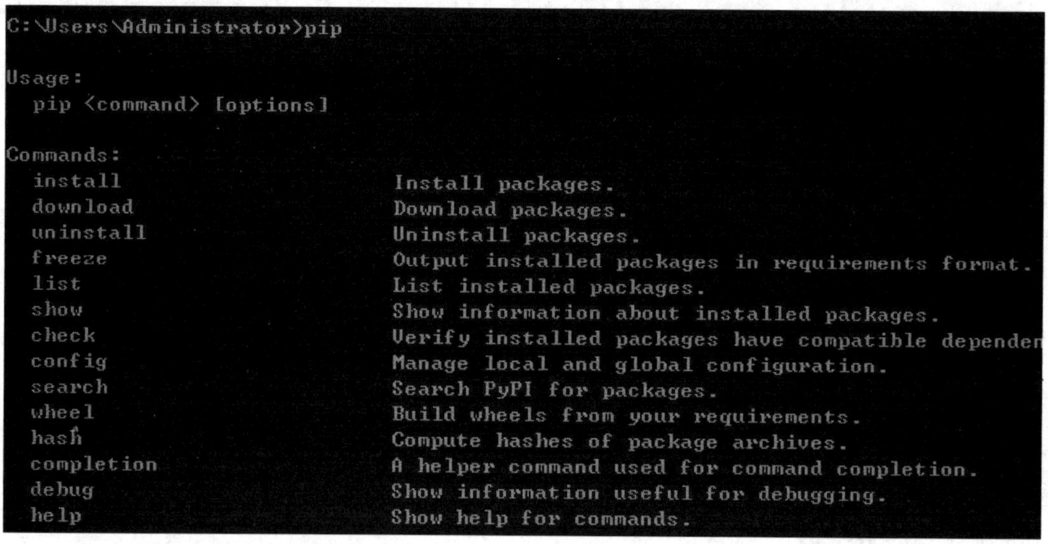

图 1.8　pip 界面

pip 库的基本使用方法如下。

1）pip 自我更新

```
$ pip install -U pip
```

2）安装 PyPI 软件包

```
$ pip install SomePackage              # latest version
$ pip install SomePackage==1.0.4       # specific version
$ pip install 'SomePackage>=1.0.4'     # minimum version
```

安装示例如图 1.9 所示。

```
$ pip install requests
```

3）卸载安装包

```
$ pip uninstall SomePackage
```

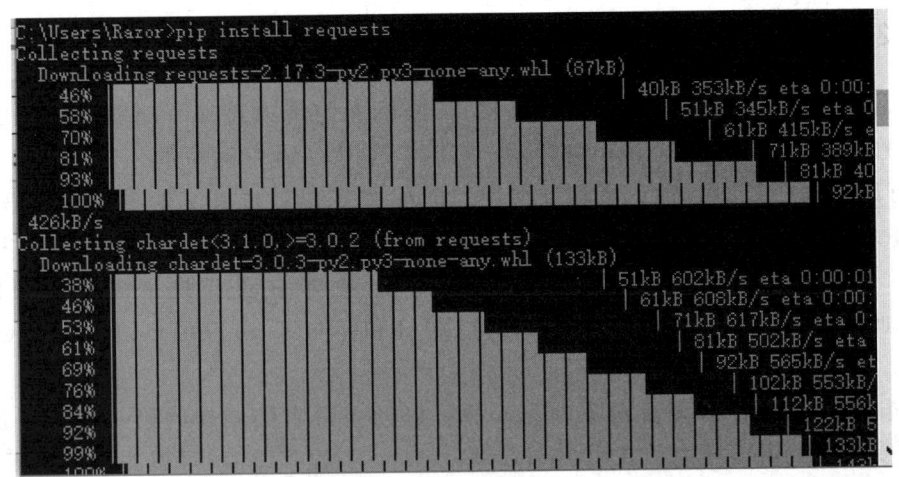

图 1.9 pip 安装界面

4）查看已安装的软件包

```
$ pip list
```

实际查看示例如图 1.10 所示。

图 1.10 pip list 界面

5）查找需要更新的软件包

```
$ pip list -outdated
```

6）更新软件包

```
$ pip install --upgrade SomePackage
```

7）查看软件包的详细信息

```
$ pip show sphinx
Name：Sphinx
Version：1.1.3
Location：/my/env/lib/pythonx.x/site-packages
Requires：Pygments, Jinja2, docutils
```

1.3.2 Python 扩展库

Python 从诞生之日起,就提供了扩展接口,鼓励参与者通过编写功能库来扩展其功能。这些第三方库既可以是用 Python 编写的,也可以是用 C 语言编写的。Python 作为一种胶水语言,可以很方便地与其他语言相互调用。能使用 C 语言或者其他更高效的语言来扩展 Python,极大地方便了程序员。对执行效率要求不高的部分,可以直接用 Python 写,以便事半功倍;对于那些对执行效率有苛刻要求的部分,比如自动驾驶系统里的图像识别部分——从画面中找出交通信号灯并识别红灯、绿灯和转向灯,可以用 C 语言或者 C++来高效实现。

拥有丰富的包/模块以及源源不断由开源社区的建设者们制造的第三方扩展包/模块是 Python 广受欢迎的重要原因。在用 Python 解决任何工程问题时,可以先搜索一下有没有现成的库可以利用。有的库包括在标准的 Python 安装包里,称为标准库;有的库需要单独安装,称为第三方库。无论是标准库还是第三方库,都是对 Python 功能的扩展,统称扩展库。图 1.11 介绍了一些重要的 Python 扩展库。

扩展库	场景
openpyxl	读写 Excel 文件
python-docx	读写 Word 文件
numpy	数组计算和矩阵计算
scipy	科学计算
pandas	数据分析
matplotlib	数据可视化或科学计算可视化
scrapy	爬虫框架
shutil	系统运维
pyopengl	计算机图形学编程
pygame	游戏开发
sklearn	机器学习
tensorflow	深度学习

图 1.11 Python 扩展库

1.4 Python IDE

集成开发环境(IDE,Integrated Development Environment)是用于提供程序开发环境的应用程序,一般包括代码编辑器、编译器、调试器和图形用户界面等工具,是集成了代码编写功能、分析功能、编译功能、调试功能等的一体化开发软件服务套。所有具备上述特性的软件或者软件套(组)都可以叫作集成开发环境,如微软的 Visual Studio 系列,Borland 的 C++ Builder、Delphi 系列等。IDE 可以独立运行,也可以和其他程序并用。下面我们介绍在 Python 语言程序开发中常用的 IDE。

1.4.1 PyCharm

1. PyCharm 简介

PyCharm 是一种 Python IDE,带有一整套可以帮助用户在使用 Python 语言开发时提高效率的工具。此外,该 IDE 还提供了一些高级功能,以支持 Django 框架下的专业 Web 开发。

PyCharm 的特点:首先,PyCharm 拥有一般 IDE 具备的所有功能,比如调试、语法高亮、Project 管理、代码跳转、智能提示、自动完成、单元测试、版本控制等功能;其次,PyCharm 提供了一些很好的功能,这些功能可用于 Django 开发;最后,PyCharm 支持 Google App Engine,更重要的是,它还支持 IronPython。

PyCharm 的主要功能如下。

1) 编码协助

PyCharm 的编码协助功能提供了一个带编码补全、代码片段,支持代码折叠和分割窗口的智能、可配置的编辑器,可帮助用户更快、更轻松地完成编码工作。

2) 项目代码导航

PyCharm 可帮助用户即时从一个文件导航至另一个文件,查看方法声明或调用,甚至追溯类继承关系。用户若学会了使用其提供的快捷键,那么操作速度能更快。

3) 代码分析

用户可使用 PyCharm 的编码语法、错误高亮、智能检测以及一键式代码快速补全等功能,从而使得编码更优化。

4) Python 重构

有了该功能,用户便能在项目范围内轻松进行重命名,提取方法/超类,导入域/变量/常量,移动和前推/后退重构。PyCharm 支持 Django,有了它自带的 HTML、CSS 和 JavaScript 编辑器,用户可以更快速地通过 Django 框架进行 Web 开发。此外,PyCharm 还能支持 CoffeeScript、Mako 和 Jinja2。

5) 集成版本控制

签入、签出、视图拆分与合并等功能都能在 PyCharm 统一的 VCS 用户界面(可用于 Mercurial、Subversion、Git、Perforce 和其他 SCM)中得到。

6) 图形页面调试

用户可以用 PyCharm 自带的功能全面的调试器对 Python 或者 Django 应用程序以及测试单元进行调整,该调试器带断点、步进、多画面视图、窗口以及评估表达式。

7) 集成的单元测试

用户可以在一个文件夹中运行一个测试文件、单个测试类、一个方法或者所有测试项目。还可以支持自定义配置与扩展,并兼容 TextMate、NetBeans、Eclipse、Emacs 的键盘映射,以及 Vi/Vim 仿真插件。

图 1.12 所示为 PyCharm 界面。

图 1.12　PyCharm 界面

2. Pycharm 的安装与使用

1）下载 Pycharm 的安装包

在 Pycharm 的官网（http：//www.jetbrains.com/pycharm/download/♯section＝windows）即可下载安装包。

下载时有两种版本可供选择：Professional（专业版，收费）和 Community（社区版，免费）。一般来说，我们使用 Community 版本就够了，如图 1.13 所示。

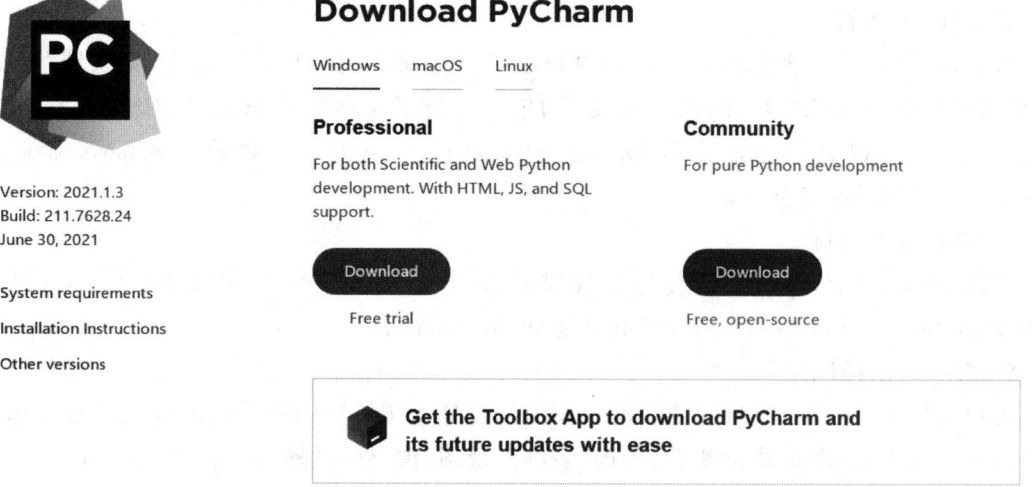

图 1.13　Pycharm 的安装包下载界面

2）安装 Pycharm

第一步，直接单击"Download"下载安装包，然后运行 Pycharm 安装程序，出现界面后点击

"Next"即可。

第二步，选择安装路径，如果要修改安装路径，则单击"Browse…"，如图 1.14 所示。

图 1.14 Pycharm 安装路径

第三步，进行一些设置，若没有特殊需要，则按照图 1.15 所示的勾选即可。

图 1.15 Pycharm 安装选项

如果有特殊需要，请按如下描述确定是否勾选设置。

① 创建快捷方式：根据你当前系统是 32 位还是 64 位进行选择。

② 将 Pycharm 的启动目录添加到环境变量（需要重启），如果需要使用命令行操作 Pycharm，则勾选该选项。

③ 添加鼠标右键菜单，使用打开项目的方式打开文件夹。如果你经常需要查看一些别人的代码，可以勾选该选项，这会增加鼠标右键菜单的选项。

④ 将所有 py 文件关联到 Pycharm，这意味着双击计算机上的 py 文件会默认使用 Pycharm 打开。不建议勾选该选项，因为这样 Pycharm 每次打开文件的速度会比较慢。如果要单独打开 py 文件，建议使用 notepad++等文本编辑器打开，这样打开速度会更快。

⑤ 安装 JetBrains 自带的 jre，用于保证，即使系统未安装 Java 也能运行 IDE 以及避免因系统 Java 版本不符而导致 IDE 崩溃。

第四步，默认即可，单击"Install"。

3）创建项目

如图 1.16 所示，这里选择"Create New Project"。这样会出现设置项目名称和选择解释器的界面，如图 1.17 所示。

图 1.16 Pycharm 创建项目界面

图 1.17 Pycharm 创建项目配置一

出现"Interpreter field is empty"表示 Python 的环境变量有问题。当然,我们也可以直接进行选择,如图 1.18 所示。在选择图 1.18 中的位置 1 后,如果在位置 3 仍没有出现 Python.exe,则单击位置 2 的按钮,选择 Python 的安装目录,找到你安装的 Python 目录,然后选择 Python.exe,如图 1.19 所示。

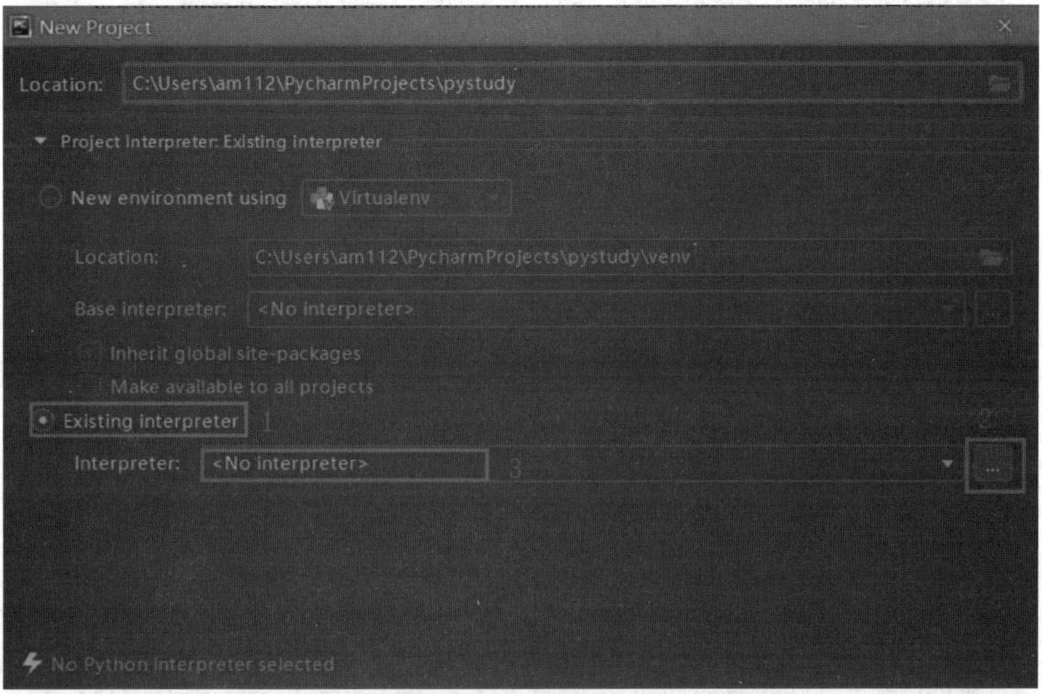

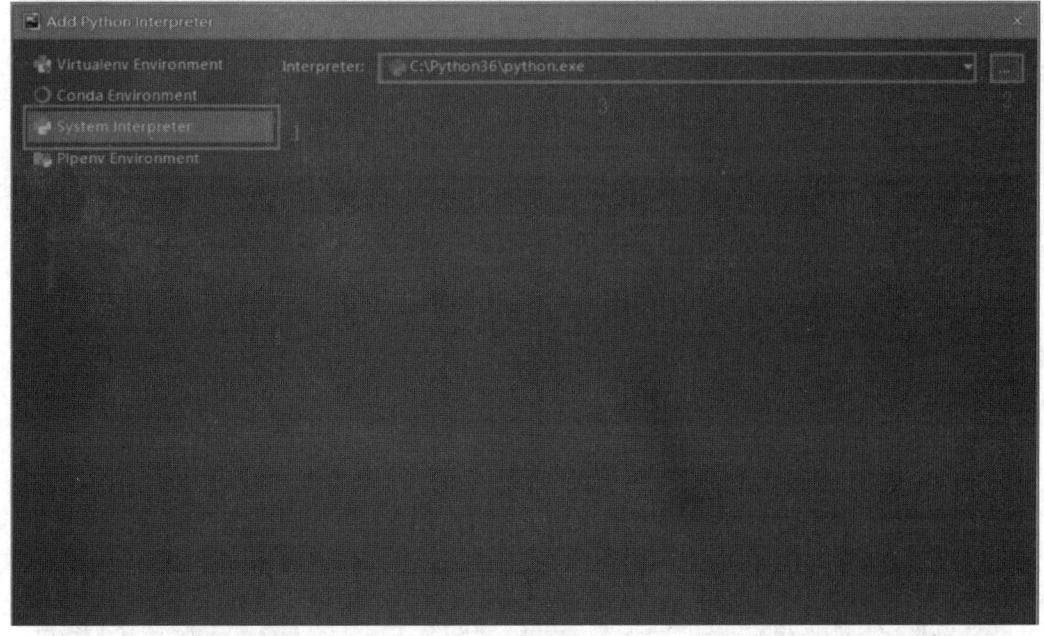

图 1.18　Pycharm 创建项目配置二

图 1.19　Pycharm 创建项目环境配置三

最后单击"Create"即可,如图 1.20 所示。

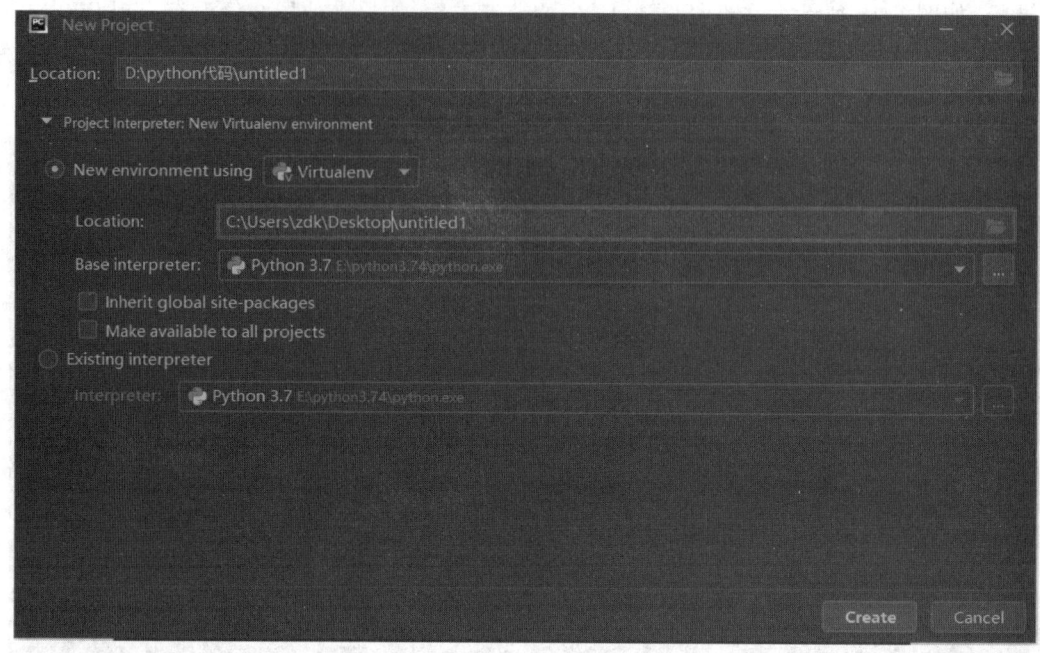

图 1.20　Pycharm 创建项目界面

4)创建 Python 文件

在项目名称的位置单击鼠标右键,选择"New→Python File",如图 1.21 所示。

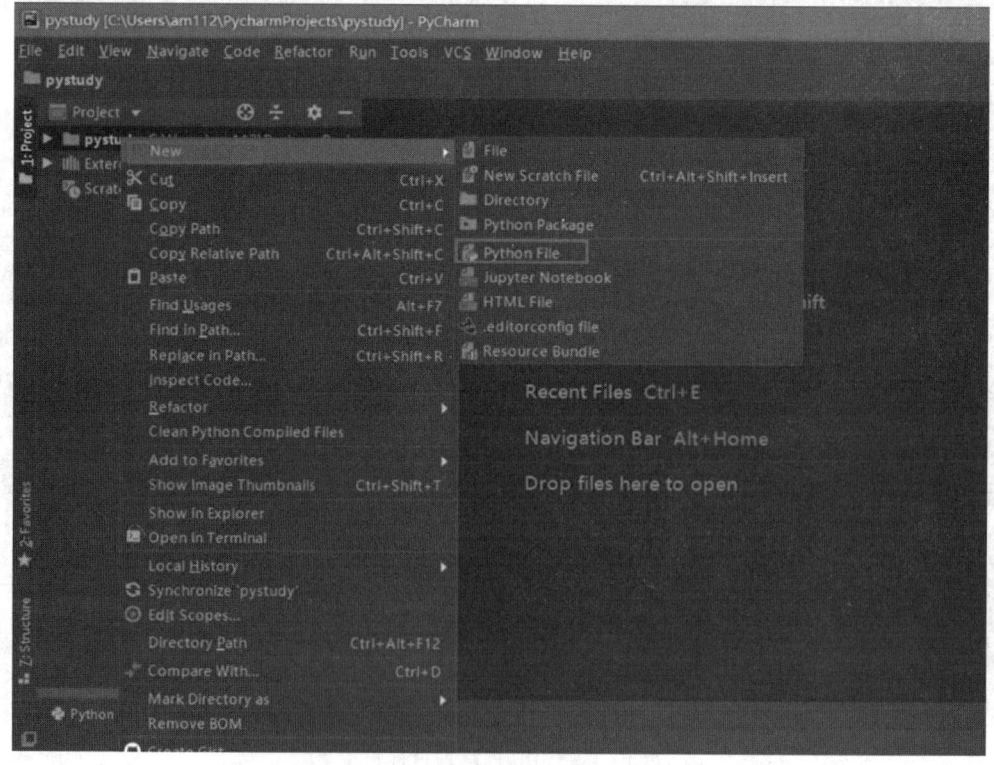

图 1.21　Pycharm 创建 Python 文件

输入文件名,按下回车键,如图 1.22 所示。

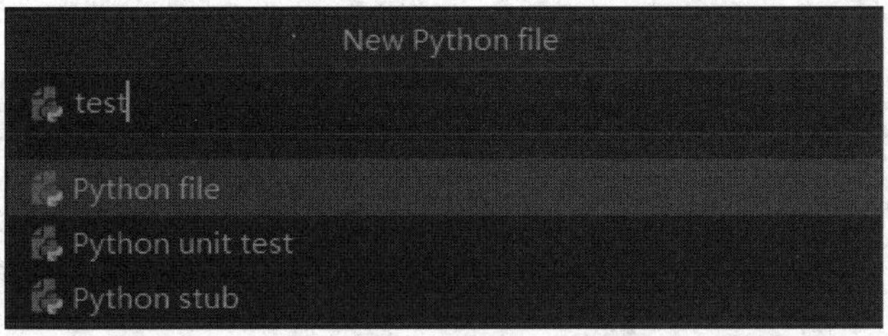

图 1.22　Pycharm 创建项目命名

在文件中输入代码,然后在文件中的任意空白位置单击鼠标右键,选择运行,如图 1.23 所示。

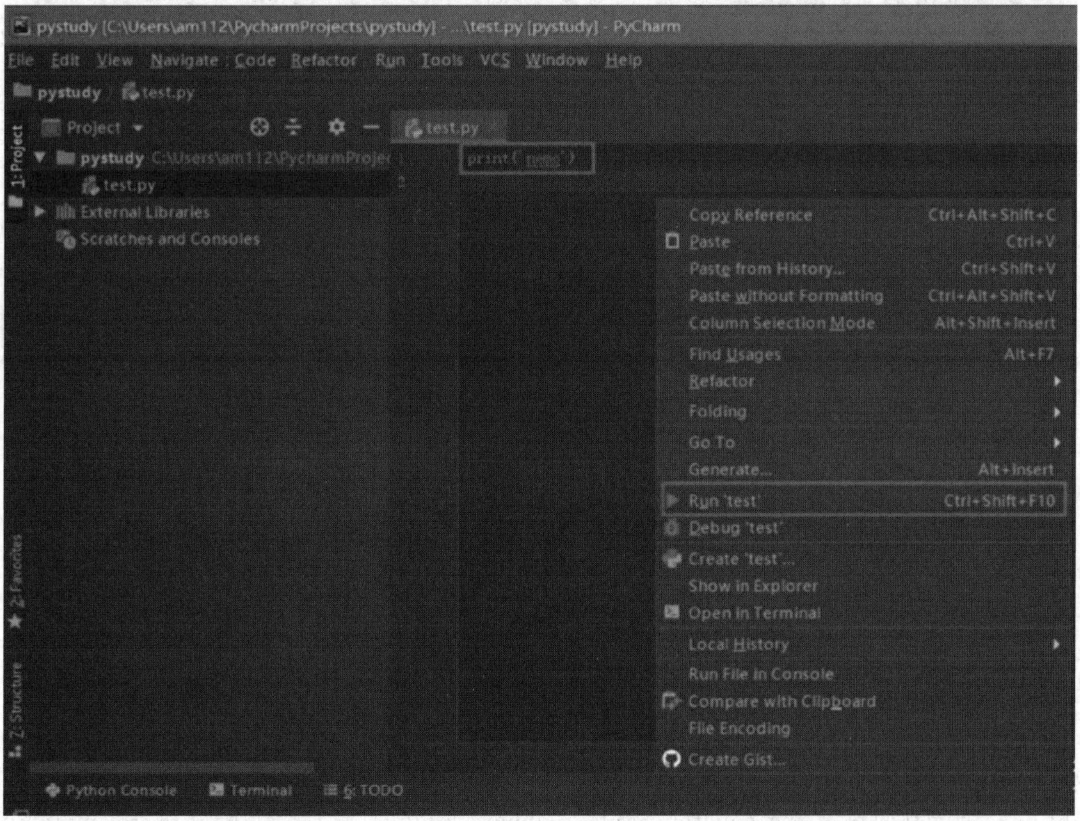

图 1.23　PyCharm 代码书写

在界面的下方显示 PyCharm 运行代码的结果,如图 1.24 所示。

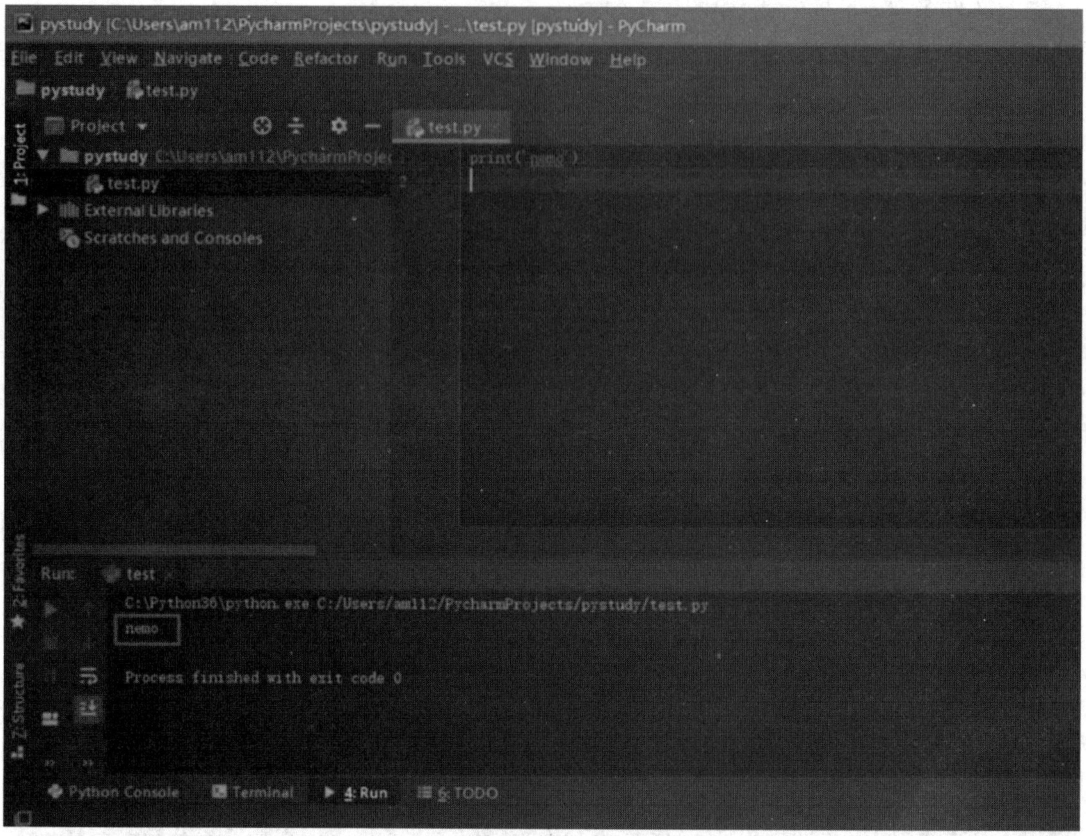

图 1.24 PyCharm 运行代码的结果

1.4.2 Visual Studio Code

Visual Studio Code(简称 VS Code)是由 Microsoft 于 2015 年 4 月 30 日在 Build 开发者大会上正式宣布的、针对编写现代 Web 和云应用的跨平台源代码编辑器,可在桌面上运行,并且可用于 Windows、macOS 和 Linux 系统。它具有对 JavaScript、TypeScript 和 Node.js 的内置支持,并具有丰富的开发语言(如 C++、C♯、Java、Python、PHP、Go)和运行时可扩展的生态系统(如.NET 和 Unity)。

该编辑器集成了一款现代编辑器所有应该具备的特性,包括语法高亮(syntax highlighting)、可定制的热键绑定(customizable keyboard bindings)、括号匹配(bracket matching)以及代码片段收集(snippets)等。

1.4.3 Jupyter Notebook

Jupyter Notebook(此前被称为 IPython notebook)是一个交互式笔记本,支持 40 多种编程语言。

Jupyter Notebook 的本质是一个 Web 应用程序,便于创建和共享文学化程序文档,支持实时代码、数学方程、可视化和 Markdown。其用途包括数据清理和转换、数值模拟、统计建模等。

数据挖掘领域中非常热门的比赛 Kaggle 里的资料都是 Jupyter 格式的,所以 Jupyter Notebook 也是一种广泛应用的 IDE。

本章小结

本章首先介绍 Python 语言的背景特点以及应用,使读者对 Python 语言有了一个初步印象;然后介绍 Python 语言使用之前的基础工作,包括 Python 环境在主机上的搭建、pip 管理和扩展库的初步应用以及常见 IDE 的安装与使用等;最后介绍 Python 语言的语法与逻辑结构,以为读者更好地使用 Python 语言打下坚实的基础。

练习题

1. 浏览 Python 主页(http://python.org/),寻找你感兴趣的主题(你对 Python 越熟悉,这个网站对你来说就越有用)。
2. 请说明 pip 管理和 Python 扩展库的用处。
3. 请说明 IDE 的作用。
4. 请列举出几个感兴趣的 Python 扩展库,并且查询其相关资料。
5. 请使用 IDE 编写输出语句,输出一段话。
6. 请自行选择一个感兴趣的 IDE 并且安装使用它。

第 2 章 Python的基本语法

2.1 标识符、保留字符和基本数据类型

2.1.1 标识符

在 Python 里,标识符由字母、数字和下划线组成,所有的标识符都可包含字母、数字和下划线,但是不能以数字开头。以下划线开头的标识符是有特殊含义的,以单下划线开头的_foo 代表不能直接访问的类属性,需通过类提供的接口进行访问,不能用 from ××× import * 导入。以双下划线开头的 __foo 代表类的私有成员,以双下划线开头和结尾的 __foo__ 代表 Python 里特殊方法专用的标识,如 __init__() 代表类的构造函数。

在 Python 中一般一行显示一条语句,如果需要同一行显示多条语句,则需要用分号(;)隔开。如果一条语句需要多行显示,则需要在换行处加上反斜杠(\)来区分,例如:

```
total = item_one + \
    item_two + \
    item_three
```

如果语句中包含[]、{}或(),就不需要使用多行连接符,例如:

```
days = ['Monday','Tuesday','Wednesday',
    'Thursday','Friday']
```

2.1.2 保留字符

在 Python 中有些关键字不能用于常量名称、变量名称或其他任何标识符名称,这些关键字称为保留字符,其只由小写字母组成。表 2.1 列出了这些保留字符。

表 2.1　保留字符

序号	保留字符	序号	保留字符	序号	保留字符
1	and	11	exec	21	not
2	assert	12	finally	22	or
3	break	13	for	23	pass
4	class	14	from	24	print
5	continue	15	global	25	raise
6	def	16	if	26	return
7	del	17	import	27	try
8	elif	18	in	28	while
9	else	19	is	29	with
10	except	20	lambda	30	yield

2.1.3　基本数据类型

在 Python 3 中有 6 个基本数据类型：
- Number(数字)；
- String(字符串)；
- List(列表)；
- Tuple(元组)；
- Set(集合)；
- Dictionary(字典)。

在 Python 3 的 6 个基本数据类型中，有：
- 不可变数据(3 个)——Number、String、Tuple；
- 可变数据(3 个)——List、Dictionary、Set。

2.2　行和缩进

Python 与其他编程语言最大的不同是不用{ }控制逻辑结构、类以及函数等，主要靠缩进来区分模块。缩进的空格数量一般是以一个 tab 键为准，最好一个模块里的代码缩进统一，例如：

```
if True:
    print("True")
else:
    print("False")
```

2.3　解释器与注释

我们可以在命令提示符中输入"Python"命令来启动 Python 解释器，执行该命令后，出现

图 2.1 所示的窗口信息。

```
C:\Users\zdk>python
Python 3.7.4 (tags/v3.7.4:e09359112e, Jul 8 2019, 20:34:20) [MSC v.1916 64 bit (AMD64)] on win32
Type "help", "copyright", "credits" or "license" for more information.
>>>
```

图 2.1　Python 命令窗口信息

在 Python 提示符中输入以下语句,然后按回车键查看运行效果:

```
print ("Hello, Python!");
```

以上命令的执行结果如图 2.2 所示。

```
>>> print ("Hello, Python!");
Hello, Python!
>>>
```

图 2.2　控制台输出结果

在 Python 中注释一般写在程序的开头或语句的后面,起到解释或说明的作用。或者注释部分代码,有助于程序的调试。单行注释用"#"开头。

```
# 文件名:test.py
# 第一个注释
print ("Hello, Python!")    # 第二个注释
```

多行注释用 3 个单引号(''')或者 3 个双引号(""")将注释括起来。

1. 单引号

```
#! /usr/bin/python3
'''这是多行注释,用三个单引号
''' print("Hello, World!")
```

2. 双引号

```
#! /usr/bin/python3
"""
这是多行注释,使用双引号。
"""
print("Hello, World!")
```

2.4　变量和运算符

Python 程序中的变量是存储在内存中的值,在创建变量时要在内存中开辟一块空间。根据定义的变量的数据类型,解释器会为其分配指定的内存空间,并决定什么数据可以存储在内存中。变量主要分为整数、浮点数、字符类型和布尔类型 4 类。和变量相对应的是常量,常量的存储方式和变量一样,变量的值可以被多次修改,常量的值一旦确定就不能再修改。

2.4.1 变量与赋值

Python 中的变量不需要声明。每个变量在使用前都必须赋值,在赋值以后该变量才会被创建。在 Python 中,变量就是变量,它没有类型,我们所说的"类型"是变量所指的内存中对象的类型。等号运算符(=)用来给变量赋值;等号左边是一个变量名,等号右边是存储在变量中的值。例如:

```
#! /usr/bin/python3
counter = 100           # 整型变量
miles = 1000.0          # 浮点型变量
name = "runoob"         # 字符串
print (counter)
print (miles)
print (name)
```

执行以上程序会输出如下结果:

```
100
1000.0
Runoob
```

Python 允许你同时为多个变量赋值。例如:

```
a = b = c = 1
```

以上实例创建了一个整型对象,其值为 1,从后向前赋值,3 个变量被赋予相同的数值。

也可以为多个对象指定多个变量。例如:

```
a, b, c = 1, 2, "runoob"
```

以上实例中,两个整型对象 1 和 2 分别分配给变量 a 和 b,字符串对象"runoob" 分配给变量 c。

在任何编程语言中,将数据放入变量的过程叫作赋值。在 Python 中使用等号作为赋值符号,具体格式为"变量名=值",简单变量的赋值代码和运行结果如下:

```
counter = 100 # 赋值整型变量
miles = 1000.0 # 浮点型
name = "John" # 字符串
print (counter)
print (miles)
print (name)
```

运行结果:

```
100
1000.0
John
```

只要给变量重新赋值,之前的值就会被覆盖,同时还可以将不同类型的数据赋值给同一变

量,变量重复赋值代码如下:

```
n = 10             #将10赋值给变量n
n = 95             #将95赋值给变量n
n = 200            #将200赋值给变量n
print(n)
abc = 12.5         #将小数赋值给变量abc
abc = 85           #将整数赋值给变量abc
abc = "http://c.biancheng.net/"    #将字符串赋值给变量abc
print(abc)
```

运行结果:

```
200
http://c.biancheng.net/
```

除了赋值给单个数据,也可以将表达式的结果赋值给一个变量,表达式赋值如下:

```
sum = 100 + 20     #将加法的结果赋值给变量
rem = 25 * 30 % 7  #将余数赋值给变量
str = "C语言中文网" + "http://c.biancheng.net/"   #将字符串拼接的结果赋值给变量
print(sum)
print(rem)
print(str)
```

运行结果:

```
120
1
C语言中文网 http://c.biancheng.net/
```

2.4.2 运算符

1. 算术运算符

算术运算符分类如表 2.2 所示,设定变量 a=10,b=20。

表 2.2 算术运算符分类

算术运算符	描述	运算结果
+	加:两个变量相加(a+b)	30
-	减:两个变量相减(a-b)	-10
*	乘:两个变量相乘(a*b)	200
/	除:b 除以 a	2
%	模除:返回 b 除以 a 的余数	0

续表

算术运算符	描述	运算结果
**	幂:a 的 b 次幂 a^b	100000000000000000000

//	取整除:返回商的整数部分(向下取整)	>>> 9//2
		4
		>>> -9//2
		-5

2. 比较运算符

比较运算符分类如表 2.3 所示,设定变量 a=10,b=20,运算结果返回 True 或 False。

表 2.3 比较运算符分类

比较运算符	描述	运算结果
==	等于:比较两个对象是否相等	a==b 返回 False
!=	不等于:比较两个对象是否不相等	a!=b 返回 True
>	大于:返回 a 是否大于 b	a>b 返回 False
<	小于:返回 a 是否小于 b	a<b 返回 True
>=	大于或等于:返回 a 是否大于或等于 b	a>=b 返回 False
<=	小于或等于:返回 a 是否小于或等于 b	a<=b 返回 True

3. 赋值运算符

赋值运算符分类如表 2.4 所示,设定变量 a=10,b=20。

表 2.4 赋值运算符分类

赋值运算符	描述	运算结果
=	简单的赋值运算符	c=a+b 表示将 a+b 的结果赋值给 c
+=	加法赋值运算符	c+=a 等效于 c=c+a
-=	减法赋值运算符	c-=a 等效于 c=c-a
*=	乘法赋值运算符	c*=a 等效于 c=c*a
/=	除法赋值运算符	c/=a 等效于 c=c/a
%=	取模赋值运算符	c%=a 等效于 c=c%a
**=	幂赋值运算符	c**=a 等效于 c=c**a
//=	取整除赋值运算符	c//=a 等效于 c=c//a

4. 位运算符

位运算符是指把数字看作二进制来进行计算的。位运算符分类如表 2.5 所示,设定变量 a=60,b=13,其对应的二进制分别为 00111100 和 00001101。

表 2.5 位运算符分类

位运算符	描述	运算结果
&	按位与运算符:如果参与运算的两个二进制数对应位都为1,则结果为1,否则为0	a&b 的输出结果为 12,二进制解释:00001100
|	按位或运算符:只要两个二进制数对应位有一个为1,结果就为1	a|b 的输出结果为 61,二进制解释:00111101
^	按位异或运算符:当两个二进制数对应位相异时,结果为1	a^b 的输出结果为 49,二进制解释:00110001
~	按位取反运算符:对数据的每个二进制位取反,即把1变为0,把0变为1。~x 类似于 -x-1	~a 的输出结果为 -61,二进制解释:11000011
<<	左移动运算符:运算数的各二进制位全部左移若干位,"<<"右边的数字指定了移动的位数,高位丢弃,低位补0	a<<2 的输出结果为 240,二进制解释:11110000
>>	右移动运算符:把">>"左边的运算数的各二进制位全部右移若干位,">>"右边的数字指定了移动的位数	a>>2 的输出结果为 15,二进制解释:00001111

5. 逻辑运算符

逻辑运算符分类如表 2.6 所示,设定变量 a=10,b=20。

表 2.6 逻辑运算符分类

逻辑运算符	逻辑表达式	描述	运算结果
and	a and b	与:如果 a 为 False,则 a and b 返回 False,否则返回 b 的计算值	a and b 返回 20
or	a or b	或:如果 a 是非0,则返回 a 的值,否则返回 b 的计算值	a or b 返回 10
not	not a	非:如果 a 为 True,则返回 False;如果 a 为 False,则返回 True	not(a and b)返回 False

6. 成员运算符

成员运算符用于判断指定序列中是否包含指定的数据,指定的数据可以是字符串、列表、元组或字典。成员运算符分类如表 2.7 所示。

表 2.7 成员运算符分类

成员运算符	描述	运算结果
in	如果在指定的序列中找到指定数据,则返回 True,否则返回 False	x 在 y 序列中,如果 x 在 y 序列中,则返回 True
not in	如果在指定的序列中没有找到指定数据,则返回 True,否则返回 False	x 不在 y 序列中,如果 x 不在 y 序列中,则返回 True

有关成员运算符的使用参照以下实例:

```
a = 10
b = 20
list = [1, 2, 3, 4, 5];
if ( a in list ):
    print("1 - 变量 a 在给定的列表 list 中")
else:
    print("1 - 变量 a 不在给定的列表 list 中")
if ( b not in list ):
    print("2 - 变量 b 不在给定的列表 list 中")
else:
    print("2 - 变量 b 在给定的列表 list 中")
#修改变量 a 的值
a = 2
if ( a in list ):
    print("3 - 变量 a 在给定的列表 list 中")
else:
    print("3 - 变量 a 不在给定的列表 list 中")
```

运行结果：

1-变量 a 不在给定的列表 list 中
2-变量 b 不在给定的列表 list 中
3-变量 a 在给定的列表 list 中

7．身份运算符

身份运算符用于比较两个对象的存储单元。身份运算符分类如表 2.8 所示。

表 2.8 身份运算符分类

身份运算符	描述	运算结果
is	is 用于判断两个标识符是不是引用同一个对象	x is y，如果两者引用的是同一个对象，则返回 True，否则返回 False
is not	is not 用于判断两个标识符是不是引用不同的对象	x is not y，如果两者引用的不是同一个对象，则返回结果 True，否则返回 False

有关身份运算符的使用参考以下实例：

```
a = 20
b = 20
if ( a is b ):
    print("1 - a 和 b 有相同的标识")
else:
    print("1 - a 和 b 没有相同的标识")
```

```
    if ( a is not b ):
        print ("2 - a 和 b 没有相同的标识")
else :
    print ("2 - a 和 b 有相同的标识")
#修改变量 b 的值
b = 30
if ( a is b ):
    print ("3 - a 和 b 有相同的标识")
else :
    print ("3 - a 和 b 没有相同的标识")
if ( a is not b ):
    print ("4 - a 和 b 没有相同的标识")
else :
    print ("4 - a 和 b 有相同的标识")
```

运行结果：

```
1 - a 和 b 有相同的标识
2 - a 和 b 有相同的标识
3 - a 和 b 没有相同的标识
4 - a 和 b 没有相同的标识
```

当在程序表达式中出现多个以上列出的运算符时，它们会有优先级之分，即先执行什么操作后执行什么操作。表 2.9 把运算符的优先级从高到低进行了排列。

表 2.9 运算符的优先级

运算符	描述
**	指数（最高优先级）
~	按位翻转
*、/、%、//	乘、除、取模和取整除
+、-	加法、减法
>>、<<	右移、左移运算符
&	按位与运算符
^、|	位运算符
<=、<、>、>=	比较运算符
==、!=	等于运算符
=、%=、/=、//=、-=、+=、*=、**=	赋值运算符
is、is not	身份运算符
in、not in	成员运算符
not、and、or	逻辑运算符

本章小结

本章通过介绍标识符、保留字符和数据类型,使读者对于 Python 程序书写有了基本认识;通过讲解行和缩进,让读者对于 Python 程序书写的格式有了初步了解。解释器的使用可以让我们不依赖 IDE 进行程序编写。注释使得程序的可读性有了极大的提高。最后,本章通过介绍变量与运算符,让读者了解了程序的逻辑运算。

练习题

1. 简单消息:将一条消息存储到变量中,再将其打印出来。
2. 多条简单消息:将一条消息储存到变量中,将其打印出来;再将变量的值修改为一条新消息,将其打印出来。
3. 选择你编写的两个程序,在每个程序中至少添加一条注释。如果程序太简单,实在没有什么要说明的,就在程序文件的开头加上你的姓名和当前日期,再用一句话阐述程序的功能。
4. 编写 4 个表达式,它们分别使用加、减、乘、除等运算,但是表达式的结果都是数字 8。为使用 print 语句来显示结果,务必将这些表达式用括号括起来,也就是说,应该编写 4 行类似于下面的代码:

```
Print(5 + 3)
```

输出应为 4 行,其中每行都只包含数字 8。

5. 将你最喜欢的数字存储在一个合适的变量中,再使用这个变量创建一条消息,指出你最喜欢的数字,并将这条消息打印出来。

第 3 章 Python的组合数据类型

3.1 数字

Python 3 支持 int、float、bool、complex(复数)。

在 Python 3 中,只有一种整数类型 int,其表示长整型,没有 python 2 中的 Long。像大多数语言一样,Python 语言中数值类型的赋值和计算都是很直观的。其内置的 type 函数可以用来查询变量所指的对象类型。

```
>>> a, b, c, d = 20, 5.5, True, 4 + 3j
>>> print(type(a), type(b), type(c), type(d))
<class 'int'> <class 'float'> <class 'bool'> <class 'complex'>
```

此外,还可以用函数 isinstance 来判断:

```
>>> a = 111
>>> isinstance(a, int)
True
>>>
```

isinstance 和 type 的区别在于:type 不会认为子类是一种父类类型,而 isinstance 会认为子类是一种父类类型。

3.2 字符串

字符串是 Python 中常用的数据类型,我们可以使用引号('或")来创建字符串。创建字符串时只要为变量分配一个值即可,例如:

```
Str1 = 'hello world'
Str2 = "Python"
```

3.2.1 字符串的基本操作

1. 访问字符串中的值

Python 不支持单字符类型,单字符在 Python 中也作为一个字符串使用,在访问字符串时使用方括号截取字符串。创建和访问字符串示例如下:

```
var1 = 'Hello World!'
var2 = "Python Runoob"
print ("var1[0]:", var1[0])
print ("var2[1:5]:", var2[1:5])
```

运行结果:

```
var1[0]: H
var2[1:5]: ytho
```

2. 字符串拼接

在实际开发应用场景中,我们需要将字符串和其他类型的数据拼接在一起使用,对于字符串常量之间的拼接直接使用"+"就可以。字符串常量拼接的代码示例如下:

```
str = 'Hello World!'
print (str[:6] + 'python!')
```

拼接完的字符串输出为

```
Hello python!
```

但是,Python 不允许直接拼接数字,所以在拼接之前必须先将数字转换成字符串。可借助 str 和 repr 函数将数字转换成字符串,使用格式为 str(obj) 和 repr(obj),obj 表示要转换的对象,其可以是数字、列表、元组、字典等多种类型的数据。字符串与其他类型数据拼接的代码示例如下:

```
name = "中国矿业大学(北京)"
age = 112
info = name + "已经成立" + str(age) + "年了"
print (info)
```

拼接完的字符串输出为

```
中国矿业大学(北京)已经成立112年了
```

3. 转义字符

在实际应用场景时有时需要在字符中使用特殊字符,这时候需要用反斜杠(\)转义字符(如表 3.1 所示)。

表 3.1 转义字符

转义字符	描述
\(在行尾时)	续行符
\\	反斜杠符号
\'	单引号
\"	双引号
\a	响铃
\b	退格(backspace)
\e	转义
\000	空
\n	换行
\v	纵向制表符
\t	横向制表符
\r	回车
\f	换页
\oyy	八进制数,yy 代表字符,例如,\o12 代表换行
\xyy	十六进制数,yy 代表字符,例如,\x0a 代表换行
\other	其他字符以普通格式输出

3.2.2 字符串的常用方法

1. Unicode 字符串

在 Python 中定义一个 Unicode 字符串和定义一个普通字符串一样简单:

>>> print(u"hello world!")
hello world!

引号前小写的 u 表示这里创建的是一个 Unicode 字符串。如果你想加入一个特殊字符,可以使用 Python 的 Unicode-Escape 编码:

>>> print(u'Hello\u0020World ! ')
Hello World !

被替换的\u0020 标识表示在给定位置插入编码值为 0x0020 的 Unicode 字符(空格符)。

2. 内置方法

字符串方法是从 Python1.6 开始慢慢加进来的,这些方法实现了 string 模块的大部分方法,表 3.2 列出了目前字符串支持的方法,所有的方法都包含了对 Unicode 的支持,有一些甚至是专门用于 Unicode 的。

表 3.2　字符串方法

方法	描述
string.capitalize()	把字符串的第一个字符大写
string.count(str,beg=0,end=len(string))	返回 str 在 string 里面出现的次数,如果 beg 或者 end 指定,则返回指定范围内 str 出现的次数
string.decode(encoding='UTF-8',errors='strict')	以 encoding 指定的编码格式解码 string,如果出错,则默认报一个 ValueError 异常,除非 errors 指定的是'ignore'或者'replace'
string.encode(encoding='UTF-8',errors='strict')	以 encoding 指定的编码格式编码 string,如果出错,则默认报一个 ValueError 异常,除非 errors 指定的是'ignore'或者'replace'
string.endswith(obj,beg=0,end=len(string))	检查字符串是否以 obj 结束,如果 beg 或者 end 指定,则检查指定的范围内是否以 obj 结束,若是,则返回 True,否则返回 False
string.expandtabs(tabsize=8)	把字符串 string 中的 tab 符号转为空格,tab 符号默认的空格数是 8
string.find(str,beg=0,end=len(string))	检测 str 是否包含在 string 中,如果 beg 和 end 指定,则检查 str 是否包含在从 beg 到 end 的指定范围内,若是,则返回开始的索引值,否则返回-1
string.format()	格式化字符串
string.join(seq)	以 string 作为分隔符,将 seq 中所有的元素(以字符串表示)合并为一个新的字符串
string.lower()	将 string 中所有的大写字符转变为小写字符
string.lstrip()	截掉 string 左边的空格
string.rstrip()	删除 string 字符串末尾的空格
string.upper()	将 string 中的小写字母转变为大写字母

对于上述字符串方法的具体使用实例参照实验教程。本书只举几个例子简单说明一下。

```
str = "hello world"
str1 = "PYthon"
str2 = "python learn"
print (str.capitalize())
print (str.format())
print (str1.lower())
print (str.upper())
print (str2.lstrip())
```

运行结果：

```
Hello world
hello world
python
HELLO WORLD
python learn
```

3.3 序列概述

Python内置了多种序列,本章重点讨论其中最常用的两种:列表和元组。列表和元组的主要不同在于,列表是可以修改的,而元组是不可以修改的。这意味着列表适用于需要中途添加元素的情形,而元组适用于出于某种考虑需要禁止修改序列的情形。禁止修改序列通常出于技术方面的考虑,与Python的内部工作原理相关,这也是有些内置函数返回元组的原因所在。

在需要处理一系列值时,序列很有用。在数据库中,你可以使用序列来表示人,其中第一个元素为姓名,第二个元素为年龄。使用列表来表示序列(所有元素都放在方括号内,并用逗号隔开)将类似于下面这样:

```
>>> edward = ['EdwardGumby', 42]
```

序列还可包含其他序列,因此可创建一个由数据库中所有人员组成的列表:

```
>>> edward = ['EdwardGumby', 42]
>>> john = ['JohnSmith', 50]
>>> database = [edward, john]
>>> database
[['EdwardGumby', 42], ['JohnSmith', 50]]
```

3.4 通用的序列操作

有几种操作适用于所有序列,包括索引、切片、相加、相乘和成员资格检查。另外,Python还提供了一些内置函数,它们可用于确定序列的长度以及找出序列中最大和最小的元素。

3.4.1 索引

序列中的所有元素都有编号——从0开始递增。你可像下面这样使用编号来访问各个元素:

```
>>> greeting = 'Hello'
>>> greeting[0]
'H'
```

这称为索引(indexing)。可使用索引来获取元素。这种索引方式适用于所有序列。当你使用负数索引时,Python将从右(即从最后一个元素)开始往左数,因此-1是最后一个元素的位置。

```
>>> greeting[-1]
'o'
```

对于字符串字面量(以及其他的序列字面量),可直接对其执行索引操作,无须先将其赋给变量。这与先赋给变量、再对变量执行索引操作的效果是一样的。

```
>>> 'Hello'[1]
'e'
```

如果函数调用返回一个序列，则可直接对其执行索引操作。例如，如果你只想获取用户输入的年份的第 4 位，则可像下面这样做：

```
>>> fourth = input('Year:')[3]
Year:2005
>>> fourth
'5'
```

3.4.2 切片

除使用索引来访问单个元素外，还可使用切片来访问特定范围内的元素。为此，可使用两个索引，并用冒号分隔：

```
>>> tag = 'Pythonwebsite'
>>> tag[9:30]
'http://www.python.org'
>>> tag[32:-4]
'Pythonwebsite'
```

切片适用于提取序列的一部分，其中的编号非常重要。第一个索引是第一个元素的编号，但第二个索引是切片后余下的第一个元素的编号。请看下面的示例：

```
>>> numbers = [1,2,3,4,5,6,7,8,9,10]
>>> numbers[3:6] [4,5,6]
>>> numbers[0:1] [1]
```

简而言之，若提供两个索引来指定切片的边界，则第一个索引指定的元素包含在切片内，但第二个索引指定的元素不包含在切片内。

切片提取的序列的一部分可以形成新的序列。序列相加可使用加法运算符来拼接序列。

```
>>> [1,2,3] + [4,5,6] [1,2,3,4,5,6]
>>> 'Hello,' + 'world! ' "Hello,world! '
>>> [1,2,3] + 'world! '
Traceback (innermost last):
    File "", line 1, in ?
        [1,2,3] + 'world! '
TypeError: can only concatenate list (not "string") to list
```

从错误消息可知，不能拼接列表和字符串，虽然它们都是序列。一般而言，不能拼接不同类型的序列。

3.4.3 成员资格检查

要检查特定的值是否包含在序列中,可使用运算符 in。这个运算符与前面讨论的运算符(如乘法或加法运算符)稍有不同。它用于检查是否满足指定的条件,并返回相应的值:满足时返回 True,不满足时返回 False。

下面是一些 in 运算符的使用示例:

```
>>> permissions = 'rw'
>>> 'w' in permissions
True
>>> 'x' in permissions
False
>>> users = ['mlh','foo','bar']
>>> input('Enter your user name:') in users
Enter your user name:mlh
True
>>> subject = '$$$ Get rich now!!! $$$'
>>> '$$$' in subject
True
```

前两个示例使用成员资格测试分别检查'w'和'x'是否包含在字符串变量 permissions 中。在 Unix 系统中,可在脚本中使用这两行代码来检查对文件的写入和执行权限。第三个示例检查提供的用户名 mlh 是否包含在用户列表中,这在程序需要执行特定的安全策略时很有用(在这种情况下,可能还需检查密码)。最后一个示例检查字符串变量 subject 是否包含字符串 '$$$',这可用在垃圾邮件过滤器中。

内置函数 len、min 和 max 很有用,其中函数 len 返回序列包含的元素个数,而 min 和 max 分别返回序列中最小和最大的元素。

```
>>> numbers = [100,34,678]
>>> len(numbers)
3
>>> max(numbers)
678
>>> min(numbers)
34
```

3.5 列表

3.5.1 函数 list

鉴于不能像修改列表那样修改字符串,因此在有些情况下使用字符串来创建列表很有帮助。为此,可使用函数 list。

```
>>> list('Hello')
['H','e','l','l','o']
```

请注意,可将任何序列(而不仅仅是字符串)作为 list 的参数。

3.5.2 列表的基本操作

可对列表执行所有的标准序列操作,如索引、切片、拼接和相乘,但列表的有趣之处在于它是可以修改的。本节将介绍一些修改列表的方式:给元素赋值、删除元素、给切片赋值。请注意,并非所有列表方法都会修改列表。

1) 给元素赋值

修改列表很容易,只需使用普通赋值语句即可,但不是使用类似于"x=2"这样的赋值语句,而是使用索引表示法给特定位置的元素赋值,如"x[1]=2"。给元素赋值示例如下:

```
>>> x = [1,1,1]
>>> x[1] = 2
>>> x
[1,2,1]
```

2) 删除元素

从列表中删除元素也很容易,只需使用 del 语句即可。

```
>>> names = ['Alice','Beth','Cecil','Dee-Dee','Earl']
>>> del names[2]
>>> names
['Alice','Beth','Dee-Dee','Earl']
```

注意到 Cecil 彻底消失了,而列表的长度也从 5 变成了 4。除用于删除列表元素外,del 语句还可用于删除其他东西。

3) 给切片赋值

切片是一项极其强大的功能,而能够给切片赋值让这项功能变得更加强大。

```
>>> name = list('Perl')
>>> name
['P','e','r','l']
>>> name[2:] = list('ar')
>>> name
['P','e','a','r']
```

从上述代码可知,可同时给多个元素赋值。这样做与分别给每个元素赋值是一样的,但通过使用切片赋值,可将切片替换为长度与其不同的序列。

```
>>> name = list('Perl')
>>> name[1:] = list('ython')
>>> name['P','y','t','h','o','n']
```

使用切片赋值还可在不替换原有元素的情况下插入新元素。

```
>>> numbers = [1,5]
>>> numbers[1:1] = [2,3,4]
>>> numbers
[1,2,3,4,5]
```

这里"替换"了一个空切片，相当于插入了一个序列。可采取相反的措施来删除切片。

```
>>> numbers
[1,2,3,4,5]
>>> numbers[1:4] = []
>>> numbers
[1,5]
```

上述代码与"del numbers[1:4]"等效。读者可自己尝试执行步长不为1(乃至为负)的切片赋值。

3.5.3 列表方法

方法是与对象(列表、数、字符串等)联系紧密的函数。通常,像下面这样调用方法：

```
object.method(arguments)
```

方法调用与函数调用很像,方法调用只是在方法名前加上了对象和句点。列表包含多个可用来查看或修改其内容的方法。

1) append 方法

append 用于将一个对象附加到列表末尾。

```
>>> lst = [1,2,3]
>>> lst.append(4)
>>> lst
[1,2,3,4]
```

2) clear 方法

clear 用于清空列表的内容。

```
>>> lst = [1,2,3]
>>> lst.clear()
>>> lst
[]
```

3) copy 方法

copy 用于复制列表。常规复制只是将另一个名称关联到列表。

```
>>> a = [1,2,3]
>>> b = a
>>> b[1] = 4
>>> a
[1,4,3]
```

要让 a 和 b 指向不同的列表,就必须将 b 关联到 a 的副本。

```
>>> a = [1,2,3]
>>> b = a.copy()
>>> b[1] = 4
>>> a[1,2,3]
```

这类似于使用 a[:] 或 list(a),它们也都复制了 a。

4) count 方法

count 用于计算指定的元素在列表中出现了多少次。

```
>>> ['to','be','or','not','to','be'].count('to')
2
>>> x = [[1,2],1,1,[2,1,[1,2]]]
>>> x.count(1)
2
>>> x.count([1,2])
1
```

5) extend 方法

extend 方法能够同时将多个值附加到列表末尾,为此可将由这些值组成的序列作为参数提供给 extend 方法。换而言之,可使用一个列表来扩展另一个列表。

```
>>> a = [1,2,3]
>>> b = [4,5,6]
>>> a.extend(b)
>>> a
[1,2,3,4,5,6]
```

这可能看起来类似于拼接,但两者存在一个重要差别,那就是 extend 方法将修改被扩展的序列(这里是 a),而常规拼接是返回一个全新的序列。

```
>>> a = [1,2,3]
>>> b = [4,5,6]
>>> a + b
[1,2,3,4,5,6]
>>> a
[1,2,3]
```

拼接出来的列表与前一个示例扩展得到的列表完全相同,但这里 a 并没有被修改。鉴于常规拼接必须使用 a 和 b 的副本创建一个新列表,因此如果要获得类似于下面的效果,则拼接的效率将比 extend 方法的低:

```
>>> a = a + b
```

另外,拼接操作并不是就地执行的,即它不会修改原来的列表。要获得与 extend 方法相同的效果,可将列表赋给切片,如下所示。

```
>>> a = [1,2,3]
>>> b = [4,5,6]
>>> a[len(a):] = b
>>> a
[1,2,3,4,5,6]
```

这虽然可行,但代码的可读性不是很高。

6) index 方法

index 方法用于在列表中查找指定值第一次出现的索引。

```
>>> knights = ['We','are','the','knights','who','say','ni']
>>> knights.index('who')
4
>>> knights.index('herring')
Traceback(innermostlast):
    File"",line1,in?
        knights.index('herring')
ValueError:list.index(x):x not in list
```

搜索单词'who'时,发现它位于索引 4 处。

```
>>> knights[4]
'who'
```

然而,搜索'herring'时引发了异常,因为根本就没有找到这个单词。

7) insert 方法

insert 方法用于将一个对象插入列表。

```
>>> numbers = [1,2,3,5,6,7]
>>> numbers.insert(3,'four')
>>> numbers
[1,2,3,'four',5,6,7]
```

与 extend 方法一样,也可使用切片赋值来获得与 insert 方法一样的效果。

```
>>> numbers = [1,2,3,5,6,7]
>>> numbers[3:3] = ['four']
>>> numbers
[1,2,3,'four',5,6,7]
```

这虽巧妙,但代码的可读性根本无法与使用 insert 方法媲美。

8) pop 方法

pop 方法用于从列表中删除一个元素(末尾为最后一个元素),并返回这一元素。

```
>>> x = [1,2,3]
>>> x.pop()
3
```

```
>>> x[1,2]
>>> x.pop(0)
1
>>> x
[2]
```

使用 pop 方法可实现一种常见的数据结构——栈(stack)。栈就像一叠盘子,可在上面添加盘子,还可从上面取走盘子。最后加入的盘子最先被取走,这被称为后进先出(LIFO)。

push 和 pop 分别是大家普遍接受的加入和取走两种栈操作的名称。Python 没有提供 push,但可使用 append 来替代。pop 和 append 方法的效果相反,因此将刚弹出的值压入(或附加)后,得到的栈将与原来相同。

```
>>> x = [1,2,3]
>>> x.append(x.pop())
>>> x
[1,2,3]
```

9) remove 方法

remove 方法用于删除第一个为指定值的元素。

```
>>> x = ['to','be','or','not','to','be']
>>> x.remove('be')
>>> x
['to','or','not','to','be']
>>> x.remove('bee')
Traceback(innermostlast):
    File"",line1,in?
        x.remove('bee')
        ValueError:list.remove(x):x not in list
```

这只删除了第一个为指定值的元素,无法删除列表中其他为指定值的元素(这里是字符串'bee')。

请注意,remove 方法是就地修改且不返回值的方法之一。不同于 pop 方法的是,它修改列表,但不返回任何值。

10) reverse 方法

reverse 方法用于按相反的顺序排列列表中的元素。

```
>>> x = [1,2,3]
>>> x.reverse()
>>> x
[3,2,1]
```

注意,reverse 方法虽然修改列表,但不返回任何值(与 remove 和 sort 等方法一样)。

11) sort 方法

sort 方法用于对列表就地排序。就地排序意味着对原来的列表进行修改，使其元素按顺序排列，而不是返回排序后的列表的副本。

```
>>> x = [4,6,2,1,7,9]
>>> x.sort()
>>> x
[1,2,4,6,7,9]
```

前面介绍了多个修改列表而不返回任何值的方法，在大多数情况下，这种行为都相当自然（例如，对 append 方法来说就是如此）。需要强调 sort 方法也是这样的，但这种行为给很多人带来了困惑。例如，在需要得到排序后的列表副本并保持原始列表不变时，很多人通常会有这种困惑。为实现这种目标，一种直观（但错误）的方式是像下面这样做：

```
>>> x = [4,6,2,1,7,9]
>>> y = x.sort()  # Don'tdothis!
>>> print(y)
None
```

鉴于 sort 方法修改 x 且不返回任何值，最终的结果是 x 是经过排序的，而 y 包含 None。为实现前述目标，正确的方式之一是先将 y 关联到 x 的副本，再对 y 进行排序：

```
>>> x = [4,6,2,1,7,9]
>>> y = x.copy()
>>> y.sort()
>>> x
[4,6,2,1,7,9]
>>> y
[1,2,4,6,7,9]
```

只是将 x 赋给 y 是不可行的，因为这样 x 和 y 将指向同一个列表。为获取排序后的列表的副本，一种方式是使用函数 sorted。

```
>>> x = [4,6,2,1,7,9]
>>> y = sorted(x)
>>> x
[4,6,2,1,7,9]
>>> y
[1,2,4,6,7,9]
```

实际上，这个函数可用于任何序列，但总是返回一个列表。

```
>>> sorted('Python')
['P','h','n','o','t','y']
```

如果要将元素按相反的顺序排列，则可先使用 sort（或 sorted），再调用方法 reverse，也可使用参数 reverse。

3.6 元组

与列表一样,元组也是序列,唯一的差别在于元组是不能修改的(字符串也不能修改)。元组的语法很简单,只要将一些值用逗号分隔,就能自动创建一个元组。

```
>>> 1,2,3
(1,2,3)
```

元组还可用圆括号括起来(这也是通常采用的做法)。

```
>>> (1,2,3)
(1,2,3)
```

空元组用两个不包含任何内容的圆括号表示。

```
>>> ()
()
```

如何表示只包含一个值的元组呢?这有点特殊:虽然只有一个值,但也必须在它后面加上逗号。

```
>>> 42
42
>>> 42,
(42,)
>>> (42,)
(42,)
```

最后两个示例创建的元组的长度为1,而第一个示例根本没有创建元组。逗号至关重要,仅将值用圆括号括起不管用:(42)与42完全等效。仅仅加上一个逗号,就能完全改变表达式的值。

```
>>> 3 * (40 + 2)
126
>>> 3 * (40 + 2,)
(42,42,42)
```

函数tuple的工作原理与函数list很像:它将一个序列作为参数,并将其转换为元组。如果参数已经是元组,就原封不动地返回它。

```
>>> tuple([1,2,3])
(1,2,3)
>>> tuple('abc')
('a','b','c')
>>> tuple((1,2,3))
(1,2,3)
```

你可能意识到了，元组并不太复杂，而且除创建和访问其元素外，可对元组执行的操作不多。元组的创建及其元素的访问方式与其他序列相同。

```
>>> x = 1,2,3
>>> x[1]
2
>>> x[0:2]
(1,2)
```

元组的切片也是元组，就像列表的切片也是列表一样。要熟悉元组的原因有以下两个。

① 它们可用作映射中的键（以及集合的成员），而列表不行。

② 有些内置函数和方法返回元组，这意味着必须跟元组"打交道"。只要不尝试修改元组，与元组"打交道"通常意味着像处理列表一样处理它们（需要使用元组没有的 index 和 count 等方法时例外）。

一般而言，使用列表足以满足对序列的需求。

3.7 字典

本节介绍一种可通过名称来访问其各个值的数据结构，这种数据结构称为映射。字典是 Python 中唯一的内置映射类型，其中的值不按顺序排列，而存储在键下。键可能是数、字符串或元组。

3.7.1 字典的用途

字典的名称指出了这种数据结构的用途。普通图书适合按从头到尾的顺序阅读，人们如果愿意，可快速翻到任何一页，这有点像 Python 中的列表。字典（日常生活中的字典和 Python 中的字典）旨在让人们能够轻松地找到特定的单词（键），以获悉其意思（值）。

在很多情况下，使用字典都比使用列表更合适。下面是 Python 中字典的一些用途：

- 表示棋盘的状态，其中每个键都是由坐标组成的元组；
- 存储文件修改时间，其中的键为文件名；
- 存储数字电话/地址簿。

假设有如下名单：

```
>>> names = ['Alice','Beth','Cecil','Dee-Dee','Earl']
```

如果要创建一个小型数据库，在其中存储这些人的电话号码，该如何办呢？一种办法是再创建一个列表。假设只存储四位的分机号，这个列表将类似于：

```
>>> numbers = ['2341','9102','3158','0142','5551']
```

创建这些列表后，就可像下面这样查找 Cecil 的电话号码：

```
>>> numbers[names.index('Cecil')]
'3158'
```

这样可行,但不太实用。实际上,你希望能够像下面这样做:

```
>>> phonebook['Cecil']
'3158'
```

如何达成这个目标呢?只要phonebook是个字典就行了。

3.7.2 字典的创建和使用

字典以类似于下面的方式表示:

```
phonebook = {'Alice':'2341','Beth':'9102','Cecil':'3258'}
```

字典由键及其相应的值组成,这种键-值对称为项(item)。在前面的示例中,键为名字,而值为电话号码。每个键与其值之间都用冒号(:)分隔,项之间用逗号分隔,而整个字典放在花括号内。空字典(没有任何项)用空的花括号({})表示。

1. 函数dict

可使用函数dict通过其他映射(如其他字典)或键-值对序列创建字典:

```
>>> items = [('name','Gumby'),('age',42)]
>>> d = dict(items)
>>> d
{'age':42,'name':'Gumby'}
>>> d['name']
'Gumby'
```

还可使用关键字实参来调用这个函数:

```
>>> d = dict(name='Gumby',age=42)
>>> d
{'age':42,'name':'Gumby'}
```

尽管这可能是函数dict最常见的用法,但也可使用一个映射实参来调用它,这将创建一个字典,其中包含指定映射中的所有项。像函数list、tuple和str一样,如果调用函数dict时没有提供任何实参,则将返回一个空字典。在映射创建字典时,如果该映射也是字典(毕竟字典是Python中唯一的内置映射类型),则可以不使用函数dict,而使用字典方法copy。

2. 将字符串格式设置功能用于字典

可使用字符串格式设置功能来设置值的格式,这些值是作为命名或非命名参数提供给方法format的。在有些情况下,在字典中存储一系列命名的值,可让格式设置更容易些。例如,可在字典中包含各种信息,这样只需在格式字符串中提取所需的信息即可。为此必须使用format_map来指出你将通过一个映射来提供所需的信息。

```
>>> phonebook
{'Beth':'9102','Alice':'2341','Cecil':'3258'}
>>>"Cecil'sphonenumberis{Cecil}.".format_map(phonebook)
"Cecil'sphonenumberis3258."
```

像这样使用字典时,可指定任意数量的转换说明符,条件是所有的字段名都是包含在字典中的键。在模板系统中,这种字符串格式设置方式很有用(下面的示例使用的是 HTML)。

```
>>> template = '''......
...<head><title>{title}</title></head>
...<body>
...<h1>{title}</h1>
...<p>{text}</p>
>>> data = {'title':'MyHomePage','text':'Welcometomyhomepage!'}
>>> print(template.format_map(data))
<html>
<head><title>MyHomePage</title></head>
<body>
<h1>MyHomePage</h1>
<p>Welcometomyhomepage!</p>
</body>
```

3. 字典方法

与其他内置类型一样,字典也有方法。字典方法很有用,但其使用频率可能没有列表和字符串方法那样高。

1) clear

方法 clear 用于删除所有的字典项,这种操作是就地执行的(就像 list.sort 一样),因此什么都不返回(或者说返回 None)。

```
>>> d = {}
>>> d['name'] = 'Gumby'
>>> d['age'] = 42
>>> d
{'age':42,'name':'Gumby'}
>>> returned_value = d.clear()
>>> d
{}
>>> print(returned_value)
None
```

这个方法很有用,我们来看以下两个场景。

第一个场景:

```
>>> x = {}
>>> y = x
>>> x['key'] = 'value'
>>> y
{'key':'value'}
>>> x = {}
```

```
>>> x = {}
{'key':'value'}
```

第二个场景：

```
>>> x = {}
>>> y = x
>>> x['key'] = 'value'
>>> y
{'key':'value'}
>>> x.clear()
>>> y
{}
```

在这两个场景中，x 和 y 最初都指向同一个字典。在第一个场景中，我们通过将一个空字典赋给 x 来清空它。这对 y 没有任何影响，它依然指向原来的字典。这种行为可能正是你想要的，但要删除原来字典中的所有元素，必须使用 clear 方法。如果这样做，则 y 也将是空的，如第二个场景所示。

2）copy

方法 copy 用于复制字典，复制时返回一个新字典，其包含的键-值对与原来的字典相同（这个方法执行的是浅复制，因为值本身是原件，而非副本）。

```
>>> x = {'username':'admin','machines':['foo','bar','baz']}
>>> y = x.copy()
>>> y['username'] = 'mlh'
>>> y['machines'].remove('bar')
>>> y
{'username':'mlh','machines':['foo','baz']}
>>> x
{'username':'admin','machines':['foo','baz']}
```

当替换副本中的值时，原件不受影响。然而，如果修改副本中的值（就地修改而不是替换），则原件也将发生变化，因为原件指向的也是被修改的值（如这个示例中的'machines'列表所示）。

为避免这种问题，一种办法是执行深复制，即同时复制键及其包含的所有值。为此，可使用模块 copy 中的函数 deepcopy。

```
>>> from copy import deepcopy
>>> d = {}
>>> d['names'] = ['Alfred','Bertrand']
>>> c = d.copy()
>>> dc = deepcopy(d)
>>> d['names'].append('Clive')
```

```
>>> c
{'names':['Alfred','Bertrand','Clive']}
>>> dc
{'names':['Alfred','Bertrand']}
```

3) fromkeys

方法 fromkeys 用于创建一个新字典,其中包含指定的键,且每个键对应的值都是 None。

```
>>> {}.fromkeys(['name','age'])
{'age':None,'name':None}
```

这个示例首先创建了一个空字典,再通过对其调用方法 fromkeys 来创建另一个字典,这显得有点多余。可以不这样做,可以直接对 dict 调用方法 fromkeys。

```
>>> dict.fromkeys(['name','age'])
{'age':None,'name':None}
```

如果你不想使用默认值 None,可提供特定的值。

```
>>> dict.fromkeys(['name','age'],'(unknown)')
{'age':'(unknown)','name':'(unknown)'}
```

4) get

方法 get 为访问字典项提供了宽松的环境。通常,如果你试图访问字典中没有的项,则将引发错误。

```
>>> d = {}
>>> print(d['name'])
Traceback(mostrecentcalllast):
File"<stdin>",line1,in?
KeyError:'name'
```

而使用方法 get 时不会出现这样的问题:

```
>>> print(d.get('name'))
None
```

使用方法 get 来访问不存在的键没有引发异常,而是返回 None。你可指定"默认"值,这样将返回你指定的值,而不是返回 None。

```
>>> d.get('name','N/A')
'N/A'
```

如果字典包含指定的键,则方法 get 的作用将与普通字典查找相同。

```
>>> d['name']='Eric'
>>> d.get('name')
'Eric'
```

5) items

方法 items 用于返回一个包含所有字典项的列表,其中每个元素都为(key,value)的形式。字典项在列表中的排列顺序不确定。

```
>>> d = {'title':'PythonWebSite','url':'http://www.python.org','spam':0}
>>> d.items()
dict_items([('url','http://www.python.org'),('spam',0),('title','PythonWebSite')])
```

返回值属于一种名为字典视图的特殊类型。字典视图可用于迭代。另外,你还可确定字典视图的长度以及对其执行成员资格检查操作。

```
>>> it = d.items()
>>> len(it)
3
>>>('spam',0) in it
True
```

视图的一个优点是不复制,它始终是底层字典的反映,即便你修改了底层字典亦如此。

```
>>> d['spam'] = 1
>>>('spam',0) in it
False
>>> d['spam'] = 0
>>>('spam',0) in it
True
```

然而,如果你要将字典项复制到列表中(在较旧的 Python 版本中,方法 items 就是这样做的),可自己动手做。

```
>>> list(d.items())
[('spam',0),('title','PythonWebSite'),('url','http://www.python.org')]
```

6) keys

方法 keys 用于返回一个字典视图,其中包含指定字典中的键。

7) pop

方法 pop 可用于获取与指定键相关联的值,并将该键-值对从字典中删除。

```
>>> d = {'x':1,'y':2}
>>> d.pop('x')
1
>>> d
{'y':2}
```

8) popitem

方法 popitem 类似于 list.pop,但 list.pop 弹出列表中的最后一个元素,而 popitem 随机地弹出一个字典项,因为字典项的顺序是不确定的,没有"最后一个元素"的概念。如果你要以高效地方式逐个删除并处理所有字典项,这可能很有用,因为这样无须先获取键列表。

```
>>> d = {'url':'http://www.python.org','spam': 0 ,'title':'PythonWebSite'}
>>> d.popitem()
('url','http://www.python.org')
>>> d
{'spam': 0 ,'title':'PythonWebSite'}
```

虽然方法 popitem 类似于列表方法 pop,但字典没有与方法 append(它在列表末尾添加一个元素)对应的方法。这是因为字典是无序的,类似的方法毫无意义。

9) setdefault

方法 setdefault 有点像方法 get,因为它也用于获取与指定键相关联的值,但除此之外,方法 setdefault 还能在字典不包含指定的键时,在字典中添加指定的键-值对。

```
>>> d = {}
>>> d.setdefault('name','N/A')
'N/A'
>>> d
{'name':'N/A'}
>>> d['name'] = 'Gumby'
>>> d.setdefault('name','N/A')
'Gumby'
>>> d
{'name':'Gumby'}
```

指定的键不存在时,方法 setdefault 返回指定的值并相应地更新字典。如果指定的键存在,方法 setdefault 就返回其值,并保持字典不变。与方法 get 一样,值是可选的;如果没有指定,则默认为 None。

```
>>> d = {}
>>> print (d.setdefault('name'))
None
>>> d
{'name':None}
```

10) update

方法 update 用于使用一个字典中的项来更新另一个字典。

```
>>> d = {
...'title':'PythonWebSite',
...'url':'http://www.python.org',
...'changed':'Mar1422:09:15MET2016'
...}
>>> x = {'title':'Python Language Website'}
>>> d.update(x)
```

```
>>> d
{'url':'http://www.python.org','changed':
'Mar1422:09:15MET2016','title':'Python Language Website'}
```

对于通过参数提供的字典,将其项添加到当前字典中。如果当前字典包含键相同的项,则替换它。可像调用函数 dict(类型构造函数)那样调用方法 update。这意味着调用方法 update 时,可向它提供一个映射、一个由键-值对组成的序列(或其他可迭代对象)或关键字参数。

11) values

方法 values 用于返回一个由字典中的值组成的字典视图。不同于方法 keys,方法 values 返回的视图可能包含重复的值。

```
>>> d = {}
>>> d[1] = 1
>>> d[2] = 2
>>> d[3] = 3
>>> d[4] = 1
>>> d.values()
dict_values([1,2,3,1])
```

4. 基本的字典操作

字典的基本行为在很多方面都类似于序列。

- len(d)返回字典 d 包含的项(键–值对)数。
- d[k]返回与键 k 相关联的值。
- d[k]=v 将值 v 关联到键 k。
- deld[k]删除键为 k 的项。
- kind 检查字典 d 是否包含键为 k 的项。

虽然字典和列表有多个相同之处,但它们也有一些重要的不同之处。

① 键的类型:字典中的键可以是整数,但并非必须是整数。字典中的键可以是任何不可变的类型,如浮点数(实数)、字符串或元组。

② 自动添加:即便是字典中原本没有的键,也可以给它赋值,这将在字典中创建一个新项。然而如果不使用方法 append 或其他类似的方法,就不能给列表中没有的元素赋值。

③ 成员资格:表达式 kind(其中 d 是一个字典)查找的是键而不是值,而表达式 vinl(其中 l 是一个列表)查找的是值而不是索引。这看似不太一致,但你习惯后就会觉得相当自然。毕竟如果字典包含指定的键,则检查相应的值就很容易。

前述第一点(键可以是任何不可变的类型)是字典的主要优点。第二点也很重要,下面的示例说明了这点:

```
>>> x = []
>>> x[42] = 'Foobar'
Traceback(most recent call last):
    File"",line1,in?
IndexError:list assignment index out of range
```

```
>>> x = {}
>>> x[42] = 'Foobar'
>>> x
{42:'Foobar'}
```

首先,我们尝试将字符串'Foobar'赋给一个空列表中索引为42的元素。这显然不可能,因为没有这样的元素。要让这种操作可行,初始化 x 时,必须使用"[None] * 43"之类的代码,而不能使用"[]"。然而,接下来的尝试完全可行。这次我们将'Foobar'赋给一个空字典的键42。

3.8 集合

Python 中的集合和数学中的集合概念一样,用来保存不重复的元素,即集合中的元素都是唯一的,互不相同。从形式上看,集合和字典类似,Python 中的集合也是用"{}"标识。从内容上看,同一集合中只能存储不可变的数据类型,包括整型、浮点型、字符串、元组等,无法存储列表、字典、集合这些可变的数据类型,否则解释器会抛出 TypeError 错误。

创建集合的格式为"setname={e1,e2,e3,...,en}",其中 setname 表示集合的名称,e1~en 表示集合元素。例如:

```
a = {1,2,1,(1,2,3),'a','c','a'}
print(a)
```

运行结果:

```
{1,2,(1,2,3),'c','a'}
```

注:数据必须保证是唯一的,因为集合对于每种数据元素只会保留一份。

同样,Python 也提供了一些用于集合的基本操作的方法。这些方法及其具体作用如表3.3所示。

表 3.3 集合方法及其具体作用

方法	具体作用
set.add()	向集合中添加元素
set.clear()	清空集合中的所有元素
set1=set.copy()	拷贝 set 给 set1
set2=set.difference(set1)	将 set 中有而 set1 中没有的元素给 set2
set.difference_update(set2)	从 set1 中删除与 set2 相同的元素
set.discard(e)	删除 set 中的 e 元素
set3=set1.intersection(set2)	取 set1 和 set2 的交集给 set3
set1.intersection_update(set2)	取 set1 和 set2 的交集,并更新给 set1
set1.isdisjoint(set2)	判断 set1 和 set2 是否没有交集,若有交集则返回 False,若没有交集则返回 True
set1.issubset(set2)	判断 set1 是不是 set2 的子集

方法	具体作用
a=set1.pop()	取 set1 中一个元素,并将其赋值给 a
set1.remove(e)	移除 set1 中的 elem 元素
set3=set1.symmetric_difference(set2)	取 set1 和 set2 中互不相同的元素给 set3
set1.symmetric_difference_update(set2)	取 set1 和 set2 中互不相同的元素,并更新给 set
set3=set1.union(set2)	取 set1 和 set2 的并集赋给 set
set1.update(e)	添加列表或集合中的元素到 set1

本章小结

本章讲述了各种数据类型的概念以及操作方法等内容,为读者今后的 Python 编程学习打下了坚实的基础。程序从本质来看还是数据加算法,本书后面的章节将介绍关于数据的各种操作以及算法。

练习题

1. 将用户的姓名存到一个变量中,并且向该用户显示一条消息。
2. 将一个人名储存到一个变量中,再以小写、大写和首字母大写的方式显示这个人名。
3. 找出一句你喜欢的名人名言,将这个名人的姓名和他的名言打印出来。输出应类似于下面这样(包括引号):

> Albert Einstein once said, "A person who never made a mistake never tried anything new."

4. 储存一个人名,并且在开头和末尾都包含一些空白字符。务必至少使用字符组合"\t"和"\n"各一次。打印这个人名,以显示其开头和末尾的空白。然后,分别使用剔除函数 lstrip、rstrip 和 strip 对人名进行处理,并将结果打印出来。
5. 将一些朋友的姓名存储在一个列表中,并且将其命名为 names。依次访问该列表中的每个元素,从而将每个朋友的姓名都打印出来。
6. 如果你可以邀请一些嘉宾共进晚餐,请创建一个列表,其中至少包含 3 个你邀请的嘉宾;然后使用这个列表打印消息,邀请这些嘉宾与你共进晚餐。
7. 在第 6 题列表中,你刚得知有位嘉宾无法赴约,因此需要另外邀请一位嘉宾。
- 以完成第 6 题时编写的程序为基础,在程序末尾添加一条 print 语句,指出哪位嘉宾无法赴约。
- 修改嘉宾名单,将无法赴约的嘉宾的姓名替换为新邀请的嘉宾的姓名。
- 再次打印一系列消息,向名单中的每位嘉宾发出邀请。
8. 在第 7 题的基础上,邀请更多的嘉宾:

- 使用 insert 将一位新嘉宾添加到名单开头；
- 使用 insert 将另一位新嘉宾添加到名单中间。
- 使用 append 将最后一位新嘉宾添加到名单末尾。

9. 将 5 种食品储存在一个元组中，并且尝试修改其中的一个元素，核实 Python 确实会拒绝你这样做。

10. 使用一个字典来存储一个人的信息，包括这个人的姓名、年龄和所居住的城市信息。该字典应包含键 first_name、last_name、age 和 city。将存储在该字典中的每项信息都打印出来。

第4章 程序控制结构

在大部分编程语言当中都会存在控制语句,控制语句是一个程序的灵魂,我们只依靠标识符、关键字、变量、运算符等零散的知识点是无法进行流程控制的,也是无法实现一个具体的功能或业务的,所以控制语句这一内容非常重要。

在现实生活中,如下业务需要使用控制语句才能完成:小孩身高如果高于1.2米,则乘坐交通工具就需要收费,否则免费;A账户向B账户转账10 000元,首先需要判断A账户的余额是否大于或等于10 000元,如果余额充足则可以转账,否则无法转账;等等。这些业务当中都需要使用控制语句进行控制才能完成。

什么是控制语句?官方的解释是这样的:控制语句是用来实现对程序流程的选择、循环、转向和返回等进行控制的语句。Python语言中共有5种控制语句,即if语句、for循环、while循环、break语句、continue语句。

4.1 条件表达式

在选择结构和循环结构中,要根据条件表达式的值来确定下一步的执行流程。条件表达式的值只要不是False、0(或0.0、0j等)、空值None、空列表、空元组、空集合、空字典、空字符串、空range对象或其他空迭代对象,Python解释器均认为其与True等价。从这个意义来讲,所有的Python合法表达式都可以作为条件表达式,包括含有函数调用的表达式。

在介绍表达式和运算符的详细内容前,这里先重点介绍几个比较特殊的运算符。

4.1.1 关系运算符

Python中的关系运算符可以连续使用,这样不仅可以减少代码量,也比较符合人类的思维方式。

```
print(1 < 3 < 5)
#等价于 1 < 2 and 2 < 3
True
print(1 < 3 > 5)
False
print(1 < 5 > 3)
True
```

在 Python 语法中,条件表达式中不允许使用赋值运算符"=",避免了误将关系运算符"=="写成赋值运算符"="带来的麻烦。在条件表达式中使用赋值运算符"="将抛出异常,提示语法错误。

```
if a = 5:
# 条件表达式中不允许使用赋值运算符
SyntaxError: invalid syntax
if (a = 3) and (b = 5):
SyntaxError: invalid syntax
```

关系运算符具有惰性计算的特点,只计算必须计算的值,而不是计算关系表达式中的每个表达式。

```
1 > 3 > xxx
# 当前上下文中并不存在变量 xxx
False
```

4.1.2　逻辑运算符

逻辑运算符 and、or、not 分别表示与、或、非 3 种逻辑运算,其在功能上可以与电路的连接方式做个简单类比:or 运算符类似于并联电路,只要有一个开关是通的,那么灯就是亮的;and 运算符类似于串联电路,必须所有开关都是通的灯才会亮;not 运算符类似于短路电路,如果开关通了,那么灯就灭了。

与关系运算符类似,逻辑运算符 and 和 or 具有短路求值或惰性求值的特点,可能不会对所有表达式进行求值,只计算必须计算的表达式的值。以 and 为例,对于表达式"表达式 1 and 表达式 2"而言,如果"表达式 1"的值为 False 或其他等价值时,不论"表达式 2"的值是什么,整个表达式的值都是 False,丝毫不受"表达式 2"的影响,因此"表达式 2"不会被计算。在设计包含多个条件的条件表达式时,如果能够大概预测不同条件失败的概率,并将多个条件根据 and 和 or 运算符的短路求值特性来组织顺序,则程序运行效率可以得到提高。

```
1 and 3
3

1 or 3
1

0 and 3
0

0 or 3
3

not 1
False

not 0
True
```

下面的函数使用指定的分隔符把多个字符串连接成一个字符串,如果用户没有指定分隔符,则使用逗号。

```
def Join(charList,s = None):
    return (s or ',').join(charList)    #注意:参数 s 不是字符串时会抛出异常
charTest = ['1','2','3','4','5','6']
Join(charTest)
'1,2,3,4,5,6'
Join(charTest,':')
'1:2:3:4:5:6'
```

当然,也可以把上面的函数直接定义为下面带有默认值参数的形式:

```
def Join(charList,s = ','):
    return s.join(charList)
```

4.1.3 增强赋值操作

有时候为了简便可以将一些赋值操作结合起来使用,增强赋值操作如表 4.1 所示。

表 4.1 增强赋值操作

运算符	描述	实例
+=	加法赋值运算符	a+=b 等价于 a = a+b
-=	减法赋值运算符	a-=b 等价于 a = a-b
*=	乘法赋值运算符	a*=b 等价于 a=a×b
/=	除法赋值运算符	a/=b 等价于 a= a/b
//=	整除赋值运算符	a//=b 等价于 a=a//b
%=	求模赋值运算符	a%=b 等价于 a= a%b
**=	求幂赋值运算符	a**=b 等价于 a= a^b
>>=	右移赋值运算符	a>>=b 等价于 a = a>>b
<<=	左移赋值运算符	a<<=b 等价于 a= a<<b
&=	换位与赋值运算符	a&=b 等价于 a = a&b
|=	按位或赋值运算符	a|=b 等价于 a=a|b
^=	按位异或赋值运算符	a^=b 等价于 a=a^b

4.2 单分支选择结构——if 语句

常见的选择结构有单分支选择结构、双分支选择结构、多分支选择结构及嵌套的分支结构,也可以构造跳转表来实现类似的逻辑。

单分支选择结构的语法如下所示,其中表达式后面的冒号(:)是不可缺少的,表示一个语句块的开始,并且语句块必须做相应的缩进,一般是以 4 个空格为缩进单位。

```
if 表达式:
    语句块
```

表达式的值为 True 或其他与 True 等价的值,表示条件满足,语句块被执行,否则语句块不被执行,而是继续执行后面的代码(如果有)。

下面的代码演示了单分支选择结构的用法:

```
age = 19
if age >= 18:
    print("You are old enough to vote!")
    #Python 检查变量 age 的值是否大于或等于 18;答案是肯定的,因此 Python 执行缩进的 print 语句
```

在 Python 中,代码的缩进非常重要,缩进是体现代码逻辑关系的重要方式。同一个代码块必须保证相同的缩进量,在实际开发中,要遵循一定的约定。

4.3 双分支选择结构——if...else 语句

双分支选择结构的语法为

```
if 表达式:
    语句块 1
else:
    语句块 2
```

当表达式的值为 True 或其他与 True 等价的值时,执行语句块 1,否则执行语句块 2。语句块 1 或语句块 2 总有一个会执行,然后执行后面的代码(如果有)。

下面的代码在一个人够投票的年龄时显示与前面相同的消息,同时在这个人不够投票的年龄时也显示一条消息:

```
age = 17
if age >= 18:
    print("You are old enough to vote!")
    print("Have you registered to vote yet?")
else:
    print("Sorry, you are too young to vote.")
    print("Please register to vote as soon as you turn 18!")
```

如果 if 处的条件测试通过了,就执行第一个缩进的 print 语句块;如果测试结果为 False,就执行 else 处的代码块。这次 age 小于 18,条件测试未通过,因此执行 else 代码块中的代码:

```
Sorry, you are too young to vote.
Please register to vote as soon as you turn 18!
```

上述代码之所以可行,是因为只存在两种情形:要么够投票的年龄,要么不够。if-else 结

构非常适合用于让 Python 执行两种操作之一的情形。在这种简单的 if-else 结构中,总是会执行两个操作中的一个。

4.4 多分支选择结构——if...elif...else 语句

多分支选择结构的语法为

```
if 表达式 1：
    语句块 1
elif 表达式 2：
    语句块 2
elif 表达式 3：
    语句块 3
...
else：
    语句块 n
```

其中,关键字 elif 是 else if 的缩写。

经常需要检查超过两个的情形,为此可使用 Python 提供的 if-elif-else 结构。Python 只执行 if-elif-else 结构中的一个代码块,它依次检查每个条件测试,直到遇到通过了的条件测试。测试通过后,Python 将执行紧跟在它后面的代码,并跳过余下的测试。

在现实世界中,在很多情况下需要考虑的情形都超过两个。例如,一个游乐场需要根据年龄段来收费：

- 4 岁以下免费；
- 4~18 岁收费 50 元；
- 18 岁(含)以上收费 100 元。

如果只使用一条 if 语句,如何确定门票价格呢？下面的代码可确定一个人所属的年龄段,并打印一条包含门票价格的消息：

```
age = 12
if age < 4:
    print("您可以免费进入。")
elif age < 18:
    print("您需要支付 50 元")
else：
    print("您需要支付 100 元")
```

4.5 选择结构的嵌套

选择结构可以通过嵌套来实现复杂的业务逻辑,语法如下:

```
if 表达式 1:
    语句块 1
    if 表达式 2:
        语句块 2
    else:
        语句块 3
else:
    if 表达式 4:
        语句块 4
```

使用嵌套选择结构时,一定要严格控制好不同级别代码块的缩进量,因为这决定了不同代码块的从属关系和业务逻辑是否被正确地实现,以及代码能否被解释器正确理解和执行。

4.6 循环结构

4.6.1 for 循环与 while 循环

Python 主要有 for 循环和 while 循环两种形式的循环结构,多个循环可以嵌套使用,并且还经常和选择结构嵌套使用,以实现复杂的业务逻辑。while 循环一般用于循环次数难以提前确定的情况,当然也可以用于循环次数确定的情况;for 循环一般用于循环次数可以提前确定的情况,尤其适用于枚举或遍历序列或迭代对象中元素的场合。对于带有 else 子句的循环结构,如果循环因为条件表达式不成立或序列遍历结束而自然结束,则执行 else 结构中的语句;如果循环是因为执行了 break 语句而导致循环提前结束,则不执行 else 中的语句。两种循环结构的完整语法形式分别如下:

```
while 条件表达式:
    循环体
[else:
    else 子句代码块]
```

和

```
for 取值 in 序列或迭代对象:
    循环体
[else:
    else 子句代码块]
```

下面的代码用来输出 1 至 100 之间能被 5 整除但不能同时被 7 整除的所有整数：

```
for i in range (1,101):
    if i % 5 == 0 and i % 7 != 0:
        print(i)
```

下面的代码演示了带有 else 子句的循环结构，该代码用来计算 $1+2+3+\cdots+99+100$ 的结果：

```
x = 0
for i in range (1,101):    #不包括101
    x += i
else:
    print(x)
```

下面的代码使用 while 循环实现了同样的功能：

```
x = i = 0
while x <= 100
    x += i
    i += 1
else:
    print(x)
```

上面的两段代码只是为了演示循环结构的用法，其中的 else 子句实际上并没有必要，循环结束后直接输出结果就可以了。

4.6.2　break 与 continue 语句

break 与 continue 语句在 while 循环和 for 循环中都可以使用，并且一般常与选择结构或异常处理结构结合使用。一旦 break 语句被执行，break 语句所属层次的循环将提前结束。continue 语句的作用是提前结束本次循环，即忽略 continue 之后的所有语句，提前进入下一次循环。

下面的代码用来计算小于 100 的最大素数，内循环用来测试特定的整数 n 是不是素数，如果其中的 break 语句得到执行，则说明 n 不是素数，并且由于循环提前结束，因此后面的 else 子句不会被执行。如果某个整数 n 为素数，则内循环中的 break 语句不会被执行，内循环自然结束后执行后面 else 子句中的语句，输出素数 n 之后执行 break 语句，跳出外循环。

```
for n in range(100,1,-1):
    if n % 2 == 0:
        continue
    for i in range (3, int (n ** 0.5) +1,2):
        if n % i == 0:
            #结束内循环
            break
```

```
    else:
        print(n)
        #结束外循环
        break
```

需要注意的是,过多的 break 和 continue 语句会降低程序的可读性。所以,除非 break 或 continue 语句可以让代码更简单或更清晰,否则不要轻易使用。

本章小结

本章的重点内容如下。
① 在 Python 中,关系运算符可以连用。
② 条件表达式的值只要不是 False、0(或 0.0、0j 等)、空值 None、空列表、空元组、空集合、空字典、空字符串、空 range 对象或其他空迭代对象,Python 解释器均认为其与 True 等价。
③ 关系运算符和逻辑运算符都具有惰性求值的特点。
④ 编写程序时,一定要注意代码的缩进。
⑤ Python 中的 for 循环和 while 循环都可以带有 else 子句。

练习题

1. Python 提供了两种基本的循环结构:_____和_____。
2. 编写程序:输入若干个成绩,求所有成绩的平均分;每输入一个成绩后询问是否继续输入下一个成绩,回答 yes 就继续输入下一个成绩,回答 no 就停止输入成绩。
3. 编写程序:设置变量 age 的值,编写一个 if-elif-else 结构,根据 age 的值判断处于人生的哪个阶段。
   - 如果一个人的年龄小于 2 岁,就打印一条消息,指出他是婴儿。
   - 如果一个人的年龄为 2~3 岁,就打印一条消息,指出他正蹒跚学步。
   - 如果一个人的年龄为 4~12 岁,就打印一条消息,指出他是儿童。
   - 如果一个人的年龄为 13~19 岁,就打印一条消息,指出他是青少年。
   - 如果一个人的年龄为 20~64 岁,就打印一条消息,指出他是成年人。
   - 如果一个人的年龄超过 65 岁,就打印一条消息,指出他是老年人。
4. 编写程序:判断一个数是不是素数。
5. 编写程序:模拟决赛现场最终成绩的计算过程。
6. 编写程序:程序运行后用户输入 4 位整数作为年份,判断其是不是闰年。(年份如果能被 400 整除,则为闰年;年份如果能被 4 整除但不能被 100 整除,则也为闰年。)
7. 编写程序:计算 100 以内所有奇数的和。
8. 编写一个循环,提示用户输入一系列的炒菜配料,并在用户输入"quit"时结束循环;并且每当用户输入一种配料后,都打印一条消息,说我们会在炒菜中添加这种配料。

9. 有家电影院根据观众的年龄收费:不到 3 岁的观众免费;3~12 岁的观众收费 20 元;超过 12 岁的观众收费 40 元。请编写一个循环,在其中询问用户的年龄,并指出其票价。

第5章 函数

在软件开发过程中,经常有很多操作是完全相同或者非常相似的,这些操作仅仅只是要处理的数据不同而已,因此我们经常会在不同的代码位置多次执行相似甚至完全相同的代码块。很显然,从软件设计和代码复用的角度来讲,直接将代码块复制到多个相应的位置,然后进行简单的修改绝对不是一个好主意。虽然这样使得多份复制的代码可以彼此独立地进行修改,但这样不仅增加了代码量,也增加了代码阅读、理解和维护的难度,为代码测试和纠错带来很大的困难。一旦某天被复制的代码块被发现存在问题而需要修改,就必须对所有复制的代码都做同样的正确修改,这在实际中是很难完成的一项任务。更糟糕的情况是,代码量的大幅度增加,导致代码之间的关系更加复杂,在修补旧漏洞的同时很有可能又引入新漏洞,维护成本大幅度增加。因此,应尽量减少使用直接复制代码的方式来实现复用。解决这个问题的有效方法是设计函数(function)和类(class)。本章介绍了函数的设计与使用。

将可能需要反复执行的代码封装为函数,然后在需要该功能的地方调用封装好的函数。这样不仅仅可以实现代码的复用,更重要的是可以保证代码的一致性,只需要修改该函数的代码,则所有调用该函数的位置均得到修改。同时,把大任务拆分成多个函数也是分治法的经典应用,复杂问题简单化,使得软件开发像搭积木一样简单。当然,在实际开发中,需要对函数进行良好的设计和优化才能充分发挥其优势,并不是使用了函数就万事大吉了。在编写函数时,有很多原则需要参考和遵守。不要在一个函数中执行太多的功能,尽量只让其完成一个高度相关且大小合适的功能,以提高模块的内聚性。尽量减少不同函数之间的隐式耦合。例如,减少全局变量的使用,使得函数之间仅通过调用和参数传递来显式体现其相互关系。另外,在设计函数时,只实现指定的功能就可以了,不要做多余的事情。在实际项目开发中,往往会把一些通用的函数封装到一个模块中,并把这个通用模块文件放到顶层文件夹中,这样更方便管理。

5.1 函数的定义与使用

5.1.1 函数的基本语法

在 Python 中,定义函数的语法如下:

```
def 函数名 ([参数列表]):
    函数体
```

在 Python 中使用 def 关键字来定义函数,def 后面是一个空格和函数名称,然后是一对括号,括号内的内容是参数列表,如果有多个参数,则使用逗号分隔开,括号之后是一个冒号和换行,代码的最后是注释和函数体代码。定义函数时在语法上需要注意的问题主要有:①函数形参不需要声明其类型,也不需要指定函数的返回值类型;②即使该函数不需要接收任何参数,也必须保留一对空的括号;③括号后面的冒号必不可少;④函数体相对于 def 关键字必须保持一定的空格、缩进。

下面的函数用来计算斐波那契数列中小于参数 n 的所有值:

```
def fib(n):                        # 定义函数,括号里的 n 是形参
    a,b = 1,1
    while a < n:
        print(a,end = ' ')
        a,b = b,a + b
    print()
```

该函数的调用方式如下:

```
fib(1000)                          # 调用函数,括号里的 1000 是实参
```

如果代码本身不能提供非常高的可读性,那么最好加上适当的注释。为函数的定义加上一段注释,可以为用户提供友好的提示和使用帮助。例如,可以使用内置函数 help 来查看函数的使用帮助,并且在调用该函数时输入左侧圆括号之后,立刻就会得到该函数的使用说明。

在 Python 中,定义函数时也不需要声明函数的返回值类型,在使用 return 语句结束函数执行的同时返回任意类型的值,函数的返回值类型与 return 语句返回表达式的类型一致。return 语句不论出现在函数的什么位置,一旦得到执行将直接结束函数的执行。如果函数没有 return 语句、有 return 语句但是没有被执行或者执行了不返回任何值的 return 语句,那么解释器会认为该函数以 return None 结束,即返回空值。

在编写函数时,尽量不要修改参数本身,不要修改除返回值以外的其他内容。另外,应充分利用 Python 函数式编程的特点,让自己定义的函数尽量符合纯函数式编程的要求,如保证线程安全、可以并行运行等。

5.1.2 函数嵌套定义

Python 允许函数的嵌套定义,在函数内部可以再定义另外一个函数。

下面的函数利用函数嵌套定义和递归实现帕斯卡公式 $C(n,i)=C(n-1, i)+C(n-1, i-1)$,进行组合数 $C(n,i)$ 的快速求解:

```
def f1(n,i):
    cache = dict()
    def f (n,i):
        if n == i or i == 0:
```

```
            return 1
        elif (n,i) not in cache:
            cache[(n,i)] = f(n-1,i) + f(n-1,i-1)
        return cache2[(n,i)]
    return f(n,i)
```

尽管函数嵌套定义使用很方便,也很灵活,但并不提倡过多使用,因为这样会导致内部的函数反复被定义而影响执行效率。

5.1.3 函数的递归调用

函数的递归调用是函数调用的一种特殊情况,函数调用自己,自己再调用自己,自己再调用自己,……当某个条件得到满足时就不再调用了,然后再一层一层地返回,直到返回该函数的第一次调用。

函数递归通常用来把一个大型的复杂问题层层转化为一个与原来问题本质相同但规模很小、很容易解决或描述的问题,这样只需要很少的代码就可以描述或解决需要大量重复计算的问题。下面的代码使用函数递归计算列表中所有元素的和,尽管在 Python 中没有这样做的必要:

```
def recursiveSum(lst):
    if len(lst) == 1:
        return lst[0]
    return lst[0] + recursiveSum(lst[1:])
```

而下面的代码则使用函数递归实现了整数的因数分解,函数执行结束后,fac 中包含了整数 num 因数分解的结果:

```
from random import randint
def factors(num, fac=[]):
    #每次都从 2 开始查找因数
    for i in range(2, int(num**0.5)+1):
        #找到一个因数
        if num % i == 0:
            fac.append(i)
            #对商继续分解,重复这个过程
            factors(num//i, fac)
            #注意,这个 break 非常重要
            break
    else:
        #不可分解了,自身也是个因数
        fac.append(num)
facs = []
```

```
n = randint(2,10**8)
factors(n,facs)
result = '*'.join(map(str,facs))
if n == eval(result):
    print(n,'='+ result)
```

可以看出,每次调用函数时必须记住离开的位置才能保证函数运行结束以后回到正确的位置,这个过程称为保存现场,需要一定的栈空间。另外,调用一个函数时会为该函数分配一个栈帧,它用来存放普通参数和函数内部局部变量的值,这个栈帧会在函数调用结束后自动释放。而在函数递归调用的情况中,如果一个函数执行尚未结束就又调用了自己,原来的栈帧还没释放又分配了新栈帧,那么这样会占用大量的栈空间。所以,递归深度如果太大,则可能会导致栈空间不足进而导致程序崩溃。

5.2 函数参数

函数定义时括号内是使用逗号分隔开的形参列表,函数可以有多个参数,也可以没有参数,但函数在定义和调用时必须有一对括号,这对括号表示这是一个函数并且不接收参数。调用函数时向其传递实参,根据不同的参数类型,将实参的值传递给形参。定义函数时不需要声明参数类型,解释器会根据实参的类型自动推断形参类型,这在一定程度上类似于函数重载和泛型函数的功能。

一般来说,在函数内部直接修改形参的值不会影响实参。例如:

```
def addOne(a):
    a += 1                    #这条语句会得到一个新的变量a
a = 3
addOne(a)
a
3                             #实参的值没有受到影响
```

从运行结果可以看出,在函数内部修改了形参 a 的值,但是当函数运行结束以后,实参 a 的值并没有被修改。然而,在列表、字典、集合等可变序列作为函数参数时,如果在函数内部通过列表、字典或集合对象自身的方法修改参数中的元素,那么同样的作用也会体现到实参上。

```
def modify(v):
    v[0] = v[0] + 1           #修改列表元素值
a = [2]
modify(a)
a
[3]
def modify(v,item):           #为列表增加元素
    v.append(item)
```

```
a = [2]
modify(a,3)
a
[2,3]

def modify(d):              # 修改字典的元素值或为字典增加元素
    d['age'] = 38
a = {'name':'Dong','age':37,'sex':'Male'}
modify(a)
a
{'name':'Dong','age':38,'sex':'Male'}
def modify(s,v):            # 为集合添加元素
    s.add(v)
s = {1,2,3}
modify(s, 4)
s
{1,2,3,4}
```

也就是说,如果传递给函数的是列表、字典、集合或其他自定义的可变序列,并且在函数内部使用下标或序列自身支持的方式为可变序列增加、删除元素或修改元素值,那么修改后的结果是可以反映到函数之外的,即实参也得到了相应的修改。

Python 采用的是基于值的自动内存管理模式,对于变量,并不直接存储值,而存储值的引用。从这个角度来讲,在 Python 中调用函数时,实参到形参都是传递的引用。也就是说,Python 中的函数不存在传值调用。

5.2.1 位置参数

位置参数(positional argument)是比较常用的形式,调用函数时实参和形参的顺序必须严格一致,并且实参和形参的数量必须相同。

```
def demo(a,b,c):            # 所有形参都是位置参数
    print(a,b,c)
demo(3,4,5)
3 4 5
demo(3,5,4)
3 5 4
demo(1,2,3,4)               # 实参与形参的数量必须相同
TypeError: demo() takes 3 positional arguments but 4 were given
```

5.2.2 默认值参数

在定义函数时,Python 支持默认值参数,在定义函数时可以为形参设置默认值。在调用

带有默认值参数的函数时,可以不用为设置了默认值的形参进行传值,此时函数会直接使用函数定义时设置的默认值,当然也可以通过显式赋值来替换其默认值。也就是说,在调用函数时是否为默认值参数传递实参是可选的,具有较大的灵活性,在一定程度上类似于函数重载的功能,同时还能在为函数增加新的参数和功能时通过为新参数设置默认值来保证向后兼容而不影响老用户的使用。需要注意的是,在定义带有默认值参数的函数时,任何一个默认值参数右边都不能再出现没有默认值的普通位置参数,否则会提示语法错误。定义带有默认值参数的函数的语法如下:

```
def 函数名(...,形参名 = 默认值):
    函数体
```

可以使用"函数名.defaults"随时查看函数所有默认值参数的当前值,其返回值为一个元组,其中的元素依次表示每个默认值参数的当前值。

```
def say (message, times = 1):
    print ((message + ' ') * times)
say.__defaults__
(1,)
```

调用该函数时,如果只为第一个参数传递实参,则第二个参数使用默认值1,如果为第二个参数传递实参,则第二个参数不再使用默认值1,而使用调用者显式传递的值。

```
say ('hello')
hello
say ('hello', 3)
hello hello hello
```

多次调用函数并且不为默认值参数传递值时,默认值参数只在定义时进行一次解释和初始化,对于列表、字典等可变序列的默认值参数,这一点可能会导致很严重的逻辑错误,而定位和纠正这种错误或许会耗费大量精力。

```
def demo(newitem,old_list = []):
    old_list.append(newitem)
    return old_list
print (demo('5', [1,2,3,4]))
[1,2,3,4,'5']
print (demo('aaa',['a','b']))
['a','b', 'aaa']
print (demo ('a'))
['a']
print (demo('b') )          #注意这里的输出结果
['a','b']
```

上面的函数使用列表作为默认参数,由于其可记忆性,连续多次调用该函数而不给该参数传值时,再次调用将保留上一次调用的结果。一般来说,要避免使用列表、字典、集合或其他可

变序列作为函数参数的默认值,对于上面的函数,更建议使用下面的写法:

```python
def demo(newitem,old_list = None):
    if old_list is None:
        old_list = []
    old_list.append(newitem)
    return old_list
```

一个需要注意的问题是,如果在定义函数时某个参数的默认值为另一个变量的值,那么参数的默认值只依赖函数定义时该变量的值,或者说函数的默认值参数是在函数定义时确定值的,所以只会被初始化一次。例如:

```python
i = 3
def f (n = i):              #参数n的值取决于i的当前值
    print(n)
f()
3
i = 5                       #函数定义后修改i的值不影响参数n的默认值
f()
3
i = 7
f()
3
def f (n = i):              #重新定义函数
    print(n)
f()
7
```

5.2.3 关键参数

关键参数主要指调用函数时的参数传递方式,与函数定义无关。通过关键参数可以按参数名字传递值,明确指定哪个值传递给哪个参数,实参顺序和形参顺序可以不一致,这不影响参数值的传递结果,避免了用户需要牢记参数位置和顺序的麻烦,使得函数调用和参数传递更加灵活方便。

```python
def demo (a,b,c = 5):
    print (a,b,c)
demo(3,7)                        #按位置传递参数
3 7 5
demo (c = 8, a = 9, b = 0)       #关键参数
9 0 8
```

5.2.4 可变长度参数

可变长度参数在定义函数时主要有两种形式:*parameter 和**parameter。前者用来接收任意多个实参并将其放入一个元组中,后者用来接收像关键参数一样显示赋值形式的多个实参并将其放入一个字典中。

下面的代码演示了第一种形式可变长度参数的用法,无论调用该函数时传递了多少实参,一律将其放入元组中:

```
def demo(*p):
    print(p)
demo(1,2,3)
(1,2,3)
demo(1,2,3,4,5,6,7)
(1,2,3,4,5,6,7)
```

下面的代码演示了第二种形式可变长度参数的用法,即在调用该函数时自动将接收的参数转换为字典:

```
def demo(**p):
    for item in p.items():
        print(item)
demo(x = 1, y = 2, z = 3)
('y',2)
('x',1)
('z',3)
```

Python 定义函数时可以同时使用位置参数、关键参数、默认值参数和可变长度参数。但是除非真的很必要,否则不要这样做,因为这会使得代码非常混乱而严重降低代码的可读性,并会导致程序查错非常困难。另外,一般而言,如果一个函数可以接收很多不同类型的参数,那么这个函数很有可能设计得不好。例如,函数功能过多时,需要进行必要的拆分和重新设计,以满足模块高内聚的要求。

5.2.5 传递参数时的序列解包

与可变长度的参数相反,这里的序列解包是指实参,它同样也有*和**两种形式。调用含有多个位置参数的函数时,可以使用列表、元组、集合、字典以及其他可迭代对象作为实参,并在实参名称前加一个星号,解释器将自动进行解包,然后把序列中的值分别传递给多个单变量形参。

```
def demo(a,b,c)                 #可以接收多个位置参数的函数
    print(a + b + c)
seq = [1,2,3]
demo(*seq)                      #对列表进行解包
```

```
6
tup = (1,2,3)
demo(*tup)                  #对元组进行解包
6
dic = {1:'a',2:'b',3:'c'}
demo(*dic)                  #对字典的键进行解包
6
demo(*dic.values())         #对字典的值进行解包
abc
Set = {1,2,3}
demo(*Set)                  #对集合进行解包
6
```

如果实参是个字典,则可以使用**对其进行解包,这会把字典转换成类似于关键参数的形式进行参数传递。对于这种形式的序列解包,要求实参字典中的所有键都必须是函数的形参名称,或者与函数中带两个星号的可变长度参数相对应。

```
p = {'a':1,'b':2,'c':3}     #要解包的字典
def f(a,b,c = 5):           #带有位置参数和默认值参数的函数
    print(a,b,c)
f(**p)
1 2 3
def f(a = 3,b = 4,c = 5):   #带有多个默认值参数的函数
    print(a,b,c)
f(**p)
1 2 3
```

如果一个函数需要以多种形式来接收参数,定义时一般把位置参数放在最前面,把默认值参数放在第二位,把带一个星号的可变长度参数放在第三位,把带两个星号的可变长度参数放在最后;调用函数时,一般也按照这个顺序进行参数传递。调用函数时如果对实参使用一个星号进行序列解包,那么这些解包后的实参将会被当作普通位置参数对待,并且会在关键参数和使用两个星号进行序列解包的参数之前进行处理。

```
def demo (a,b,c):           #定义函数
    print(a,b,c)
demo (*(1,2,3))             #调用,序列解包
1 2 3
demo (1,*(2,3))             #位置参数和序列解包同时使用
1 2 3
demo (1,*(2,),3)
```

```
1 2 3
demo (a = 1, *(2,3))          #一个星号的序列解包相当于位置参数,优先处理,引发异常
TypeError: demo () got multiple values for argument 'a'
demo (b = 1, *(2,3))          #重复给 b 赋值,引发异常
TypeError: demo () got multiple values for argument 'b'
demo (c = 1, *(2,3))          #一个星号的序列解包相当于位置参数,优先处理
2 3 1
demo ( ** {'a':1,'b':2}, *(3,))  #序列解包不能在关键参数解包之后
SyntaxError: iterable argument unpacking follows keyword argument unpacking
demo( *(3,), ** {'a':1,'b':2})   #一个星号的序列解包相当于位置参数,优先处理,引发异常
TypeError: demo () got multiple values for argument 'a'
demo ( *(3,) , ** {'c':1,'b':2})
3 2 1
```

5.3 变量的作用域

变量起作用的代码范围称为变量的作用域,不同作用域内同名变量之间互不影响,就像不同文件夹中的同名文件之间互不影响一样。对于在函数外部和函数内部定义的变量,其作用域是不同的,在函数内部定义的变量一般为局部变量,在函数外部定义的变量为全局变量。不管是对于局部变量还是对于全局变量,其作用域都是从定义的位置开始的,在此之前无法访问。

在函数内部定义的局部变量只在该函数内可见,当函数运行结束后,在其内部定义的所有局部变量将被自动删除而不可访问。在函数内部使用 global 定义的全局变量当函数结束以后仍然存在并且可以访问。

如果在函数内部修改一个定义在函数外部的变量值,则必须使用 global 明确声明,否则会自动创建新的局部变量。在函数内部通过 global 关键字来声明或定义全局变量,分为两种情况。

① 一个变量已在函数外部定义,如果在函数内部需要修改这个变量的值,并将修改的结果反映到函数之外,则可以在函数内部用关键字 global 明确声明要使用已定义的同名全局变量。

② 在函数内部直接使用 global 关键字将一个变量声明为全局变量,如果在函数外部没有定义该全局变量,则在调用这个函数之后,会创建新的全局变量。

也可以这么理解:①如果在函数内部只引用某个变量的值而没有为其赋新值,则该变量为(隐式的)全局变量;②如果在函数内部某条代码有为变量赋值的操作,则该变量被认为是(隐式的)局部变量,除非在函数内部赋值操作之前显式地用关键字 global 对变量进行了声明。

下面的代码演示了局部变量和全局变量的用法:

```
def demo():
    global x              #声明或创建全局变量,必须在使用x之前执行
    x = 3                 #修改全局变量的值
    y = 4                 #局部变量
    print(x,y)
x = 5                     #在函数外部定义了全局变量x
demo()                    #本次调用修改了全局变量x的值
3 4
x
3
y                         #局部变量在函数运行结束之后自动删除,不再存在
NameError: name 'y' is not defined
del x                     #删除了全局变量x
x
NameError: name 'x' is not defined
demo()                    #本次调用创建了全局变量
3 4
x
3
```

如果在某个作用域内有为变量赋值的操作,那么该变量将被认为是该作用域内的局部变量,这一点一定要引起注意。

```
x = 10       #全局变量
def demo():
    print(x)
demo()
UnboundLocalError: local variable 'x' referenced before assignment
```

如果局部变量与全局变量具有相同的名字,那么该局部变量会在自己的作用域内暂时隐藏同名的全局变量。

```
def demo():               #创建了局部变量
    x = 3
    print(x)
x = 5
#创建全局变量
x
5
demo()
3
x
#函数调用结束后,不影响全局变量x的值
5
```

5.4 生成器函数的设计要点

包含 yield 语句的函数可以用来创建生成器对象,这样的函数也称为生成器函数。yield 语句与 return 语句的作用相似,都是用来从函数中返回值。return 语句一旦被执行会立刻结束函数的运行,而每次执行到 yield 语句并返回一个值之后会暂停或挂起后面代码的执行,在下次通过生成器对象的 next 方法、内置函数 next、for 循环遍历生成器对象元素或以其他方式显式"索要"数据时恢复执行。生成器具有惰性求值的特点,适合处理大数据。下面的代码演示了如何使用生成器来生成斐波那契数列:

```python
def f():
    a,b = 1,1                        #序列解包,同时为多个元素赋值
    while True :
        yield a                      #暂停执行,需要时再产生一个新元素
        a,b = b,a + b                #序列解包,继续生成新元素
a = f()                              #创建生成器对象
for i in range(10):                  #斐波那契数列中前10个元素
    print(a.__next__(), end =' ')
1 1 2 3 5 8 13 21 34 55
for i in f():                        #斐波那契数列中第一个大于100的元素
    if i > 100:
        print(i,end =' ')
        break
144
a = f()                              #创建生成器对象
next(a)                              #使用内置函数 next 获取生成器对象中的元素
1
next(a)                              #每次索取新元素时,由 yield 语句生成
1
a.__next__()                         #也可以调用生成器对象的__next()__方法
2
a.__next__()
3
def f():
    yield from 'abcdefg'             #使用 yield 表达式创建生成器
x = f()
next(x)
'a'
```

```
next(x)
'b'
for item in x:
    print(item,end = '')                  #输出 x 中的剩余元素
c d e f g
def gen():
    yield 1
    yield 2
    yield 3
x, y, z = gen()                           #生成器对象支持序列解包
```

Python 标准库 itertools 提供了一个 count(start，step)函数,它用来连续不断地生成无穷个数,这些数中的第一个数是 start(默认为 0),相邻两个数的差是 step(默认为 1)。下面的代码使用生成器模拟了标准库 itertools 中的 count 函数:

```
def count(start,step):
    num = start
    while True：  #无穷循环
        yield num  #返回一个数,暂停执行,等待下一次索要数据
        num += step
x = count(3, 5)
for i in range(10):
    print(next(x),end = '')
3 8 13 18 23 28 33 38 43 48
for i in range(10):
    print(next(x),end = '')
53 58 63 68 73 78 83 88 93 98
```

本章小结

本章的重点内容如下。

① 应尽量减少使用直接复制代码的方式来实现复用,应把需要重复使用的代码封装成函数或类。

② 定义函数时不需要指定参数类型。

③ 定义函数时不需要指定函数的返回值类型,其由 return 语句返回的值的类型来决定。

④ 在函数中,如果没有 return 语句,或者有 return 语句但是没有返回任何值,或者有 return 语句但是没有被执行,则函数返回空值 None。

⑤ 在 Python 中,可以嵌套定义函数。

⑥ 在 Python 中,函数参数有普通位置参数、默认值参数、关键参数和可变长度参数等几

种类型。

⑦ 函数内的局部变量在函数执行结束后会自动释放而不可再访问。

⑧ 包含 yield 语句的函数称为生成器函数,其返回值是一个具有惰性求值特点的生成器对象。

练习题

1. 编写函数:接收任意多个实数,返回一个元组,其中第一个元素为所有参数的平均值,其他元素为所有参数中大于平均值的实数。

2. 编写函数:接收字符串参数,返回一个元组,其中第一个元素为大写字母的个数,第二个元素为小写字母的个数。

3. 编写函数:接收包含 n 个整数的列表 lst 和将一个整数 $k(0<k<n)$ 作为参数,返回新列表。处理规则为:将列表 lst 中下标 k 之前的元素逆序,将下标 k 之后的元素逆序,然后将整个列表 lst 中的所有元素逆序。

4. 编写函数:接收一个整数 t 作为参数,打印杨辉三角前 t 行。

5. 编写函数:接收一个所有元素值都不相等的整数列表 x 和一个整数 n,要求将值为 n 的元素作为支点,将列表中所有值小于 n 的元素全部放到 n 的前面,所有值大于 n 的元素放到 n 的后面。

6. 编写函数:实现冒泡排序算法。

7. 编写函数:模拟二分法查找。二分法查找算法非常适合在大量元素中查找指定的元素,要求序列已经排好序(假设按从小到大的顺序排列),首先测试中间位置上的元素是不是想查找的元素,如果是,则结束算法;如果序列中间位置上的元素比要查找的元素小,则在序列的后面一半元素中继续查找;如果中间位置上的元素比要查找的元素大,则在序列的前面一半元素中继续查找。重复上面的过程,不断地缩小搜索范围,直到查找成功或者失败(要查找的元素不在序列中)。

8. 编写函数:接收 n 个数字,求这些数字的和。

9. 编写函数:找出传入的列表或元组的奇数位对应的元素,并返回一个新的列表。

第 6 章 面向对象

面向对象程序设计(Object Oriented Programming,OOP)的思想主要是针对大型软件设计提出的,使得软件设计更加灵活,能够很好地支持代码复用和设计复用,也使代码具有更高的可读性和可扩展性,大幅度降低了软件开发的难度。面向对象程序设计的一个关键性观念是将数据以及对数据的操作封装在一起,组成一个相互依存、不可分割的整体(对象),不同对象之间通过消息机制来通信或者同步。对相同类型的对象(instance)进行分类、抽象后,得出共同的特征而形成了类(class)。面向对象程序设计的关键就是合理地定义这些类并且组织多个类之间的关系。

Python 是面向对象的解释型高级动态编程语言,完全支持面向对象的基本功能,如封装、继承、多态以及对基类方法的覆盖或重写。创建类时用变量形式表示对象特征的成员称为数据成员(attribute),用函数形式表示对象行为的成员称为成员方法(method),数据成员和成员方法统称为类的成员。需要注意的是,Python 中对象的概念很广泛,Python 中的一切内容都可以称为对象,函数也是对象,类也是对象。

6.1 类的定义与使用

Python 使用 class 关键字来定义类,class 关键字之后是一个空格,空格后面是类的名字,如果某类派生自其他基类,则需要把所有基类放到一对括号中并使用逗号分隔,括号后面是一个冒号,最后换行并定义类的内部实现。类名的首字母一般要大写,当然也可以按照自己的习惯定义类名,但一般推荐参考惯例来命名,并在整个系统的设计和实现中保持风格一致,这一点对于团队合作非常重要。

```
class Dog(object):          #定义一个类,派生自 object 类
    def infer(self):        #定义成员方法
        print("This is a dog.")
```

定义了类之后，就可以用来实例化对象，并通过"对象名.成员"的方式来访问其中的数据成员或成员方法。

```
dog = Dog()              #实例化对象
dog.infer()              #调用对象的成员方法
This is a dog.
```

在 Python 中，可以使用内置函数 isinstance 测试一个对象是不是某个类的实例，或者使用内置函数 type 查看对象类型。

```
isinstance(dog,Dog)
True
isinstance(dog,str)
False
type(dog)
<class'__main__.Dog'>
```

Python 提供了一个关键字 pass，其在执行时什么也不会发生，可以用在类和函数的定义或者选择结构中，表示空语句。如果暂时没有确定如何实现某个功能，或者想提前为以后的软件升级预留一点空间，则可以使用关键字 pass 来"占位"。

和定义函数一样，在定义类时，也可以使用三引号为类进行必要的注释。

```
class Test：
'''This is only a test.'''
    pass

Test.__doc__              #查看类的帮助文档
'This is only a test.'
```

6.2 数据成员与成员方法

6.2.1 私有成员与公有成员

私有成员在类的外部不能直接访问，一般在类的内部进行访问和操作，或者在类的外部通过调用对象的公有成员方法来访问，而公有成员是可以公开使用的，既可以在类的内部进行访问，也可以在外部程序中使用。

```
class A：
  def __init__(self, value1 = 0, value2 = 0)： #构造方法
    self._value1 = value1                      #私有成员
    self.__value2 = value2                     #成员方法,公有成员
```

```
        def setValue(self,value1,value2):
            self._value1 = value1          #在类内部可以直接访问私有成员
            self.__value2 = value2         #成员方法,公有成员
        def show(self):
            print (self._value1)
            print (self.__value2)
a = A()
a._value1                                  #在类外部可以直接访问非私有成员
0
a._A__value2                               #在类外部访问对象的私有数据成员
0
```

圆点(.)是成员访问运算符,可以用来访问命名空间、模块或对象中的成员,在PyCharm或其他Python开发环境中,在对象或类名后面加上一个圆点后其所有公开成员会自动列出。而如果在圆点后面再加一个下划线,则该对象或类的所有成员(包括私有成员)会自动列出。当然,也可以使用内置函数 dir 来查看指定对象、模块或命名空间中的所有成员。

在 Python 中,以下划线开头或结束的成员名有特殊的含义,在类的定义中用下划线作为成员名前缀和后缀的成员往往是类的特殊成员。

① _×××:以一个下划线开头,表示保护成员。只有类对象和子类对象可以访问这些成员,在类的外部一般不建议直接访问;在模块中使用一个或多个下划线开头的成员不能用"from module import *"导入,除非在模块中使用变量明确指明这样的成员可以被导入。

② ×××:前后各两个下划线,表示系统定义的特殊成员。

③ ×××:以两个或多个下划线开头但不以两个或多个下划线结束,表示私有成员。一般只有类对象自己能访问该成员,子类对象也不能访问该成员,但在对象外部可以通过"对象名._类名×××"这样的特殊方式来访问该成员(这会破坏类的封装性,不建议这样做)。

6.2.2 数据成员

数据成员可以大致分为两类:属于对象的数据成员和属于类的数据成员。属于对象的数据成员一般在构造方法 init 中定义,当然也可以在其他成员方法中定义,在定义和实例方法中访问数据成员时以 self 作为前缀,同一个类的不同对象(实例)的数据成员之间互不影响;属于类的数据成员是该类所有对象共享的,不属于任何一个对象,在定义类时这类数据成员一般不在任何一个成员方法的定义中。在主程序中或在类的外部,属于对象的数据成员属于实例(对象),只能通过对象名访问;而属于类的数据成员属于类,可以通过类名或对象名访问。

利用属于类的数据成员的共享性,可以实时获得该类的对象数量,并且可以控制该类创建的对象的最大数量。例如:

```
class Demo (object):
    total = 0
    def __new__(cls,*args,**kwargs):    #该方法在__init()__之前被调用
        if cis.total >= 3:              #最多允许创建3个对象
            raise Exception('最多只能创建3个对象')
        else:
            return object.__new__(cls)
    def __init__(self):
        Demo.total = Demo.total + 1
t1 = Demo()
t1
<__main__.Demo object at 0x00000000034A0278>
t2 = Demo()
t3 = Demo ()
t4 = Demo ()
Exception:最多只能创建3个对象
t4
NameError: name 't4' is not defined
```

6.2.3 成员方法

首先应该明确,在面向对象程序设计中,函数和方法这两个概念是有本质区别的。方法一般指与特定实例绑定的函数,通过对象调用方法时,对象本身将作为第一个参数自动传递过去,普通函数并不具备这个特点。例如,内置函数 sorted 必须指明要排序的对象,而列表对象的 sort 方法则不需要,默认对当前列表进行排序。

```
class Demo :
    pass
t = Demo()
def test(self,v):
    self.value = v
    t.test = test                       #动态增加普通函数
t.test
<function test at 0x00000000034B7EA0>
t.test (t,3)                            #需要为 self 传递参数
print (t.value)
3
import types
t.test = types.MethodType(test,t)       #动态增加绑定的方法
```

```
t.test
< bound method test of <__main.Demo object at 0x000000000074F9E8>>
t.test(5)              #不需要为self传递参数
print(t.value)
5
```

Python 类的成员方法大致可以分为公有方法、私有方法、静态方法、类方法和抽象方法 5 种类型。公有方法、私有方法和抽象方法一般是指属于对象的实例方法，私有方法的名字以两个或多个下划线开始，而抽象方法一般定义在抽象类中并且要求派生类必须重新实现。每个对象都有自己的公有方法和私有方法，在这两类方法中都可以访问属于类和对象的成员。公有方法通过对象名直接调用，私有方法不能通过对象名直接调用，只能在其他实例方法中通过前缀 self 进行调用或在外部通过特殊的形式调用。另外，Python 中的类还支持大量的特殊方法，这些方法的两侧各有两个下划线（__），往往与某个运算符或内置函数相对应。

所有实例方法（包括公有方法、私有方法、抽象方法和某些特殊方法）都必须至少有一个名为 self 的参数，并且其必须是方法的第一个形参（如果有多个形参的话），self 参数代表当前对象）。在实例方法中访问实例成员时需要以 self 为前缀，但在外部通过对象名调用对象方法时并不需要传递这个参数。如果在外部通过类名调用属于对象的公有方法，需要显式为该方法的 self 参数传递一个对象名，这个对象名用来明确指定访问哪个对象的成员。

静态方法和类方法都可以通过类名和对象名调用，但不能直接访问属于对象的成员，只能访问属于类的成员。另外，静态方法和类方法不属于任何实例，不会绑定到任何实例，当然也不依赖任何实例的状态，与实例方法相比，这两类方法能够减少很多开销。类方法一般以 cls 作为第一个参数表示该类自身，在调用类方法时不需要为该参数传递值，静态方法则可以不接收任何参数。

```
class Root:
    __total = 0
    def __init__(self,v):        #构造方法,特殊方法
        self.__value = v
        Root.__total += 1

    def show(self):              #普通实例方法,一般以self作为第一个参数的名字
        print('self.__value:',self.__value)
        print('Root.__total:',Root.__total)
    @classmethod                 #修饰器,声明类方法
    def classShowTotal(cls):     #类方法,一般以cls作为第一个参数的名字
        print(cls.__total)
    @staticmethod                #修饰器,声明静态方法
    def staticShowTotal():       #静态方法,可以没有参数
        print(Root.__total)
r = Root(3)
```

```
r.classShowTotal()              #通过对象来调用类方法
1
r.staticShowTotal()             #通过对象来调用静态方法
1
rr = Root(5)
Root.classShowTotal()           #通过类名调用类方法
2
Root.staticShowTotal()          #通过类名调用静态方法
2
Root.show()                     #试图通过类名直接调用实例方法,失败
TypeError:unbound method show() must be called with Root instance as first argument(got nothing instead)
Root.show(r)                    #可以通过这种方法来调用方法并访问实例成员
self.__value:3
Root.__total:2
```

抽象方法一般在抽象类中定义,并且要求在派生类中必须重新实现,否则不允许派生类创建实例。

```
import abc
class Foo(metaclass = abc.ABCMeta):     #抽象类
    def f1(self):                       #普通实例方法
        print (123)
    def f2(self):                       #普通实例方法
        print (456)
    @ abc.abstractmethod                #抽象方法
    def f3 (self):
        raise Exception ('You must reimplement this method.')
class Bar(Foo):
    def f3(self):                       #必须实现基类中的抽象方法
        print (33333)
b = Bar()
b.f3()
```

6.2.4 属性

公开的数据成员可以在外部随意访问和修改,这很难保证用户在对数据进行修改时提供新数据的合法性,使数据很容易被破坏,也不符合面向对象的封装性要求。解决这一问题的常用方法是定义私有数据成员,然后设计公开的成员方法来实现对私有数据成员的读取和修改操作,修改私有数据成员之前可以对值进行合法性检查,这提高了程序的健壮性,保证了数据

的完整性。属性(property)是一种特殊形式的成员方法,结合了公开成员方法和数据成员的优点,既可以像成员方法那样对值进行必要的检查,又可以像数据成员一样灵活地访问。

Python 3.×使属性得到了较为完整的实现,支持更加全面的保护机制。如果设置属性为只读,则无法修改其值,也无法为对象增加与属性同名的新成员,当然也无法删除对象属性。例如:

```
class Test:
    def __init__(self,value):
        self.__value = value          #私有数据成员
    @property                          #修饰器,定义属性,提供对私有数据成员的访问
    def value(self):                   #只读属性,无法修改和删除
        return self.__value
t = Test(3)
t.value
3
t.value = 5                            #只读属性不允许修改值
AttributeError:can't set attribute
del t.value                            #试图删除对象属性,失败
AttributeError: can't delete attribute
t.value
3
```

下面的代码则把属性设置为可读、可修改,而不允许删除:

```
class Test:
    def __init__(self,value):
        self.__value = value
    def __get(self):                               #读取私有数据成员的值
        return self.__value
    def __set(self,v):                             #修改私有数据成员的值
        self.__value = v
    value = property(__get,__set)                  #可读可写属性,指定相应的读写方法
    def show(self):
        print(self.__value)
t = Test(3)
t.value                                            #允许读取属性值
3
t.value = 5                                        #允许修改属性值
t.value
5
t.show()
```

```
5
del t.value            #试图删除属性,失败
AttributeError: can't delete attribute
```

6.3 继承、多态

6.3.1 继承

设计一个新类时,可以继承一个已有的设计良好的类,然后对其进行二次开发,这样可以大幅度减少开发工作量,并且可以很大程度地保证质量。在继承关系中,已有的、设计好的类称为父类或基类,新设计的类称为子类或派生类。派生类可以继承父类的公有成员,但是不能继承其私有成员。如果需要在派生类中调用基类的方法,则可以使用内置函数 super 或者通过"基类名.方法名()"的方法来实现这一目的。

下面的代码设计 Person 类,并根据 Person 类派生 Teacher 类,分别创建 Person 类与 Teacher 类的对象。

```
#基类必须继承于object,否则在派生类中将无法使用super函数
class Person(object):
    def __init__(self,name = '', age = 20, sex = 'man'):
        #通过调用方法进行初始化,这样可以对参数进行更好控制
        self.setName(name)
        self.setAge(age)
        self.setSex(sex)
    def setName(self,name):
        if not isinstance(name,str):
            raise Exception ('name must be a string.')
        self.__name = name
    def setAge(self,age):
        if type(age) != int:
            raise Exception ('age must be an integer.')
        self.__age = age
    def setSex(self,sex):
        if sex not in ('man', 'woman'):
            raise Exception ('sex must be "man" or "woman"')
        self.__sex = sex
    def show(self):
        print (self.__name, self.__age, self.__sex, sep = '\n')
#派生类
```

```python
class Teacher(Person):
    def __init__(self,name = '',age = 30,sex = 'man',department = 'Computer'):
        #调用基类构造方法初始化基类的私有数据成员
        super(Teacher,self).__init__(name,age,sex)
        #也可以这样初始化基类的私有数据成员
        #Person.__init__(self,name,age,sex)
        #初始化派生类的数据成员
        self.setDepartment(department)

    def setDepartment(self,department):
        if type(department) != str:
            raise Exception('department must be a string.')
        self.__department = department
    def show(self):
        super(Teacher,self).show()
        print(self.__department)

if __name__ == '__main__':
    #创建基类对象
    zhangsan = Person('Zhang San',19,'man')
    zhangsan.show()
    print('=' * 30)
    #创建派生类对象
    lisi = Teacher('Li si',32,'man','Math')
    lisi.show()
    #调用继承的方法修改年龄
    lisi.setAge(40)
    lisi.show()
```

Python 支持多继承,如果父类中有相同的方法名,而在子类中使用时没有指定父类名,则 Python 解释器将从左向右按顺序进行搜索,使用第一个匹配的成员。

6.3.2 多态

多态(polymorphism)是指基类的同一个方法在不同派生类对象中具有不同的表现和行为。派生类继承了基类的行为和属性之后,还会增加某些特定的行为和属性,同时还可能会对继承来的某些行为进行一定的改变,这都是多态的表现形式。Python 中大多数运算符都可以作用于多种不同类型的操作数,并且对于不同类型的操作数往往有不同的表现,这本身就是多态,是通过特殊方法与运算符重载实现的。下面的代码主要演示通过在派生类中重写基类方法实现多态。

```
class Animal (object):              #定义基类
    def show(self):
        print('I am an animal.')
class Cat(Animal):
        #派生类,覆盖了基类的show()方法
    def show(self):
        print('I am a cat.')
class Dog(Animal):
        #派生类
    def show(self):
        print('I am a dog.')
class Tiger(Animal):
        #派生类
    def show(self):
        print('I am a tiger.')
class Test(Animal):
        #派生类,没有覆盖基类的show方法
    pass
x = [item() for item in (Animal,Cat,Dog,Tiger,Test)]
for item in x:
            #遍历基类和派生类对象并调用show方法
    item.show()
I am an animal.
I am a cat.
I am a dog.
I am a tiger.
I am an animal.
```

6.4 特殊方法与运算符重载

Python 类有大量的特殊方法,其中比较常见的是构造方法和析构方法。Python 中类的构造方法是 init,其用来为数据成员设置初始值或进行其他必要的初始化工作,在实例化对象时被自动调用和执行。如果用户没有设计构造方法,Python 会提供一个默认的构造方法(用来进行必要的初始化工作)。Python 中类的析构方法是 del,其一般用来释放对象占用的资源,在 Python 删除对象和收回对象空间时被自动调用和执行。如果用户没有编写析构方法,Python 将提供一个默认的析构方法(用来进行必要的清理工作)。

在 Python 中,除了有构造方法和析构方法外,还有大量的特殊方法(支持更多的功能)。例如,运算符重载就是通过在类中重写特殊方法实现的。在自定义类时重写了某个特殊方法即可支持对应的运算符或内置函数,具体实现什么工作则完全可以由程序员根据实际需要来定义。表 6.1 列出了一部分比较常用的特殊成员。

表 6.1　Python 类的特殊成员

方法	功能说明
new	类的静态方法,用于确定是否要创建对象
init	构造方法,创建对象时自动调用
del	析构方法,释放对象时自动调用
add	+
sub_	−
mul_	*
truediv	/
floordiv	//
mod	%

本章小结

本章的重点内容如下。

① 面向对象程序设计的关键是合理地定义类并且组织多个类之间的关系。

② Python 是面向对象的解释型高级动态编程语言,完全支持面向对象的基本功能和全部特性。

③ 定义类的成员时,某个成员以 2 个(或更多)下划线开头并且不以 2 个(或更多)下划线结束,则表示该成员是私有成员。

④ 在类的外部不能直接访问私有成员,但是可以通过"对象名.__类名__私有成员名"这种特殊的形式来访问。

⑤ 函数和方法这两个概念有本质的区别。

⑥ 所有实例方法都必须至少有一个名为 self 的参数,并且它必须是第一个参数。

⑦ 属性是一种特殊形式的成员方法,结合了公开数据成员和成员方法两者的优点。

⑧ Python 类型的动态性使得人们可以动态地为自定义类及其对象增加新的属性和行为。

⑨ 如果需要在派生类中调用基类的方法,则可以使用内置函数 super 或者通过"基类名.方法名()"的形式来实现这一目的。

⑩ 多态是指基类的同一个方法在不同派生类对象中具有不同的表现和行为。

⑪ Python 类中前后各有 2 个下划线的成员表示特殊成员,这些特殊成员是预定义好的。

⑫ Python 类的特殊方法与特定的内置函数或运算符相对应,在自定义类中实现了某个特殊方法就支持了某个运算符和内置函数。

练习题

1. 面向对象程序设计的三要素分别为_____、_____和_____。
2. 定义一个学生 Student 类。

有下面的类属性：
- 姓名 name；
- 年龄 age；
- 成绩 score(语文,数学,英语)(每课成绩的类型为整数)。

类方法：
- 获取学生的姓名：get_name 返回类型为 str。
- 获取学生的年龄：get_age 返回类型为 int。
- 返回 3 门科目中最高的分数。get_course 返回类型为 int。

3. 创建 Person 类，属性有姓名、年龄、性别，创建方法 personInfo，打印这个人的信息。

4. 创建 Student 类，继承 Person 类，属性有学院 college、班级 class，重写父类 personInfo 方法，调用父类方法打印个人信息，并将学生的学院、班级信息也打印出来，创建方法 study 参数为 Teacher 对象，调用 Teacher 类的 teachObj 方法，接收老师的知识点，然后打印"老师×××，我终于学会了！"，其中×××为老师的 teach 方法返回的信息。重写__str__方法，返回 student 的信息。

5. 创建 Teacher 类，继承 Person 类，属性有学院 college、专业 professional，重写父类 personInfo 方法，调用父类方法打印个人信息，并将老师的学院、专业信息也打印出来。创建 teachObj 方法，返回信息为"今天讲了如何用面向对象设计程序"。

6. 创建 3 个学生对象，分别打印其详细信息。

7. 创建一个老师对象，打印其详细信息。

8. 创建学生对象调用 learn 方法。

9. 将 3 个学员添加至列表中，通过循环将列表中的对象打印出来。

第 7 章 文件

本章将介绍 Python 中用来读写文件以及访问目录内容的函数和类型。这些函数很重要,因为几乎所有比较大的程序都用文件来读取输入或存储输出。Python 提供了丰富的输入/输出函数,本章将介绍其中使用广泛的函数。

7.1 基本文件操作

7.1.1 创建和打开文件

读写一个文件之前需要打开它:

```
fileobj = open(filename, mode)
```

下面是对该 open 调用的简单解释:
- fileobj 是 open 返回的文件对象;
- filename 是文件的字符串名;
- mode 用于指明文件类型和操作的字符串。

mode 中的第一个字母表明对文件的操作。
- r 表示读模式。
- w 表示写模式。如果文件不存在,则新创建一个文件;如果文件存在,则重写新内容。
- x 表示在文件不存在的情况下新创建并写文件。
- a 表示如果文件存在,则在文件末尾追加写内容。

mode 中的第二个字母是文件类型。
- t(或者省略)代表文本类型。
- b 代表二进制文件。

打开文件之后就可以调用函数来读写数据,之后的例子会涉及。

7.1.2 使用 with 自动关闭文件

如果忘记关闭已经打开的一个文件,则在该文件对象不再被引用之后,Python 会关掉此文件。这也就意味着在一个函数中打开一个文件时,即使没有及时关闭它,在函数结束时它也会被关掉。然而你可能会在一直运行中的函数或者程序的主要部分打开一个文件,应该强制在剩下的所有写操作完成后再关闭文件。

Python 的上下文管理器(context manager)会清理一些资源,如打开的文件。管理器的形式为"with expression as variable:"。例如:

```
>>> with open('relativity', 'wt') as fout:
...     fout.write(poem)
```

完成上下文管理器的代码后,文件会被自动关闭。

7.1.3 写入文件内容

下面我们通过将一首诗作为例子,来具体说明一下如何使用 write 写文本文件。

```
>>> poem = '''There was a young lady named Bright,
... Whose speed was far faster than light;
... She started one day
... In a relative way,
... And returned on the previous night.'''
>>> len(poem)
150
```

以下代码将整首诗写到文件 relativity 中:

```
>>> fout = open('relativity', 'wt')
>>> fout.write(poem)
150
>>> fout.close()
```

函数 write 返回写入文件的字节数。和 print 一样,它没有增加空格或者换行符。同样,你也可以在一个文本文件中使用 print:

```
>>> fout = open('relativity', 'wt')
>>> print(poem, file=fout)
>>> fout.close()
```

这就产生了一个问题:到底是使用 write 还是使用 print? print 会默认在每个参数后面添加空格,在每行结束处添加换行。在之前的例子中,它在文件 relativity 中默认添加了一个换行。为了使 print 与 write 有同样的输出,传入下面两个参数。

sep 分隔符:默认是一个空格(' ')。

end 结束字符:默认是一个换行符('\n')。

除非自定义参数,否则 print 会使用默认参数。在这里,我们通过空字符串替换 print 添加的所有多余输出:

```
>>> fout = open('relativity', 'wt')
>>> print(poem, file = fout, sep = '', end = '')
>>> fout.close()
```

如果源字符串非常大,则可以将数据分块,直到所有字符被写入:

```
>>> fout = open('relativity', 'wt')
>>> size = len(poem)
>>> offset = 0
>>> chunk = 100
>>> while True:
...     if offset > size:
...         break
...     fout.write(poem[offset:offset + chunk])
...     offset += chunk
...
100
50
>>> fout.close()
```

第一次写入 100 个字符,然后写入剩下的 50 个字符。

如果 relativity 文件已经存在,则使用模式 x 可以避免重写文件:

```
>>> fout = open('relativity', 'xt')
Traceback (most recent call last):
File "<stdin>", line 1, in <module>
FileExistsError: [Errno 17] File exists: 'relativity'
```

可以加入一个异常处理:

```
>>> try:
...     fout = open('relativity', 'xt')
...     fout.write('stomp stomp stomp')
... except FileExistsError:
...     print('relativity already exists!. That was a close one.')
...
relativity already exists!. That was a close one.
```

如果文件模式字符串中包含'b',那么文件会以二进制模式打开。在这种情况下,读写的是字节而不是字符串。

直接在 0 至 255 之间产生 256 字节的值:

```
>>> bdata = bytes(range(0, 256))
>>> len(bdata)
256
```

以二进制模式打开文件,并且一次写入所有的数据:

```
>>> fout = open('bfile', 'wb')
>>> fout.write(bdata)
256
>>> fout.close()
```

然后,write 返回写入的字节数。

对于文本,也可以分块写二进制数据:

```
>>> fout = open('bfile', 'wb')
>>> size = len(bdata)
>>> offset = 0
>>> chunk = 100
>>> while True:
...     if offset > size:
...         break
...     fout.write(bdata[offset:offset + chunk])
...     offset += chunk
...
100
100
56
>>> fout.close()
```

7.1.4 读取文件

文本文件可存储大量的数据:天气数据、交通数据、社会经济数据、文学作品等。每当需要分析或修改存储在文件中的信息时,读取文件都很有用,对数据分析应用程序来说尤其如此。例如,你可以编写一个这样的程序:读取一个文本文件的内容,重新设置这些数据的格式并将其写入文件,让浏览器能够显示这些内容。

要使用文本文件中的信息,首先需要将信息读取到内存中。为此,你可以一次性读取文件的全部内容,也可以以每次一行的方式逐步读取。

你可以按照下面的示例那样,使用不带参数的 read 函数一次读入文件的所有内容。但在读入文件时要格外注意,1 GB 的文件会用到相同大小的内存。

```
>>> fin = open('relativity', 'rt')
>>> poem = fin.read()
>>> fin.close()
>>> len(poem)
150
```

同样也可以设置最大的读入字符数,以限制 read 函数一次返回的大小。下面的代码一次读入 100 个字符,然后把每一个字符拼接成原来的字符串 poem:

```
>>> poem = ''
>>> fin = open('relativity','rt')
>>> chunk = 100
>>> while True:
...     fragment = fin.read(chunk)
...     if not fragment:
...         break
...     poem += fragment
...
>>> fin.close()
>>> len(poem)
150
```

读到文件结尾后,再次调用 read 会返回空字符串(' '),if not fragment 条件被判为 False。此时会跳出 while True 的循环。当然,你也能使用 readline 每次读入文件的一行。在如下例子中,通过追加每一行可以拼接成原来的字符串 poem:

```
>>> poem = ''
>>> fin = open('relativity','rt')
>>> while True:
...     line = fin.readline()
...     if not line:
...         break
...     poem += line
...
>>> fin.close()
>>> len(poem)
150
```

对于一个文本文件,即使空行也有 1 字符长度(换行字符'\n'),自然就会返回 True。当文件读取结束后,readline(类似于 read)同样也会返回空字符串,自然也被 while True 判为 False。

读取文本文件最简单的方式是使用一个迭代器(iterator),它会每次返回一行。这和之前的例子类似,但代码会更短:

```
>>> poem = ''
>>> fin = open('relativity','rt')
>>> for line in fin:
...     poem += line
...
>>> fin.close()
>>> len(poem)
150
```

前面所有示例最终都返回单个字符串 poem。调用函数 readlines 时其每次读取一行,并返回单行字符串的列表:

```
>>> fin = open('relativity','rt')
>>> lines = fin.readlines()
>>> fin.close()
>>> print(len(lines),'lines read')
5 lines read
>>> for line in lines:
...    print(line, end='')
...
There was a young lady named Bright,
Whose speed was far faster than light;
She started one day
In a relative way,
And returned on the previous night.>>>
```

之前我们让 print 去掉每行结束的自动换行,因为前面的四行都有换行标志,而最后一行没有,所以解释器的提示符">>>"出现在最后一行的最右边。

对于读取二进制文件,下面简单的例子只需要用'rb'打开文件即可:

```
>>> fin = open('bfile','rb')
>>> bdata = fin.read()
>>> len(bdata)
256
>>> fin.close()
```

7.2 目录操作

在大多数操作系统中,文件被存储在多级目录(现在经常被称为文件夹)中。包含所有文件和目录的容器是文件系统(有时候被称为卷)。标准模块 os 可以处理这些东西,下文将介绍一些可以使用的函数。

7.2.1 使用 mkdir 创建目录

下面的例子展示了如何创建目录 poems:

```
>>> os.mkdir('poems')
>>> os.path.exists('poems')
True
```

7.2.2 使用 rmdir 删除目录

假如现在发现不需要某个目录,则可以用 rmdir 函数来删除该目录:

```
>>> os.rmdir('poems')
>>> os.path.exists('poems')
False
```

7.2.3 使用 listdir 列出目录内容

重新创建 poems 并加入一些内容:

```
>>> os.mkdir('poems')
```

首先,使用 listdir 列出目录 poems 的内容(目前还是空):

```
>>> os.listdir('poems')
[]
```

然后,创建一个子目录:

```
>>> os.mkdir('poems/mcintyre')
>>> os.listdir('poems')
['mcintyre']
```

在这个子目录中,创建一个文件(不要手动输入这些文字,除非你真的很喜欢这首诗;一定要确保文中的单引号和三引号可以正确匹配):

```
>>> fout = open('poems/mcintyre/the_good_man', 'wt')
>>> fout.write('''Cheerful and happy was his mood,
... He to the poor was kind and good,
... And he oft' times did find them food,
... Also supplies of coal and wood,
... He never spake a word was rude,
... And cheer'd those did o'er sorrows brood,
... He passed away not understood,
... Because no poet in his lays
... Had penned a sonnet in his praise,
... 'Tis sad, but such is world's ways.
... ''')
344
>>> fout.close()
```

最后,可以使用 listdir 看看目录中有什么内容:

```
>>> os.listdir('poems/mcintyre')
['the_good_man']
```

7.2.4 使用 chdir 修改当前目录

可以使用 chdir 函数从一个目录跳转到另一个目录。例如,我们可以从当前目录跳转到 poems 目录:

```
>>> import os
>>> os.chdir('poems')
>>> os.listdir('.')
['mcintyre']
```

7.2.5 使用 glob 列出匹配文件

glob 函数会使用 Unix shell 的规则来匹配文件或者目录,而不使用更复杂的正则表达式。具体规则如下:
- * 会匹配任意名称(re 中是.*);
- ? 会匹配一个字符;
- [abc] 会匹配字符 a、b 和 c;
- [!abc] 会匹配除了 a、b 和 c 之外的所有字符。

试着获取所有以 m 开头的文件和目录:

```
>>> import glob
>>> glob.glob('m*')
['mcintyre']
```

获取所有名称为两个字符的文件和目录:

```
>>> glob.glob('??')
[]
```

获取名称为 8 个字符并且以 m 开头和以 e 结尾的文件和目录:

```
>>> glob.glob('m??????e')    6+
['mcintyre']
```

获取所有以 k、l 或者 m 开头并且以 e 结尾的文件和目录:

```
>>> glob.glob('[klm]*e')
['mcintyre']
```

7.3 高级文件操作

7.3.1 用 remove 删除文件

下面的例子使用 remove 函数来删除 oops.txt 文件:

```
>>> os.remove('oops.txt')
>>> os.path.exists('oops.txt')
False
```

7.3.2 用 rename 重命名文件

看函数 rename 的名字就可以知道这个函数的作用。下面的例子会把 ohno.txt 文件重命名为 ohwell.txt 文件：

```
>>> import os
>>> os.rename('ohno.txt','ohwell.txt')
```

7.3.3 用 exists 判断文件是否存在

要判断文件或者目录是否存在,可以使用 exists,在使用 exists 时需要传入相对或者绝对路径名,如下所示。

```
>>> import os
>>> os.path.exists('oops.txt')
True
>>> os.path.exists('./oops.txt')
True
>>> os.path.exists('waffles')
False
>>> os.path.exists('.')
True
>>> os.path.exists('..')
True
```

7.3.4 用 isfile 检查名称是不是文件、目录或符号链接

isfile 函数可以检查一个名称是文件、目录还是符号链接（详情见如下例子）。我们要学习的第一个函数是 isfile,它只回答一个问题:这个是不是文件。

```
>>> name = 'oops.txt'
>>> os.path.isfile(name)
True
```

函数 isdir 可以判断一个名称是不是目录：

```
>>> os.path.isdir(name)
False
```

一个点号(.)表示当前目录,两个点号(..)表示上层目录。它们一直存在,所以下面的语句总会返回 True：

```
>>> os.path.isdir('.')
True
```

os 模块中有许多处理路径名(完整的文件名,由"/"开始并包含所有上级目录)的函数。isabs 是其中一个,可以判断参数是不是一个绝对路径名,而参数不需要是一个真正的文件:

```
>>> os.path.isabs(name)
False
>>> os.path.isabs('/big/fake/name')
True
>>> os.path.isabs('big/fake/name/without/a/leading/slash')
False
```

7.3.5 用 copy 复制文件

copy 函数来自模块 shutil。下面的例子会把文件 oops.txt 复制到文件 ohno.txt 中:

```
>>> import shutil
>>> shutil.copy('oops.txt', 'ohno.txt')
```

本章小结

本章主要介绍了文件和目录的相关操作,如介绍了创建和打开文件、使用 with 自动关闭文件、写入文件内容、读取文件、用 remove 删除文件、用 rename 重命名文件、用 exist 判断文件是否存在、用 isfile 检查名称是不是文件、用 copy 复制文件、使用 glob 列出匹配文件、使用 mkdir 创建目录、使用 rmdir 删除目录、使用 listdir 列出目录内容、使用 chdir 修改当前目录等。本章中,需要读者学习的方法较多,希望读者能够熟练掌握这些方法。

练习题

1. 把当前日期以字符串形式写入文本文件 today.txt。
2. 从 today.txt 中读取字符串到 today_string 中。
3. 从 today_string 中解析日期。
4. 列出当前目录下的文件。
5. 列出父目录下的文件。
6. 将字符串 'This is a test of the emergency text system' 赋给变量 test1,然后把它写入文件 test.txt。
7. 打开文件 test.txt,读文件内容到字符串 test2。test1 和 test2 是一样的吗?

8. 保存以下文本到 books.csv 文件中。注意,字段间是通过逗号隔开的,如果字段中含有逗号,则需要给整个字段加引号。

```
author,book
J R R Tolkien,The Hobbit
Lynne Truss,"Eats, Shoots & Leaves"
```

第 8 章 Python中的正则表达式

正则表达式是一个特殊的字符序列，它能帮助你方便地检查一个字符串是否与某种模式匹配。

Python 自 1.5 版本起增加了 re 模块，它提供了 Perl 风格的正则表达式模式。re 模块使 Python 语言拥有全部的正则表达式功能。

compile 函数根据一个模式字符串和可选的标志参数生成一个正则表达式对象。该对象拥有一系列方法，其可用于正则表达式的匹配和替换。re 模块也提供了与这些方法功能完全一致的函数，这些函数使用一个模式字符串作为它们的第一个参数。

本章主要介绍 Python 中常用的正则表达式处理函数。

8.1 特殊符号和字符

本节将介绍最常见的特殊符号和字符，即所谓的元字符，正是它给予正则表达式强大的功能和灵活性。表 8.1 列出了这些最常见的特殊符号和字符。

表 8.1 正则表达式中最常见的特殊符号和字符

	表示法	描述	正则表达式示例
特殊符号	literal	匹配文本字符串的字面值 literal	foo
	re1|re2	匹配正则表达式 re1 或者 re2	foo|bar
	.	匹配任何字符（除了\n外）	b.b
	^	匹配字符串起始部分	^Dear
	$	匹配字符串终止部分	/bin/ * sh$
	*	匹配 0 次或者多次前面出现的正则表达式	[A-Za-z0-9] *
	+	匹配 1 次或者多次前面出现的正则表达式	[a-z]+\.com
	?	匹配 0 次或者 1 次前面出现的正则表达式	goo?
	{N}	匹配 N 次前面出现的正则表达式	[0-9]{3}
	{M,N}	匹配 M~N 次前面出现的正则表达式	[0-9]{5,9}
	[...]	匹配来自字符集的任意单一字符	[aeiou]

续表

	表示法	描述	正则表达式示例
特殊符号	[..x-y..]	匹配 x~y 范围中的任意单一字符	[0-9]，[A-Za-z]
	[^...]	不匹配此字符集中出现的任何一个字符,包括某一范围的字符(如果在此字符集中出现)	[^aeiou]，[^A-Za-z0-9]
	(*|+|?|{})?	用于匹配上面频繁出现/重复出现符号的非贪婪版本(*、+、?、{})	.*? [a-z]
	(...)	匹配封闭的正则表达式,然后将其另存为子组	([0-9]{3})?,f(oo|u)bar
特殊字符	\d	匹配任何十进制数字,与[0-9]一致(\D 与 \d 相反,不匹配任何非数值型的数字)	data\d+.txt
	\w	匹配任何字母及数字字符,与[A-Za-z0-9_]相同(\W 与之相反)	[A-Za-z_]\w+
	\s	匹配任何空格字符,与[\n\t\r\v\f]相同(\S 与之相反)	of\sthe
	\b	匹配任何单词边界(\B 与之相反)	\bThe\b
	\N	匹配已保存的子组 N(参见上面的(...))	price:\16
	\c	逐字匹配任何特殊字符 c(仅按照字面意义匹配,不匹配特殊含义)	\., \\, *
	\A(\Z)	匹配字符串的起始(结束)(另见上文介绍的^ 和 $)	\ADear
扩展表示	(?iLmsux)	在正则表达式中嵌入一个或者多个特殊"标记"参数(或者通过函数/方法嵌入参数)	((?x),((?im)
	(?:...)	表示一个匹配不用保存的分组	(?:\w+\.)*
	((?P<name>...)	像一个仅由 name 标识而不是由数字 ID 标识的正则分组匹配	((?P<data>)
	((?P=name)	在同一字符串中匹配由((?P<name>)分组的之前文本	((?P=data)
	((?#...)	表示注释,所有内容都被忽略	((?#comment)
	((?=...)	匹配条件是如果...出现在之后的位置,而不使用输入字符串,称作正向前视断言	((?=.com)
	((?!...)	匹配条件是如果...不出现在之后的位置,而不使用输入字符串,称作负向前视断言	((?!.net)
	((?<=...)	匹配条件是如果...出现在之前的位置,而不使用输入字符串,称作正向后视断言	((?<=800-)
	((?<!...)	匹配条件是如果...不出现在之前的位置,而不使用输入字符串,称作负向后视断言	((?<!192\.168\.)
	((?(id/name)Y|N)	如果分组所提供的 id 或者 name(名称)存在,就返回正则表达式的条件匹配 Y,如果不存在,就返回 N;N 是可选项	((?(1)y|x)

8.1.1 使用择一匹配符号匹配多个正则表达式模式

表示择一匹配的管道符号"|"就是键盘上的竖线,表示"从多个模式中选择其一"的操作。它用于分割不同的正则表达式。例如,在表 8.2 中,左边是一些运用择一匹配的正则表达式模式,右边是左边相应的模式所能够匹配的字符。

表 8.2 正则表达式模式匹配的字符串一

正则表达式模式	匹配的字符串
at | home	at、home
r2d2 | c3po	r2d2、c3po
bat | bet | bit	bat、bet、bit

8.1.2 匹配任意单个字符

点号或者句点符号(.)可匹配除了换行符(\n)外的任何字符(Python 正则表达式有一个编译标记[S 或者 DOTALL],该标记能够推翻这个限制,使点号能够匹配换行符)。无论是字母、数字、空格(并不包括换行符)、可打印字符、不可打印字符,还是一个符号,都可以使用点号匹配。表 8.3 所示为正则表达式模式匹配的字符串。

表 8.3 正则表达式模式匹配的字符串二

正则表达式模式	匹配的字符串
f.o	在字母"f"和"o"之间的任意一个字符,如 fao、f9o、f#o 等
..	任意两个字符
.end	在字符串 end 之前的任意一个字符

8.1.3 从字符串的起始、结尾位置或者单词边界处匹配

有些符号和相关的特殊字符用于在字符串的起始和结尾部分指定用于搜索的模式。如果要匹配字符串的起始位置,就必须使用脱字符("^")或者特殊字符"\A"(反斜杠和大写字母 A)。后者主要用于那些没有脱字符的键盘(如某些国际键盘)。同样,美元符号($)或者"\Z"用于匹配字符串的结尾位置。使用这些符号的模式与本章描述的其他大多数模式是不同的,因为这些模式指定了位置或方位。表 8.4 所示为部分正则表达式模式匹配的字符串。

表 8.4 正则表达式模式匹配的字符串三

正则表达式模式	匹配的字符串
^From	任何以 From 作为起始的字符串
/bin/tcsh$	任何以/bin/tcsh 作为结尾的字符串
^Subject: hi$	任何由单独的字符串 Subject: hi 构成的字符串

再次说明，如果想要逐字匹配字符中的任何一个（或者全部），就必须使用反斜杠进行转义。例如，如果你想要匹配任何以美元符号结尾的字符串，一个可行的正则表达式方案就是使用模式".*\$$"。特殊字符"\b"和"\B"可以用来匹配字符边界。"\b"将用于匹配一个单词的边界，这意味着如果一个模式必须位于单词的起始部分，就不管该单词前面（单词位于字符串中间）是否有任何字符（单词位于行首）。而"\B"将匹配出现在一个单词中间的模式（即不是单词边界）。表 8.5 所示为部分正则表达式模式匹配的字符串。

表 8.5　正则表达式模式匹配的字符串四

正则表达式模式	匹配的字符串
the	任何包含 the 的字符串
\bthe	任何以 the 开始的字符串
\bthe\b	单词 the
\Bthe	任何包含但并不以 the 作为起始的字符串

8.1.4　创建字符集

尽管句点符号可以用于匹配任意符号，但在某些时候，我们还可能想匹配某些特定字符。正因如此，出现了方括号。该正则表达式模式能够匹配一对方括号中包含的任何字符，如表 8.6 所示。

表 8.6　正则表达式模式匹配的字符串五

正则表达式模式	匹配的字符串
b[aeiu]t	bat、bet、bit、but
[cr][23][dp][o2]	一个包含 4 个字符的字符串，其中第一个字符是"c"或"r"，第二个字符是"2"或"3"，第三个字符是"d"或"p"，第四个字符是"o"或"2"，如 c2do、r3p2、r2d2、c3po 等

关于[cr][23][dp][o2]这个正则表达式，有一点需要说明：如果仅允许"r2d2"或者"c3po"作为有效字符串，就需要更严格限定的正则表达式。因为方括号仅仅表示逻辑或的功能，所以使用方括号并不能实现这一限定要求。唯一的方案就是使用择一匹配，如 r2d2|c3po。

对于单个字符的正则表达式，使用择一匹配和字符集是等效的。例如，我们以正则表达式"ab"作为开始，该正则表达式只匹配包含字母"a"且后面跟着字母"b"的字符串，如果想要匹配一个字母的字符串，如要么匹配"a"，要么匹配"b"，就可以使用正则表达式[ab]，因为此时字母"a"和字母"b"是相互独立的字符串。我们也可以选择正则表达式 a|b。然而，如果我们想匹配满足模式"ab"后面且跟着"cd"的字符串，我们就不能使用方括号，因为字符集的方法只适用于单字符的情况。在这种情况下，唯一的方法就是使用正则表达式 ab|cd，这与刚才提到的 r2d2/c3po 问题是相同的。

8.1.5　限定范围

除了支持匹配单字符外，字符集还支持匹配指定的字符范围。方括号中两个符号中间用连字符（-）连接，其用于指定一个字符的范围，如 A-Z、a-z 或者 0-9 分别用于表示大写字母、小

写字母和数值数字。这是一个按照字母顺序的范围,所以不能将它们仅仅限定用于字母和十进制数字上。另外,如果脱字符("^")紧跟在左方括号后面,这个符号就表示不匹配给定字符集中的任何一个字符。表 8.7 所示为部分正则表达式模式匹配的字符串。

表 8.7 正则表达式模式匹配的字符串六

正则表达式模式	匹配的字符串
z.[0-9]	字母"z"后面跟着任何一个字符,然后跟着一个数字
[r-u][env-y][us]	字母"r"、"s"、"t"或者"u"后面跟着"e"、"n"、"v"、"w"、"x"或者"y",然后跟着"u"或者"s"
[^aeiou]	一个非元音字符
[^\t\n]	不匹配制表符或者\n
["-a]	在一个 ASCII 系统中,所有字符都位于"""和"a"之间,即位于 34~97

8.1.6 使用闭包操作符实现存在性和频数的匹配

本节介绍最常用的正则表达式符号,即特殊符号"*"、"+"和"?",这些符号都可以用于匹配一个、多个或者没有出现的字符串模式。星号或者星号操作符(*)将匹配其左边的正则表达式出现零次或者多次的情况(在计算机编程语言和编译原理中,该操作称为 Kleene 闭包)。加号操作符(+)将匹配一次或者多次出现的正则表达式(也叫作正闭包操作符),问号操作符(?)将匹配零次或者一次出现的正则表达式。大括号操作符({})里面或者是单个值,或者是一对由逗号分隔的值。这将最终精确地匹配前面的正则表达式 N 次(如果是{N})或者一定范围的次数,例如,{M,N}将匹配 M~N 次出现。

注意,在之前的表格中曾经多次使用问号(重载),这意味着要么匹配 0 次,要么匹配 1 次,或者表示其他含义:如果问号紧跟在任何使用闭合操作符的匹配后面,它将直接要求正则表达式引擎匹配尽可能少的次数。"尽可能少的次数"是什么意思?当模式匹配使用分组操作符时,正则表达式引擎将试图"吸收"匹配该模式尽可能多的字符。这通常叫作贪婪匹配。问号要求正则表达式引擎"偷懒",如果可能,就在当前的正则表达式中尽可能少地匹配字符,留下尽可能多的字符给后面的模式(如果存在)。在有些时候,非贪婪匹配是很有必要的。表 8.8 所示为部分正则表达式模式匹配的字符串。

表 8.8 正则表达式模式匹配的字符串七

正则表达式模式	匹配的字符串
[dn]ot?	字母"d"或者"n",后面跟着一个"o",最后最多再跟一个"t",如 do、no、dot、not
0?[1-9]	任何数值数字,它可能前置一个"0",如可以匹配一系列数(表示从 1~9 月的数值),不管是一个还是两个数字
[0-9]{15,16}	15 或者 16 个数字(如信用卡号码)
</?[^>]+>	全部有效的(和无效的)HTML 标签
[KQRBNP][a-h][1-8]-[a-h][1-8]	在"长代数"标记法中,左栏中的模式表示国际象棋合法的棋盘移动(仅移动,不包括吃子和将军)。即在"K"、"Q"、"R"、"B"、"N"或"P"等字母后面加上"a1"~"h8"之间的棋盘坐标,前面的坐标表示从哪个位置开始走棋,后面的坐标代表走到哪个位置(棋格)上

8.1.7 表示字符集的特殊字符

有一些特殊字符能够表示字符集。与使用"0～9"这个范围表示十进制数相比，可以简单地使用 d 表示匹配任何十进制数字。特殊字符\w 能够用于表示全部字母及数字的字符集，相当于[A-Za-z0-9_]的缩写形式，\s 可以用来表示空格字符。这些特殊字符的大写版本表示不匹配。例如，\D 表示任何非十进制数(与[^0-9]相同)。使用这些缩写，可以表示表 8.9 所示的一些更复杂示例。

表 8.9 正则表达式模式匹配的字符串八

正则表达式模式	匹配的字符串
\w+-\d+	一个由字母及数字组成的字符串和一串由一个连字符分隔的数字
[A-Za-z]\w*	第一个字符是字母，其余字符(如果存在)可以是字母或者数字(几乎等价于 Python 中的有效标识符)
\d{3}-\d{3}-\d{4}	美国电话号码的格式，前面是区号前缀，如 400-777-1111
\w+@\w+\.com	以 AAA@BBB.com 格式表示的简单电子邮件地址

8.1.8 使用圆括号指定分组

虽然我们已经可以实现匹配某个字符串以及丢弃不匹配的字符串，但有些时候我们可能会对之前匹配成功的数据更感兴趣。我们不仅想知道整个字符串是否匹配我们的标准，而且想知道能否提取任何已经成功匹配的特定字符串或者子字符串。要实现这个目标，只用一对圆括号包裹任何正则表达式即可。当使用正则表达式时，一对圆括号可以实现以下功能：

- 对正则表达式进行分组；
- 匹配子组。

想对正则表达式进行分组的一个很典型的情形是：有两个不同的正则表达式，而且想用它们来比较同一个字符串。对正则表达式进行分组可以在整个正则表达式中使用重复操作符(而不是一个单独的字符或者字符集)。使用圆括号进行分组的一个副作用就是，匹配模式的子字符串可以保存起来供后续使用。这些子组能够被同一次的匹配或者搜索重复调用，或者被提取出来用于后续处理。匹配子组很重要的主要原因是在很多时候除了想进行匹配操作外，我们还想提取所匹配的模式。想这样做的原因是，对于任何成功的匹配，我们想看到这些匹配正则表达式模式的字符串究竟是什么。

如果为两个子模式都加上圆括号，如(\w+)-(\d+)，就能够分别访问每一个匹配子组。我们更倾向于使用子组。表 8.10 所示为部分正则表达式模式匹配的字符串。

表 8.10 正则表达式模式匹配的字符串九

正则表达式模式	匹配的字符串
\d+(\.\d*)?	表示简单浮点数的字符串;也就是说,任何十进制数字,后面都可以接一个小数点和零个或者多个十进制数字,如"0.004""2""75."等
(Mr?s?\.)? [A-Z][a-z]*[A-Za-z-]+	名字和姓氏,以及对名字的限制(如果有,首字母必须大写,后续字母小写),全名前可以有可选的"Mr."、"Mrs."、"Ms."或者"M."等称谓,以及灵活可选的姓氏,还可以有多个单词、横线以及大写字母

8.1.9 扩展表示法

扩展表示法都是以问号开始的(?…)。我们不会为此花费太多时间,因为它们通常用于在判断匹配之前提供标记,实现一个前视(或者后视)匹配或者条件检查。尽管圆括号用于这些符号,但是只有(?P<name>)表述一个分组匹配,其他的都没有创建一个分组。然而,仍然需要知道它们是什么,因为它们可能最适合用于你所需要完成的任务。表 8.11 所示为部分正则表达式模式匹配的字符串。

表 8.11 正则表达式模式匹配的字符串十

正则表达式模式	匹配的字符串
(?:\w+\.)*	以句点作为结尾的字符串,如"google.""twitter.""facebook.",但是这些匹配不会保存下来供后续的使用和数据检索
(?#comment)	此处并不做匹配,只作为注释
(?=.com)	一个字符串后面跟着".com"才做匹配操作,并不使用任何目标字符串
(?!.net)	一个字符串后面不跟着".net"才做匹配操作
(?<=800-)	字符串之前为"800-"才做匹配,假定是电话号码,同样,并不使用任何输入字符串
(?<!192\.168\.)	一个字符串之前不是"192.168."才做匹配操作,假定用于过滤掉一组 C 类 IP 地址
(?(1)y|x)	如果一个匹配组 1(\1)存在,就与 y 匹配;否则,就与 x 匹配

8.2 正则表达式和 Python 语言

在了解了关于正则表达式的全部知识后,下面开始查看 Python 当前如何通过使用 re 模块来支持正则表达式。re 模块在古老的 Python 1.5 中引入,用于替换已过时的 regex 模块和 regsub 模块——这两个模块在 Python 2.5 中被移除,而且此后导入这两个模块中的任意一个都会触发 ImportError 异常。re 模块支持更强大而且更通用的 Perl 风格(Perl 5 风格)的正则表达式,允许多个线程共享同一个已编译的正则表达式对象,也支持命名子组。

8.2.1 re 模块:核心函数和方法

表 8.12 所示的常见正则表达式属性列出了来自 re 模块的常见函数和方法。它们中的大

多数函数都与已经编译的正则表达式对象（regex object）和正则匹配对象（regex match object）的方法同名并且具有相同的功能。如果想进一步了解没有介绍的函数信息，可查阅 Python 的相关文档。

表 8.12 常见的正则表达式属性

	函数/方法	描述
仅仅是 re 模块函数	compile(pattern,flags = 0)	使用任何可选的标记来编译正则表达式模式，然后返回一个正则表达式对象
re 模块函数和正则表达式对象的方法	match(pattern,string,flags=0)	尝试使用带有可选的标记的正则表达式模式来匹配字符串。如果匹配成功，就返回匹配对象；如果失败，就返回 None
	search(pattern,string,flags=0)	使用可选标记搜索字符串中第一次出现的正则表达式模式。如果匹配成功，则返回匹配对象；如果失败，则返回 None
	findall(pattern,string [, flags])	查找字符串中所有（非重复）出现的正则表达式模式，并返回一个匹配列表
	finditer(pattern,string [, flags])	与 findall 函数相同，但返回的不是一个列表，而是一个迭代器。对于每一次匹配，迭代器都返回一个匹配对象
	split(pattern,string,max=0)	根据正则表达式的模式分隔符，split 函数将字符串分割为列表，然后返回成功匹配的列表，分隔最多操作 max 次（默认分割所有匹配成功的位置）
	sub(pattern,repl,string,count=0)	使用 repl 替换所有正则表达式模式在字符串中出现的位置，除非定义 count
	purge()	清除隐式编译的正则表达式模式
常用的匹配对象方法（查看文档以获取更多信息）	group(num=0)	返回整个匹配对象，或者编号为 num 的特定子组
	groups(default=None)	返回一个包含所有匹配子组的元组（如果没有成功匹配，则返回一个空元组）
	groupdict(default=None)	返回一个包含所有匹配的命名子组的字典，所有的子组名称作为字典的键（如果没有成功匹配，则返回一个空字典）
常用的模块属性（用于大多数正则表达式函数的标记）	re.I、re.IGNORECASE	不区分大小写的匹配
	re.L、re.LOCALE	根据所使用的本地语言环境，通过\w、\W、\b、\B、\s、\S 实现匹配
	re.M、re.MULTILINE	^ 和 $ 分别匹配目标字符串中行的起始和结尾，而不是严格匹配整个字符串本身的起始和结尾
	re.S、rer.DOTALL	"."（点号）通常匹配除了\n（换行符）之外的所有单个字符；该标记表示"."（点号）能够匹配全部字符
	re.X、re.VERBOSE	通过反斜杠转义

8.2.2 使用 compile 函数编译正则表达式

几乎所有的 re 模块函数都可以作为 regex 对象的方法。注意，尽管推荐预编译，但它并不是必需的。如果需要编译，就使用编译过的方法；如果不需要编译，就使用函数。幸运的是，不管是使用函数时还是使用方法时，它们的名字都是相同的（也许你曾对此感到好奇，这就是模块函数和方法的名字相同的原因，如 search、match 等）。因为大多数示例省去了一个小步骤，所以我们将使用字符串替代。我们仍将会遇到几个预编译代码的对象，这样就可以知道它的过程是怎么回事。对于一些特别的正则表达式编译，可选的标记可能以参数的形式给出，这些标记允许不区分大小写的匹配，使用系统的本地化设置来匹配字母及数字等。请参考表 8.12 中的条目以及在正式的官方文档中查询关于这些标记(re.IGNORECASE、re.MULTILINE、re.DOTALL、re.VERBOSE 等)的更多信息。它们可以通过按位或操作符(|)合并。这些标记也可以作为参数，适用于大多数 re 模块函数。如果想在方法中使用这些标记，则它们必须已经集成到已编译的正则表达式对象之中，或者需要直接嵌入正则表达式本身的标记(?F)中，其中 F 是一个或者多个 i(用于 re.I/IGNORECASE)、m(用于 re.M/MULTILINE)s(用于 re.S/DOTALL)等。如果想同时使用多个标记，就把它们放在一起，而不是使用按位或操作。例如，(?im)可以用于同时表示 re.IGNORECASE 和 re.MULTILINE。

8.2.3 匹配对象以及 group 和 groups 方法

当处理正则表达式时，除了有正则表达式对象外，还有另一个对象类型：匹配对象。这些是成功调用 match 或者 search 时返回的对象。匹配对象有两个主要的方法：group 和 groups。group 要么返回整个匹配对象，要么根据要求返回特定子组。groups 则仅返回一个包含唯一或者全部子组的元组。如果没有子组的要求，那么当 group 仍然返回整个匹配时，groups 返回一个空元组。

Python 正则表达式也允许命名匹配，这部分内容超出了本节的范围。建议读者查阅完整的 re 模块文档，里面有本节省略掉的关于这些高级主题的详细内容。

8.2.4 使用 match 方法匹配字符串

match 是一个 re 模块函数和正则表达式对象的方法。match 函数试图从字符串的起始部分对模式进行匹配。如果匹配成功，就返回一个匹配对象；如果匹配失败，就返回 None，匹配对象的 group 方法能够用于显示成功的匹配。下面是如何运用 match(以及 group)的一个示例：

```
>>> m = re.match('foo', 'foo')          # 模式匹配字符串
>>> if m is not None:                   # 如果匹配成功,就输出匹配内容
...     m.group()
...
'foo'
```

模式"foo"完全匹配字符串"foo"，我们也能够确认 m 是交互式解释器中匹配对象的示例。

```
>>> m    # 确认返回的匹配对象
<re.MatchObject instance at 80ebf48>
```

下面为一个失败的匹配示例，它返回 None：

```
>>> m = re.match('foo', 'bar')          # 模式并不能匹配字符串
>>> if m is not None: m.group()         # （单行版本的 if 语句）
...
>>>
```

因为上面的匹配失败，所以 m 被赋值为 None，而且以此方法构建的 if 语句没有指明任何操作。对于剩余的示例，如果可以，为了简洁起见，将省去 if 语句块，但在实际操作中，最好不要省去，以避免出现 AttributeError 异常（None 是返回的错误值，该值并没有 group 属性或方法）。只要模式从字符串的起始部分开始匹配，即使字符串比模式长，匹配也仍然能够成功。例如，模式"foo"将在字符串"food on the table"中找到一个匹配，因为它是从字符串的起始部分进行匹配的。

```
>>> m = re.match('foo', 'food on the table')  # 匹配成功
>>> m.group()
'foo'
```

可以看到，尽管字符串比模式长，但从字符串的起始部分开始匹配就会成功。子串"foo"是从那个比较长的字符串中抽取出来的匹配部分。甚至可以充分利用 Python 原生的面向对象特性，忽略保存中间过程产生的结果。

```
>>> re.match('foo', 'food on the table').group()
'foo'
```

注意，在上面的一些示例中，如果匹配失败，则会抛出 AttributeError 异常。

8.2.5　使用 search 在一个字符串中查找模式（搜索与匹配的对比）

其实，想搜索的模式出现在一个字符串中间部分的概率，远大于出现在字符串起始部分的概率。这也就是 search 派上用场的时候了。search 的工作方式与 match 完全一致，两者的不同之处在于 search 会用它的字符串参数，在任意位置对给定的正则表达式模式搜索第一次出现的匹配情况。如果搜索到成功的匹配，就会返回一个匹配对象；否则，返回 None。我们将再次举例说明 match 和 search 之间的差别。以匹配一个较长的字符串为例，这次使用字符串"foo"匹配"seafood"：

```
>>> m = re.match('foo', 'seafood')  # 匹配失败
>>> if m is not None: m.group()
...
>>>
```

可以看到,此处匹配失败。match试图从字符串的起始部分开始匹配;也就是说,模式中的"f"将匹配到字符串的首字母"s"上,这样的匹配肯定是失败的。然而,字符串"foo"确实出现在"seafood"中(出现在某个位置),所以我们该如何让Python得出肯定的结果呢?答案是使用search函数,而不是尝试匹配。search函数不但会搜索模式在字符串中第一次出现的位置,而且会严格地对字符串进行从左到右的搜索。

```
>>> m = re.search('foo', 'seafood')   # 使用 search 代替
>>> if m is not None: m.group()
...
'foo'    # 搜索成功,但是匹配失败
```

此外,match和search都使用可选的标记参数。最后,需要注意的是,等价的正则表达式对象的方法使用可选的pos和endpos参数来指定目标字符串的搜索范围。本节后面将使用match和search正则表达式对象的方法以及group和groups匹配对象的方法,通过展示大量的实例来说明Python中正则表达式的使用方法。

8.2.6 匹配多个字符串

如下为在Python中择一匹配符号(|)使用正则表达式的方法:

```
>>> bt = 'bat|bet|bit'              # 正则表达式模式:bat、bet、bit
>>> m = re.match(bt, 'bat')         # 'bat'是一个匹配
>>> if m is not None: m.group()
...
'bat'
>>> m = re.match(bt, 'blt')         # 对于'blt'没有匹配
>>> if m is not None: m.group()
...
>>> m = re.match(bt, 'He bit me!')  # 不能匹配字符串
>>> if m is not None: m.group()
...
>>> m = re.search(bt, 'He bit me!') # 通过搜索查找'bit'
>>> if m is not None: m.group()
...
'bit'
```

8.2.7 匹配任何单个字符

在如下示例中,我们展示了点号不能匹配一个换行符\n或者非字符,也就是说,点号不能匹配一个空字符串。

```
>>> anyend = '.end'
>>> m = re.match(anyend,'bend') # 点号匹配'b'
>>> if m is not None: m.group()
...
'bend'
>>> m = re.match(anyend,'end') # 不匹配任何字符
>>> if m is not None: m.group()
...
>>> m = re.match(anyend,'\nend') # 除了 \n 之外的任何字符
>>> if m is not None: m.group()
...
>>> m = re.search('.end','The end.') # 在搜索中匹配''
>>> if m is not None: m.group()
...
' end'
```

下面的示例在正则表达式中搜索一个真正的句点（小数点），而我们通过使用一个反斜杠对句点的功能进行转义：

```
>>> patt314 = '3.14' # 表示正则表达式的点号
>>> pi_patt = '3\.14' # 表示字面量的点号（dec. point）
>>> m = re.match(pi_patt,'3.14') # 精确匹配
>>> if m is not None: m.group()
...
'3.14'
>>> m = re.match(patt314,'3014') # 点号匹配'0'
>>> if m is not None: m.group()
...
'3014'
>>> m = re.match(patt314,'3.14') # 点号匹配'.'
>>> if m is not None: m.group()
...
'3.14'
```

8.2.8 严格限制示例

前文详细讨论了[cr][23][dp][o2]，以及它与 r2d2|c3po 之间的差别。下面的示例说明了对 r2d2|c3po 的限制比对[cr][23][dp][o2]的限制更为严格。

```
>>> m = re.match('[cr][23][dp][o2]','c3po')# 匹配 'c3po'
>>> if m is not None: m.group()
...
'c3po'
>>> m = re.match('[cr][23][dp][o2]','c2do')# 匹配 'c2do'
>>> if m is not None: m.group()
...
'c2do'
>>> m = re.match('r2d2|c3po','c2do')# 不匹配 'c2do'
>>> if m is not None: m.group()
...
>>> m = re.match('r2d2|c3po','r2d2')# 匹配 'r2d2'
>>> if m is not None: m.group()
...
'r2d2'
```

8.2.9 重复、特殊字符以及分组

正则表达式中最常见的情况包括特殊字符的使用、正则表达式模式的重复出现,以及使用圆括号对匹配模式的各部分进行分组和提取操作。我们曾看到过一个关于简单电子邮件地址的正则表达式(\w+@\w+\.com)。或许我们想匹配比这个正则表达式所允许的更多邮件地址。为了在域名前添加主机名称支持,如添加 www.xxx.com,必须修改现有的正则表达式。为了表示主机名是可选的,需要创建一个模式来匹配主机名(后面跟着一个句点),使用"?"操作符来表示该模式出现零次或者一次,然后按照如下所示的方式将可选的正则表达式插入之前的正则表达式中:\w+@(\w+\.)?\w+\.com。从下面的示例中可见,该表达式允许.com 前面有一个或者两个名称:

```
>>> patt = '\w+@(\w+\.)?\w+\.com'
>>> re.match(patt, 'nobody@xxx.com').group()
'nobody@xxx.com'
>>> re.match(patt, 'nobody@www.xxx.com').group()
'nobody@www.xxx.com'
```

接下来,用以下模式进一步扩展该示例,允许任意数量的中间子域名存在。请特别注意细节的变化,将"?"改为"*"。

```
>>> patt = '\w+@(\w+\.)*\w+\.com'
>>> re.match(patt, 'nobody@www.xxx.yyy.zzz.com').group()
'nobody@www.xxx.yyy.zzz.com'
```

但是,我们必须要添加一个"免责声明",即仅仅使用字母及数字字符并不能匹配组成电子邮件地址的全部可能字符。上述正则表达式不能匹配诸如 xxx-yyy.com 的域名或者由非单词\W 字符组成的域名。之前讨论过使用圆括号来匹配和保存子组,以便于后续处理,而不是

在确定一个正则表达式匹配之后,在一个单独的子程序里面通过手动编码来解析字符串。此前特别讨论过一个简单的正则表达式模式\w+-\d+(它由连字符分隔的字母及数字字符串和数字组成),还讨论了如何通过添加一个子组来构造一个新的正则表达式(\w+)-(\d+)。下面是初始版本的正则表达式的执行情况:

```
>>> m = re.match('\w\w\w-\d\d\d', 'abc-123')
>>> if m is not None: m.group()
...
'abc-123'
>>> m = re.match('\w\w\w-\d\d\d', 'abc-xyz')
>>> if m is not None: m.group()
...
>>>
```

在上面的代码中,创建了一个正则表达式来识别包含 3 个字母及数字字符且后面跟着 3 个数字的字符串。使用 abc-123 测试该正则表达式,将得到正确的结果,但是使用 abc-xyz 测试该正则表达式则不能。现在,将修改之前讨论过的正则表达式,使该正则表达式能够提取字母及数字字符串和数字。如下所示,请注意如何使用 group 方法访问每个独立的子组以及如何使用 groups 方法获取一个包含所有匹配子组的元组。

```
>>> m = re.match('(\w\w\w)-(\d\d\d)', 'abc-123')
>>> m.group()  # 完整匹配
'abc-123'
>>> m.group(1)  # 子组 1
'abc'
>>> m.group(2)  # 子组 2
'123'
>>> m.groups()  # 全部子组
('abc', '123')
```

由以上内容可见,group 通常用于以普通方式显示所有的匹配部分,也能用于获取各个匹配的子组。可以使用 groups 方法来获取一个包含所有匹配子字符串的元组。下面为一个简单的示例,该示例展示了不同的分组排列,这将使整个事情变得更加清晰。

```
>>> m = re.match('ab', 'ab')  # 没有子组
>>> m.group()  # 完整匹配
'ab'
>>> m.groups()  # 所有子组
()
>>>
>>> m = re.match('(ab)', 'ab')  # 一个子组
>>> m.group()  # 完整匹配
'ab'
```

```
>>> m.group(1) # 子组1
'ab'
>>> m.groups() # 全部子组
('ab',)
>>>
>>> m = re.match('(a)(b)','ab') # 两个子组
>>> m.group() # 完整匹配
'ab'
>>> m.group(1) # 子组1
'a'
>>> m.group(2) # 子组2
'b'
>>> m.groups() # 所有子组
('a', 'b')
>>>
>>> m = re.match('(a(b))','ab') # 两个子组
>>> m.group() # 完整匹配
'ab'
>>> m.group(1) # 子组1
'ab'
>>> m.group(2) # 子组2
'b'
>>> m.groups() # 所有子组
('ab', 'b')
```

8.2.10 匹配字符串的起始和结尾

如下示例突出显示表示位置的正则表达式操作符。该操作符更多用于表示搜索而不是匹配，因为 match 总是从字符串的起始位置进行匹配。

```
>>> m = re.search('^The', 'The end.') # 匹配
>>> if m is not None: m.group()
...
'The'
>>> m = re.search('^The', 'end. The') # 不作为起始
>>> if m is not None: m.group()
...
>>> m = re.search(r'\bthe', 'bite the dog') # 在边界
>>> if m is not None: m.group()
...
```

```
'the'
>>> m = re.search(r'\bthe', 'bitethe dog')  # 有边界
>>> if m is not None: m.group()
...
>>> m = re.search(r'\Bthe', 'bitethe dog')  # 没有边界
>>> if m is not None: m.group()
...
'the'
```

请注意此处出现的原始字符串。在通常情况下，在正则表达式中使用原始字符串是个好主意。还应当注意其他 4 个 re 模块函数和正则表达式对象的方法：findall、sub、subn 和 split。

8.2.11　使用 findall 和 finditer 查找每一次出现的位置

findall 用于查询字符串中某个正则表达式模式全部的非重复出现情况。这与 search 在执行字符串搜索时类似，但与 match 和 search 的不同之处在于，findall 总是返回一个列表。如果 findall 没有找到了匹配的部分，就返回一个空列表，但如果 findall 找到了匹配的部分，则列表将包含所有成功的匹配部分（从左向右按出现顺序排列）。

```
>>> re.findall('car', 'car')
['car']
>>> re.findall('car', 'scary')
['car']
>>> re.findall('car', 'carry the barcardi to the car')
['car', 'car', 'car']
```

子组在一个更复杂的返回列表中搜索结果，而且这样做是有意义的，因为子组是允许从单个正则表达式中抽取特定模式的一种机制，如匹配一个完整电话号码中的一部分（如区号），或者完整电子邮件地址的一部分（如登录名称）。对于一个成功的匹配，每个子组匹配是 findall 返回的结果列表中的单一元素；对于多个成功的匹配，每个子组匹配是 findall 返回的一个元组中的单一元素，而且每个元组（每个元组都对应一个成功的匹配）都是结果列表中的元素。

finditer 函数是在 Python 2.2 中被添加回来的，这是一个与 findall 函数类似但是更节省内存的函数。finditer 和其他变体函数之间的差异在于，它和返回的匹配字符串相比，在匹配对象中迭代。如下是在单个字符串中两个不同分组之间的差别。

```
>>> s = 'This and that.'
>>> re.findall(r'(th\w+) and (th\w+)', s, re.I)
[('This', 'that')]
>>> re.finditer(r'(th\w+) and (th\w+)', s,
...  re.I).next().groups()
('This', 'that')
```

```
>>> re.finditer(r'(th\w+) and (th\w+)', s,
... re.I).next().group(1)
'This'
>>> re.finditer(r'(th\w+) and (th\w+)', s,
... re.I).next().group(2)
'that'
>>> [g.groups() for g in re.finditer(r'(th\w+) and (th\w+)',
... s, re.I)]
[('This', 'that')]
```

在下面的示例中,我们将在单个字符串中执行单个分组的多重匹配。

```
>>> re.findall(r'(th\w+)', s, re.I)
['This', 'that']
>>> it = re.finditer(r'(th\w+)', s, re.I)
>>> g = it.next()
>>> g.groups()
('This',)
>>> g.group(1)
'This'
>>> g = it.next()
>>> g.groups()
('that',)
>>> g.group(1)
'that'
>>> [g.group(1) for g in re.finditer(r'(th\w+)', s, re.I)]
['This', 'that']
```

注意,使用 finditer 函数完成的所有额外工作都旨在获取它的输出以匹配 findall 的输出。与 match 和 search 类似,findall 和 finditer 方法支持可选的 pos 和 endpos 参数,这两个参数用于控制目标字符串的搜索边界。

8.2.12 使用 sub 和 subn 搜索与替换

有两个函数/方法用于实现搜索和替换功能:sub 和 subn。两者几乎一样,都是将某字符串中所有匹配正则表达式的部分进行某种形式的替换,用来替换的部分通常是一个字符串,也可能是一个函数,该函数返回一个用来替换的字符串。但 subn 还返回一个表示替换的总数,替换后的字符串和表示替换总数的数字一起作为一个拥有两个元素的元组返回。

```
>>> re.sub('X','Mr. Smith','attn: X\n\nDear X,\n')
'attn: Mr. Smith\012\012Dear Mr. Smith,\012'
>>>
>>> re.subn('X','Mr. Smith','attn: X\n\nDear X,\n')
('attn: Mr. Smith\012\012Dear Mr. Smith,\012', 2)
>>>
>>> print re.sub('X','Mr. Smith','attn: X\n\nDear X,\n')
attn: Mr. Smith

Dear Mr. Smith,
>>> re.sub('[ae]','X','abcdef')
'XbcdXf'
>>> re.subn('[ae]','X','abcdef')
('XbcdXf', 2)
```

使用匹配对象的 group 方法除了可以取出匹配分组编号外,还可以使用\N,其中 N 是在替换字符串中使用的分组编号。下面的代码仅仅只是将美式的日期表示格式 MM/DD/YY{,YY} 转换为其他国家常用的日期表示格式 DD/MM/YY{,YY}:

```
>>> re.sub(r'(\d{1,2})/(\d{1,2})/(\d{2}|\d{4})',
...        r'\2/\1/\3','2/20/91')  # Yes, Python is...
'20/2/91'
>>> re.sub(r'(\d{1,2})/(\d{1,2})/(\d{2}|\d{4})',
...        r'\2/\1/\3','2/20/1991')  # ... 20+ years old!
'20/2/1991'
```

8.2.13 在限定模式上使用 split 分隔字符串

re 模块和正则表达式的对象方法 split 对于相对应字符串的工作方式是类似的,但是与分割一个固定字符串相比,方法 split 基于正则表达式的模式分隔字符串,为字符串分隔功能添加了一些额外的威力。如果你不想为每次模式的出现都分割字符串,那么可以通过为 max 参数设定一个值(非零)来指定最大分割数。

如果给定分隔符不是使用特殊符号来匹配多重模式的正则表达式,那么 re.split 与 str.split 的工作方式相同,如下所示(基于单引号分割)。

```
>>> re.split(':','str1:str2:str3')
['str1','str2','str3']
```

这是一个简单的示例。如果有一个更复杂的示例[如一个用于 Web 站点(类似于 Google 或者 Yahoo! Maps)的简单解析器],那么该如何实现?用户是需要输入城市名和州名,或者城市名和 ZIP 编码?还是需要同时输入三者?这就需要比普通字符串分割更强大的处理方式,具体如下:

```
>>> import re
>>> DATA = (
... 'Mountain View, CA 94040',
... 'Sunnyvale, CA',
... 'Los Altos, 94023',
... 'Cupertino 95014',
... 'Palo Alto CA',
... )
>>> for datum in DATA:
...     print re.split(', |(?= (?:\d{5}|[A-Z]{2}))', datum)
...
['Mountain View', 'CA', '94040']
['Sunnyvale', 'CA']
['Los Altos', '94023']
['Cupertino', '95014']
['Palo Alto', 'CA']
```

上述正则表达式拥有一个简单的组件:使用 split 语句基于逗号分割字符串。可以通过该正则表达式预览一些将在下一小节中介绍的扩展符号。在英文中,如果空格紧跟在5个数字(ZIP 编码)或者两个大写字母(美国联邦州缩写)之后,就用 split 语句分割该空格。这就允许我们在城市名中放置空格。在通常情况下,这仅仅只是一个简单的正则表达式,可以在用来解析位置信息的应用中作为起点。该正则表达式并不能处理小写的州名或者州名的全拼、街道地址、州编码、9位 ZIP 编码、经纬度、多个空格等内容(或者在处理时会失败)。读者将从正则表达式 split 语句的强大能力中获益;然而,一定要在编码过程中选择更合适的工具。如果对字符串使用 split 方法已经足够好,就不需要引入额外复杂并且影响性能的正则表达式。

8.2.14 扩展符号

Python 的正则表达式支持大量的扩展符号。通过使用(?iLmsux)系列选项,用户可以直接在正则表达式里面指定一个或者多个标记,而不用通过 compile 或者其他 re 模块函数。下面为一些使用 re.I/IGNORECASE 的示例,最后一个示例在 re.M/MULTILINE 实现多行混合。

```
>>> re.findall(r'(?i)yes', 'yes? Yes. YES!!')
['yes', 'Yes', 'YES']
>>> re.findall(r'(?i)th\w+', 'The quickest way is through this tunnel.')
```

```
['The', 'through', 'this']
>>> re.findall(r'(?im)(^th[\w ]+)', """
... This line is the first,
... another line,
... that line, it's the best
... """)
['This line is the first', 'that line']
```

前两个示例显然是不区分字母大小写的。在最后一个示例中,通过使用"多行",能够在目标字符串中实现跨行搜索,而不必将整个字符串视为单个实体。注意,此时忽略了实例"the",因为它们并不出现在各行首。下面示例演示使用 re.S/DOTALL。该标记表明点号能够用来表示\n 符号(若没有标记,则其通常用于表示除了\n 外的全部字符)。

```
>>> re.findall(r'th.+', '''
... The first line
... the second line
... the third line
... ''')
['the second line', 'the third line']
>>> re.findall(r'(?s)th.+', '''
... The first line
... the second line
... the third line
... ''')
['the second line
\nthe third line\n']
```

re.X/VERBOSE 标记非常有趣:该标记允许用户通过抑制在正则表达式中使用空白符(除了在字符类或者反斜杠转义中)来创建更易读的正则表达式。此外,散列、注释和井号也可以用于一个注释的起始,只要它们不在一个用反斜杠转义的字符类中。

```
>>> re.search(r'''(?x)
... \((\d{3})\)  # 区号
... [ ]          # 空白符
... (\d{3})      # 前缀
... -            # 横线
... (\d{4})      # 终点数字
... ''', '(800) 555-1212').groups()
('800', '555', '1212')
```

(?:…)符号将更流行,通过使用该符号,可以对部分正则表达式进行分组,但是并不会保存该分组用于后续的检索或者应用。当不想保存今后永远不会使用的多余匹配时,这个符号就非常有用。

```
>>> re.findall(r'http://(?:\w+\.)*(\w+\.com)',
... 'http://google.com http://www.google.com http://
code.google.com')
['google.com', 'google.com', 'google.com']
>>> re.search(r'\((?P<areacode>\d{3})\) (?P<prefix>\d{3})-(?:\d{4})',
... '(800) 555-1212').groupdict()
{'areacode': '800', 'prefix': '555'}
```

读者可以同时使用(?P<name>)和(?P=name)符号。前者使用一个名称标识符(而不是使用从1开始增加到N的增量数字)来保存匹配,如果使用数字来保存匹配结果,我们就可以通过使用\1,\2...,\N来检索。如下所示,可以使用一个类似风格的\g<name>来检索。

```
>>> re.sub(r'\((?P<areacode>\d{3})\) (?P<prefix>\d{3})-(?:\d{4})',
... '(\g<areacode>) \g<prefix>-xxxx', '(800) 555-1212')
'(800) 555
-xxxx'
```

使用(?P<name>)符号可以在一个相同的正则表达式中重用模式,而不必再次在(相同)正则表达式中指定相同的模式。例如,在如下示例中,假定让读者验证一些电话号码的规范化。下面的代码为一个丑陋并且压缩的版本,其后跟着一个正确使用的(?x),这使代码变得更易读一点。

```
>>> bool(re.match(r'\((?P<areacode>\d{3})\) (?P<prefix>\d{3})-
(?P<number>\d{4}) (?P=areacode)-(?P=prefix)-(?P=number)
1(?P=areacode)(?P=prefix)(?P=number)',
... '(800) 555-1212 800-555-1212 18005551212'))
True
>>> bool(re.match(r'''(?x)
...
... # match (800) 555-1212, save areacode, prefix, no.
... \((?P<areacode>\d{3})\)[ ](?P<prefix>\d{3})-(?P<number>\d{4})
...
... # space
... [ ]
...
... # match 800-555-1212
... (?P=areacode)-(?P=prefix)-(?P=number)
...
... # space
... [ ]
...
```

```
... # match 18005551212
... 1(?P = areacode)(?P = prefix)(?P = number)
...
... ''', '(800) 555 - 1212 800 - 555 - 1212 18005551212 '))
True
```

读者可以使用（?= …）和（?! …）符号在目标字符串中实现一个前视匹配，而不必在实际上使用这些字符串。前者是正向前视断言，后者是负向前视断言。在下面的第一个示例中，我们仅仅对姓氏为"van Rossum"的名字感兴趣。在第二个示例中，我们忽略以"noreply"或者"postmaster"开头的 e-mail 地址。第三个示例用于演示 findall 和 finditer 的区别；我们使用后者来构建一个使用相同登录名但使用不同域名的 e-mail 地址列表（可以采用更高效的方式，避免生成不必要的中间列表）。

```
>>> re.findall(r'\w + (?= van Rossum)',
... '''
... Guido van Rossum
... Tim Peters
... Alex Martelli
... Just van Rossum
... Raymond Hettinger
... ''')
['Guido', 'Just']
>>> re.findall(r'(?m)^\s + (?!noreply|postmaster)(\w +)',
... '''
... sales@phptr.com
... postmaster@phptr.com
... eng@phptr.com
... noreply@phptr.com
... admin@phptr.com
... ''')
['sales', 'eng', 'admin']
>>> ['% s@aw.com' % e.group(1) for e in \
re.finditer(r'(?m)^\s + (?!noreply|postmaster)(\w +)',
... '''
... sales@phptr.com
... postmaster@phptr.com
... eng@phptr.com
... noreply@phptr.com
... admin@phptr.com
... ''')]
['sales@aw.com', 'eng@aw.com', 'admin@aw.com']
```

如下示例展示了使用条件正则表达式匹配。假定我们拥有一个特殊字符,它仅仅包含字母"x"和"y",我们此时想这样限定字符串:由两个字母组成的字符串必须由一个字母跟着另一个字母。换句话说,在字符串中两个相同的字母不能紧挨着;要么由"x"跟着"y",要么由"y"跟着"x"。

```
>>> bool(re.search(r'(?:(x)|y)(?(1)y|x)', 'xy'))
True
>>> bool(re.search(r'(?:(x)|y)(?(1)y|x)', 'xx'))
False
```

本章小结

由于篇幅有限,本章几乎没有涉及正则表达式的强大功能,但已经向读者提供了足够有用的介绍性信息,希望读者能够掌握这个强有力的工具,并将其融入自己的编程技巧里面。建议读者阅读参考文档以获取在 Python 中如何使用正则表达式的更多细节。

练习题

正则表达式练习:
1. 识别字符串:"bat"、"bit"、"but"、"hat"、"hit"或者"hut"。
2. 匹配由单个空格分隔的任意单词对,也就是姓和名。
3. 匹配由单个逗号和单个空白符分隔的任何单词和单个字母,如姓氏的首字母。
4. 匹配所有有效的 Python 标识符的集合。
5. 根据你当地的地址格式,匹配街道地址(你的正则表达式要足够通用,以匹配任意数量的街道单词,包括类型名称)。例如,美国街道地址使用如下格式:1180 Bordeaux Drive。你的正则表达式要足够灵活,以支持多单词的街道名称,如 3120 De la Cruz Boulevard。
6. 匹配以"www"起始且以".com"结尾的简单 Web 域名,如 www://www.yahoo.com/。〔选做题:你的正则表达式也可以支持其他高级域名(域名后缀为.edu、.net 等),例如,域名为 http://www.foothill.edu〕。
7. 匹配所有能够表示 Python 整数的字符串集。
8. 匹配所有能够表示 Python 长整数的字符串集。
9. 匹配所有能够表示 Python 浮点数的字符串集。
10. 匹配所有能够表示 Python 复数的字符串集。

第9章 异常

9.1 异常概述

Python 使用被称为异常的特殊对象来管理程序执行期间发生的错误。每当发生让 Python 不知所措的错误时，它都会创建一个异常对象。如果你编写了处理该异常的代码，则程序将继续运行；如果你未对异常进行处理，则程序将停止，并显示一个 traceback，其中包含有关异常的报告。

异常是使用 try-except 代码块处理的。try-except 代码块让 Python 执行指定的操作，同时告诉 Python 发生异常时怎么办。使用了 try-except 代码块时，即便出现异常，程序也将继续运行：显示用户编写的友好的错误消息，而不显示令用户迷惑的 traceback。

9.2 异常处理语句

9.2.1 处理 ZeroDivisionError 异常

下面来看一种导致 Python 发生异常的简单错误：

```
print(5/0)
```

显然，Python 无法这样做，因此你将看到一个 traceback：

```
>>>Traceback (most recent call last):
   File "division.py", line 1, in <module>
>>> print(5/0)
   ZeroDivisionError : division by zero
```

在上述 traceback 中，指出的错误 ZeroDivisionError 是一个异常对象。Python 无法按你的要求做时，就会创建这种对象。在这种情况下，Python 将停止运行程序，并指出程序引发了哪种异常，而我们可根据这些信息对程序进行修改。下面我们将告诉Python，发生这种错误时怎么办，这样当再次发生这样的错误时，我们就有备无患了。

9.2.2 使用try-except代码块

当你认为可能发生了错误时，可编写一个try-except代码块来处理可能引发的异常。让Python尝试运行一些代码，并告诉它在这些代码引发了指定的异常后该怎么办。

处理ZeroDivisionError异常的try-except代码块类似于下面这样：

```
>>> try:
        print(5/0)
>>> except ZeroDivisionError:
        print("You can't divide by zero!")
```

我们将导致错误的代码行print(5/0)放在了一个try代码块中。如果try代码块中的代码运行起来没有问题，则Python将跳过except代码块；如果try代码块中的代码导致了错误，则Python将查找这样的except代码块，并运行其中的代码。

在上述示例中，try代码块中的代码引发了ZeroDivisionError异常，因此Python指出了该如何解决问题的except代码块，并运行其中的代码。这样，用户看到的是一条友好的错误消息，而不是traceback：

```
>>> You can't divide by zero!
```

如果try-except代码块后面还有其他代码，程序将接着运行，因为已经告诉了Python如何处理这种错误。

9.2.3 使用异常避免崩溃

发生错误时，如果程序还有工作没有完成，妥善地处理错误就尤其重要。这种情况经常会出现在要求用户提供输入的程序中；程序如果能够妥善地处理无效输入，就能再提示用户提供有效输入，而不至于崩溃。

下面来创建一个只执行除法运算的简单计算器：

```
>>> print("Give me two numbers, and I'll divide them.")
>>> print("Enter 'q' to quit.")
>>> while True:
    ①   first_number = input("\nFirst number: ")
        if first_number == 'q':
            break
    ②   second_number = input("Second number: ")
        if second_number == 'q':
            break
    ③   answer = int(first_number) / int(second_number)
>>> print(answer)
```

在①处，这个程序提示用户输入一个数字，并将其存储到变量 first_number 中；如果用户输入的不是表示退出的 q，就再提示用户输入一个数字，并将其存储到变量 second_number 中（见②）。接下来，我们计算这两个数字的商（即 answer，见③）。这个程序没有采取任何处理错误的措施，因此让它执行除数为 0 的除法运算时，它将崩溃：

```
>>> Give me two numbers, and I'll divide them.
>>> Enter 'q' to quit.

>>> First number: 5
>>> Second number: 0
>>> Traceback (most recent call last):
      File "division.py", line 9, in <module>
        answer = int(first_number) / int(second_number)
>>> ZeroDivisionError: division by zero
```

程序崩溃可不好，但让用户看到 traceback 也不是好主意。不懂技术的用户会被它们搞糊涂，而且如果用户怀有恶意，那么其会通过 traceback 获悉你不希望他知道的信息，如知道你的程序文件的名称，看到部分不能正确运行的代码。有时候，训练有素的攻击者可根据这些信息判断出可对你的代码发起什么样的攻击。

9.2.4　else 代码块

将可能引发错误的代码放在 try-except 代码块中，可提高这个程序抵御错误的能力。错误是执行除法运算的代码行导致的，因此我们需要将它放到 try-except 代码块中。如下示例还包含一个 else 代码块，依赖 try 代码块成功执行的代码都应放到 else 代码块中：

```
>>> print("Give me two numbers, and I'll divide them.")
>>> print("Enter 'q' to quit.")
>>> while True:
        first_number = input("\nFirst number: ")
        if first_number == 'q':
            break
        second_number = input("Second number: ")
①       try:
            answer = int(first_number) / int(second_number)
②       except ZeroDivisionError:
            print("You can't divide by 0!")
③       else:
            print(answer)
```

我们让 Python 尝试执行 try 代码块中的除法运算（见①），这个代码块只包含可能导致错误的代码。依赖 try 代码块成功执行的代码都放在 else 代码块中；在这个示例中，如果除法运算成功，我们就使用 else 代码块来打印结果（见②）。

except 代码块告诉 Python 在出现 ZeroDivisionError 异常时该怎么办（见②）。如果 try

代码块因除零错误而失败,我们就打印一条友好的消息,告诉用户如何避免这种错误。程序将继续运行,用户根本看不到 traceback:

```
Give me two numbers, and I'll divide them.
Enter 'q' to quit.

First number: 5
Second number: 0
You can't divide by 0!

First number: 5
Second number: 2
2.5

First number: q
```

try-except-else 代码块的工作原理大致如下:Python 尝试执行 try 代码块中的代码;只有可能引发异常的代码才需要放在 try 语句中。有时候,有一些仅在 try 代码块成功执行时才需要运行的代码,这些代码应放在 else 代码块中。except 代码块告诉 Python 在它运行 try 代码块中的代码而引发指定的异常时该怎么办。

通过预测可能发生错误的代码,可编写健壮的程序,它们即便面临无效数据或缺少资源,也能继续运行,从而能够抵御无意的用户错误和恶意的攻击。

9.2.5 处理 FileNotFoundError 异常

使用文件时,一种常见的问题是找不到文件,出现这个问题的原因可能是要查找的文件在其他地方,文件名不正确,文件根本就不存在等。对于所有这些情形,都可使用 try-except 代码块以直观的方式进行处理。下面我们来尝试读取一个不存在的文件。如下程序尝试读取文件 alice.txt 的内容,但我没有将这个文件存储在 alice.py 所在的目录中:

```
alice.py
>>> filename = 'alice.txt'
>>> with open(filename) as f_obj:
        contents = f_obj.read()
```

Python 无法读取不存在的文件,因此这段程序引发一个异常:

```
Traceback (most recent call last):
    File "alice.py", line 3, in <module>
        with open(filename) as f_obj:
FileNotFoundError: [Errno 2] No such file or directory: 'alice.txt'
```

在上述 traceback 中,最后一行报告了 FileNotFoundError 异常,这是 Python 找不到要打开的文件时创建的异常。在这个示例中,这个错误是函数 open 导致的,因此要处理这个错误,必须将 try 语句放在包含 open 的代码行之前:

```
>>> filename = 'alice.txt'
>>> try:
        with open(filename) as f_obj:
            contents = f_obj.read()
>>> except FileNotFoundError:
        msg = "Sorry, the file " + filename + " does not exist."
>>> print(msg)
```

在这个示例中，try 代码块引发 FileNotFoundError 异常，因此 Python 找出与该错误匹配的 except 代码块，并运行其中的代码。最终的结果是显示一条友好的错误消息，而不是显示 traceback：

```
Sorry, the file alice.txt does not exist.
```

如果文件不存在，这个程序什么都不做，因此错误处理代码的意义不大。

9.3 程序调试

9.3.1 使用 print 进行程序调试

程序能一次写完并正常运行的概率很小，基本不超过 1%。总会有各种各样的 bug 需要修正。有的 bug 很简单，看看错误信息就知道，有的 bug 很复杂，我们需要知道出错时，哪些变量的值是正确的，哪些变量的值是错误的，因此需要通过一整套调试程序的手段来修复 bug。

第一种方法简单、直接、有效，就是用 print 把可能有问题的变量打印出来看看：

```
# err.py
>>> def foo(s):
        n = int(s)
        print '>>> n = %d' % n
        return 10 / n
>>> def main():
        foo('0')
>>> main()
```

执行上述代码后在输出中查找打印的变量值：

```
$ python err.py
>>> n = 0
Traceback (most recent call last):
  ...
ZeroDivisionError: integer division or modulo by zero
```

用 print 最大的坏处是将来得删掉它,如果程序里到处都是 print,那么运行结果也会包含很多垃圾信息。所以,我们还有第二种调试方法——使用 assert 语句,见 9.3.2 节。

9.3.2 使用 assert 语句调试程序

凡是用 print 来辅助查看的地方,都可以用 assert(断言)来替代:

```
# err.py
>>> def foo(s):
        n = int(s)
        assert n != 0, 'n is zero!'
        return 10 / n
>>> def main():
        foo('0')
```

assert 的意思是,表达式"n!=0"应该是 True,否则,后面的代码就会出错。

如果断言失败,assert 语句本身就会抛出 AssertionError 异常:

```
$ python err.py
Traceback (most recent call last):
  ...
AssertionError: n is zero!
```

和程序中到处充斥着 print 相比,程序中到处充斥着 assert 也好不到哪去。不过,启动 Python 解释器时可以用-O 参数来关闭 assert:

```
$ python -O err.py
Traceback (most recent call last):
  ...
ZeroDivisionError: integer division or modulo by zero
```

关闭后,你可以把所有的 assert 语句当成 pass 来看。

本章小结

本章介绍了什么是异常以及如何处理程序可能引发的异常,还介绍了如何使用 print 和 assert 语句调试程序。

练习题

1. 定义一个异常 OopsException;编写代码捕捉该异常,并输出 'Caught an oops'。
2. 提示用户提供数值输入时,常出现的一个问题是,用户提供的是文本而不是数字。在这种情况下，尝试将输入转换为整数将引发 TypeError 异常。编写一个程序，提示用户输入两个数字，再将它们相加并打印结果。在用户输入的任何一个值不是数字时都捕获 TypeError 异常，并打印一条友好的错误消息。对你编写的程序进行测试：先输入两个数字，再输入一些文本（不是数字）。

3. 将你为完成第 2 题编写的代码放在一个 while 循环中，让用户在犯错（输入的是文本，而不是数字）后能够继续输入数字。

4. 创建两个文件 cats.txt 和 dogs.txt，在第一个文件中至少存储 3 只猫的名字，在第二个文件中至少存储 3 条狗的名字。编写一个程序，尝试读取这些文件，并将其内容打印到屏幕上。将这些代码放在一个 try-except 代码块中，以便在文件不存在时捕获 FileNotFound 错误，并打印一条友好的消息。将其中一个文件移到另一个地方，并确认 except 代码块中的代码将正确地执行。

5. 异常处理。
- 编写一个名为 oops 的函数，主动引发 IndexError 异常。
- 编写另一个函数调用 oops，并在 try/except 语句中捕获 IndexError。
- 若将 oops 改为引发 KeyError 异常，那么会发生什么？是否需要修改 try/except 语句？
- IndexError 和 KeyError 分别来自哪里？（提示：LGB 规则的作用域查找顺序。）

6. 异常列表。修改 oops 函数，让它引发你自定义的异常 MyError，并传递一个附加数据。然后扩展 try 语句，增加捕获这个异常和它的附加数据，并打印附加数据。

第10章 模块

10.1 模块概述

Python模块简单说就是一个.py文件,其中可以包含我们需要的任意Python代码。迄今为止,我们编写的所有程序都包含在单独的.py文件中,因此,它们既是程序,也是模块。两者的关键区别在于,程序的设计目标是运行,而模块的设计目标是由其他程序导入并使用。模块让你能够有逻辑地组织Python代码段。Python模块的导入通常通过两个语句(import和from...import)和一个内置函数__import__实现,后者是import语句的底层实现。

import:使导入者以一个整体获取一个模块。

from:允许用户从一个模块文件中获取特定的变量名。

imp.reload:在不终止Python程序的情况下,提供了一种重新载入模块文件代码的方法。

从抽象的视角来看,模块至少有3个作用。

(1) 重用代码

模块可以在文件中永久保存代码。对于在Python交互提示模式下输入的代码,当退出Python时,代码就会消失,而在模块文件中的代码是永久的。你可以按照需要任意次数地重新载入和运行模块。模块还是定义变量名的空间,变量名被认作属性,可以被多个外部的用户引用。

(2) 划分系统命名空间

在Python中模块是最高级别的程序组织单元。从根本来讲,它们不过是变量名的软件包。模块将变量名封装进了自包含的软件包,这一点对避免变量名冲突很有帮助。

(3) 实现共享服务和数据

从操作的角度来看,模块对实现跨系统共享的组件是很方便的,而且只需要一个拷贝即可。例如,如果你需要一个全局对象(这个对象会被一个以上的函数或文件使用),那么可以将它编写在一个模块中,以便它能够被多个用户导入。

10.2 自定义模块

10.2.1 创建模块

创建模块的方法:使用文本编辑器,把一些 Python 代码输入文本文件中,然后将其保存为后缀名为.py 的文件,任何此类文件都会被自动认为是 Python 模块。在模块顶层指定的所有变量名(与模块对象结合的变量名)都会变成其属性,并且可以导出供用户来使用。

例如,如果在名为 modulel.py 的文件中输入下面的 def 语句,并且将该文件导入,就会创建一个模块对象。

```
def print_func(s):
    print "Hello : ", s
    return
```

10.2.2 使用 import 语句导入模块

模块定义好后,我们可以使用 import 语句来引入模块,语法如下:

```
import modulename1[, modulename2 [,... modulenameN ] ]
```

如果要引用模块 math,就可以在文件最开始的地方用 import math 来引入。在调用 math 模块中的函数时,必须按照如下方法引用:

```
模板名.函数名
```

当解释器遇到 import 语句时,模块如果在当前的搜索路径就会被导入。

搜索路径是一个解释器,会先搜索所有目录的列表。如果想导入模块 support.py,那么需要把命令放在脚本的顶端。

一个模块只会被导入一次,不管你执行了多少次 import。这样可以防止导入模块被一遍又一遍地执行。

10.2.3 使用 from...import 语句导入模块

Python 的 from...import 语句让你从模块中导入一个指定的部分到当前命名空间中,语法如下:

```
from modname import name1[, name2[, ... nameN]]
```

例如,要导入模块 fib 的 fibonacci 函数,使用如下语句:

```
from fib import fibonacci
```

这个声明不会把整个 fib 模块导入当前的命名空间中,只会将 fib 模块里的 fibonacci 单个引入到执行这个声明的模块的全局符号表中。

10.2.4 使用 from...import * 语句导入模块

把一个模块里的所有内容全都导入当前的命名空间中也是可行的,只需使用如下声明:

```
from modname import *
```

这提供了一个简单的方法来导入一个模块中的所有内容。然而这种声明不该被过多地使用。

例如,如果我们想一次性引入 math 模块中所有的内容,则可使用如下语句:

```
from math import *
```

10.2.5 模块搜索目录

当导入一个模块时,Python 解释器对该模块位置的搜索顺序如下:

① 在当前目录搜索该模块;

② 如果该模块不在当前目录,则 Python 会搜索在 shell 变量 PYTHONPATH 下的每个目录。

③ 如果还找不到该模块,则 Python 会查看默认路径。在 Unix 系统中,默认路径一般为 /usr/local/lib/python/。

模块搜索路径存储在 system 模块的 sys.path 变量中。变量里包含当前目录、PYTHONPATH 环境变量指定的目录和 Python 安装的默认目录。

作为环境变量,PYTHONPATH 由装在一个列表里的许多目录组成。PYTHONPATH 的语法和 shell 变量 PATH 的一样。

在 Windows 系统中,典型的 PYTHONPATH 如下:

```
set PYTHONPATH = c:\python27\lib;
```

在 Unix 系统中,典型的 PYTHONPATH 如下:

```
set PYTHONPATH = /usr/local/lib/python
```

10.3 Python 中的包

除了可以导入模块名外,Python 还可以导入指定的目录路径。Python 代码的目录称为包,因此这类导入就称为包导入。事实上,包导入是把计算机上的目录变成另一个 Python 命名空间,而属性则对应目录包含的子目录和模块文件。

10.3.1 Python 中的包结构

为了组织模块,可将其编组为包。包其实就是另一种模块,但有趣的是它们可包含其他模块。模块存储在扩展名为 .py 的文件中,而包则是一个目录。要被 Python 视为包,目录必须包含文件 __init__.py。

常见的包结构如图 10.1 所示。

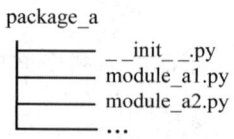

图 10.1 常见的包结构

在 Python 程序中，包实质上就是一个带有 __init__.py 文件的文件夹或者目录。

① __init__.py 文件用于将其所在目录标识为一个包，init.py 文件可以是一个空文件，也可以包含一些初始化代码，可以通过定义 __all__ 变量来指定 from package import * 要导出的名称列表（避免一些文件的命名影响搜索路径中的有效模块）。

② 包中还可以嵌套子包。

10.3.2 创建包

如果我们需要创建一个非常简单的包，该包的名称为 my_package，那么可以仿照如下两步进行：

① 创建一个文件夹，将其名称设置为 my_package；

② 在该文件夹中添加一个 __init__.py 文件，此文件中可以不编写任何代码。不过，这里向该文件编写如下代码：

```
# __init__.py 文件代码
print('__init__文件')
```

可以看到，该 __init__.py 文件包含了两部分信息，它们分别是此包的说明信息和一条 print 输出语句。

由此，我们就成功创建好了一个 Python 包。

创建好包之后，我们就可以向包中添加模块（也可以添加包）。这里给 my_package 包添加 2 个模块，这 2 个模块分别是 module1.py、module2.py，各自包含的代码分别如下所示。

```
# module1.py 模块文件
def display(arc):
    print(arc)
# module2.py 模块文件
class Module2:
    def display(self):
        print("开始学习python")
```

现在，我们就创建好了一个具有如下文件结构的包：

```
my_package
    ├── __init__.py
    ├── module1.py
    └── module2.py
```

当然，包中还可容纳其他的包，不过这里不再演示，有兴趣的同学可以自行调整包的结构。

10.3.3 导入包

包在本质上还是模块，因此导入模块的语法同样也适用于导入包。无论是导入我们自定义的包，还是导入从他处下载的第三方包，导入方法都可归结为以下 3 种。

① 第一种：

```
import 包名[.模块名 [as 别名]]
```

② 第二种：

```
from 包名 import 模块名 [as 别名]
```

③ 第三种：

```
from 包名.模块名 import 成员名 [as 别名]
```

用[]括起来的部分是可选部分，既可以使用，也可以直接忽略。

1) import 包名[.模块名 [as 别名]]

以前面创建好的 my_package 包为例，导入 module1 模块并使用该模块中的成员可以使用如下代码实现：

```
import my_package.module1
my_package.module1.display("python 学习")
```

运行结果如下：

```
python 学习
```

可以看到，通过此语法格式导入包中的指定模块后，在使用该模块中的成员（变量、函数、类）时，需添加"包名.模块名"前缀。当然，如果使用 as 给"包名.模块名"起了一个别名，就可以直接用这个别名作为前缀来使用该模块中的方法了，例如：

```
import my_package.module1 as module
module.display("开始学习 python")
```

程序执行结果如下：

```
开始学习 python
```

另外，当直接导入指定包时，程序会自动执行该包对应文件夹下的 __init__.py 文件中的代码。例如：

```
import my_package
my_package.module1.display("开始学习 linux")
```

直接导入包名，并不会将包中所有模块全部导入程序中，它的作用仅仅是导入并执行包下的 __init__.py 文件，因此，如果运行该程序，那么在执行 __init__.py 文件中代码的同时，还会抛出 AttributeError 异常（访问的对象不存在）：

__init__文件
```
Traceback (most recent call last):
    File "C:\Users\mengma\Desktop\demo.py", line 2, in <module>
        my_package.module1.display("http://c.bianchneg.net/linux_tutorial/")
AttributeError: module 'my_package' has no attribute 'module1'
```

2) from 包名 import 模块名 [as 别名]

仍以导入 my_package 包中的 module1 模块为例，使用此语法格式的代码如下：

```
from my_package import module1
module1.display("开始学习 golang")
```

运行结果如下：

```
开始学习 python
开始学习 golang
```

可以看到，使用此语法格式导入包中模块后，在使用其成员时不需要带包名前缀，但需要带模块名前缀。

当然，我们也可以使用 as 为导入的指定模块定义别名，例如：

```
from my_package import module1 as module
module.display("http://c.biancheng.net/golang/")
```

此程序的输出结果和上面的程序完全相同。

同样，既然包也是模块，那么这种语法格式自然也支持"from 包名 import *"这种写法，它和 import 包名的作用一样，只是将该包的 __init__.py 文件导入并执行。

3) from 包名.模块名 import 成员名 [as 别名]

此语法格式用于向程序中导入"包.模块"中的指定成员（变量、函数或类）。对于通过该方式导入的变量（函数、类），在使用时可以直接使用变量名（函数名、类名）调用，例如：

```
from my_package.module1 import display
display("http://c.biancheng.net/shell/")
```

运行结果如下：

```
开始学习 python
开始学习 shell
```

当然，也可以使用 as 为导入的成员起一个别名，例如：

```
from my_package.module1 import display as dis
dis("开始学习 shell")
```

该程序的运行结果和上面程序的相同。

另外，在使用此种语法格式加载指定包的指定模块时，可以使用"*"代替成员名，表示加载该模块下的所有成员。例如：

```
from my_package.module1 import *
display("开始学习python")
```

10.4 模板查看方法

前文详细介绍了模块和包的创建和使用,有些读者可能有这样的疑问:正确导入模块或者包之后,怎么知道该模块具体包含哪些成员(变量、函数或者类)呢。查看已导入模块(包)包含的成员可使用下面介绍的2种方法。

10.4.1 查看模块成员:dir 函数

通过 dir 函数,我们可以查看某指定模块包含的全部成员(包括变量、函数和类)。注意这里所指的全部成员不仅包含可供我们调用的模块成员,还包含所有名称以双下划线(__)开头和结尾的成员,对这些成员进行特殊命名是为了只在本模块中使用它们,不希望它们被其他文件调用。

这里以导入 string 模块为例,string 模块包含大量有关字符串操作的方法,下面通过 dir 函数查看该模块包含的成员:

```
import string
print(dir(string))
```

程序执行结果如下:

```
['Formatter', 'Template', '_ChainMap', '_TemplateMetaclass', '__all__', '__builtins__','__cached__', '__doc__', '__file__', '__loader__', '__name__', '__package__', '__spec__', '_re', '_string','ascii_letters', 'ascii_lowercase', 'ascii_uppercase', 'capwords', 'digits', 'hexdigits', 'octdigits', 'printable', 'punctuation', 'whitespace']
```

可以看到,通过 dir 函数获取到的模块成员不仅包含供外部文件使用的成员,还包含很多特殊成员(名称以 2 个下划线开头和结尾的成员),但列出这些成员对我们并没有实际意义。因此,这里给读者推荐一种可以忽略显示 dir 函数输出的特殊成员的方法。仍以 string 模块为例,可使用如下方法:

```
import string
print([e for e in dir(string) if not e.startswith('_')])
```

程序执行结果如下:

```
['Formatter', 'Template', 'ascii_letters', 'ascii_lowercase', 'ascii_uppercase', 'capwords', 'digits', 'hexdigits', 'octdigits', 'printable', 'punctuation', 'whitespace']
```

显然,通过列表推导式,可在 dir 函数输出结果的基础上,筛选出对我们有用的成员并将其显示出来。

10.4.2 查看模块成员：__all__变量

除了使用 dir 函数外，还可以使用__all__变量，借助该变量也可以查看模块（包）包含的所有成员。仍以 string 模块为例：

```
import string
print(string.__all__)
```

程序执行结果如下：

```
['ascii_letters', 'ascii_lowercase', 'ascii_uppercase', 'capwords', 'digits', 'hexdigits', 'octdigits', 'printable', 'punctuation', 'whitespace', 'Formatter', 'Template']
```

显然，和 dir 函数相比，__all__变量在查看指定模块成员时，不会显示模块中的特殊成员，同时还会根据成员的名称进行排序显示。不过需要注意的是，并非所有的模块都支持使用__all__变量，因此对于获取有些模块的成员，就只能使用 dir 函数。

10.5 Python 中常用的内置标准模块

在 Python 中除了有自定义模块，还有其他模块，其主要包括标准模块和第三方模块。表 10.1 所示为 Python 中常用的内置标准模块。

表 10.1 Python 中常用的内置标准模块

模块名	概述
sys	与 Python 解释器及其环境操作相关的标准库
time	提供与时间相关的各种函数的标准库
os	提供访问操作系统服务功能的标准库
calendar	提供与日期相关的各种函数的标准库
urllib	用于读取来自网上（服务器上）的数据的标准库
json	用于使用 json 序列化和反序列化的标准库
re	用于在字符串中执行正则表达式匹配和替换的标准库
math	提供标准算术运算函数的标准库
decimal	用于进行精确控制运算精度、有效位数和四舍五入操作的十进制运算
shutil	用于进行高级文件和目录操作（如复制等）
logging	灵活的记录事件、错误、警告和调试信息等日志信息的功能
thinker	使用 Python 进行 GUI 编程的标准库

本章小结

本章介绍了模块、属性以及导入的基础知识,介绍了 import 和 from 语句的使用方法,并介绍了包的相关知识,包括包的结构、包的创建等。import 操作和模块是 Python 中程序架构的核心。另外,本章还介绍了模块查看方法和 Python 中常用的内置标准模块。

练习题

1. 模块源代码文件是怎样变成模块对象的?
2. 怎样创建模块?
3. from 语句和 import 语句有什么关系?
4. 什么时候必须使用 import,不能使用 from?
5. 模块包目录内的 __init__.py 文件有何用途?
6. 哪些目录需要 __init__.py 文件?
7. 当导入一个模块时,Python 解释器对模块位置的搜索顺序是什么?

第 11 章 GUI编程

11.1 初识 GUI

11.1.1 GUI 的定义

GUI 是图像用户界面(Graphical User Interface)的缩写。在 GUI 中有输入文本、返回文本,也有窗口、按钮等图形,可以通过键盘和鼠标操作。GUI 是一种与程序不同的方式。GUI 程序有 3 个基本要素:输入、处理、输出。

11.1.2 常用的 GUI 框架

表 11.1 所示为一些常用的 GUI 框架。

表 11.1 常用的 GUI 框架

GUI 框架	描述
wxPython	wxPython 是 Python 中的一套优秀的 GUI 图像库,允许 Python 程序员很方便地创建完整的、功能健全的 GUI
Kivy	Kivy 是一个开源的工具包,能够让相同的源代码创建的程序跨平台运行,主要关注程序型用户界面的开发,如多点触摸应用程序的开发
Flexx	Flexx 是一个纯 Python 工具包,用来创建图形化应用程序。其使用 Web 技术进行界面的渲染
PyQt	PyQt 是 Qt 库的 Python 版本,支持跨平台
Tkinter	Python 的标准库模块提供了对 Tk GUI 工具包的标准接口,Tkinter 是一个轻量级的跨平台图像用户界面开发工具
Pywin32	Pywin32 允许以像 VC 一样的形式来使用 Python 开发 Win32 应用程序
PyGTK	PyGTK 让人们用 Python 轻松创建具有图形用户界面的程序
pyui4win	pyui4win 是一个开源的采用自绘技术的界面库

11.1.3 安装 wxPython

要使用 wxPython 模块(工具包),得先安装该模块。可使用如下命令安装(在命令行操作):

```
pip install -U wxPython
```

11.2 创建应用程序

11.2.1 创建一个 wx.App 子类

在开始创建应用程序之前,要先创建一个没有任何功能的 wx.App 子类。wx.App 类表示应用程序,并具有以下 3 个用途:

① 引导 wxPython 系统并初始化底层 GUI 工具包;
② 设置和获取应用程序范围的属性;
③ 实现本机窗口系统主消息或事件循环,并将事件分派到窗口实例。

每个 wx 应用程序都必须有一个 wx.App 实例,所有 UI 对象的创建都应该延迟到 wx.App 对象的创建之后,以确保 GUI 平台和 wxWidgets 已经完全初始化。

通常从 wx.App 类派生并实现一个 OnInit 创建框架调用的方法 self.SetTopWindow(frame),但是 wx.App 类也可以在没有派生的情况下单独使用。

对 wx.App 方法的总结如表 11.2 所示。

表 11.2 对 wx.App 方法的总结

方法名	用法
__init__	构造一个 wx.App 对象
Get	返回当前活动的应用程序对象的静态方法
InitLocale	正在设置 Python 语言环境
MainLoop	执行主 GUI 事件循环
OnPreInit	_BootstrapApp 完成基础引导后,正式初始化前的过渡阶段
RedirectStdio	将 sys.stdout 和 sys.stderr 重定向到文件或弹出窗口
SetOutputWindowAttributes	设置输出窗口的标题、位置和/或大小
SetTopWindow	设置"main"顶级窗口,它将用于父窗口
__del__	释放对象占用的资源

创建和使用 wx.App 子类要的步骤如下:

① 定义一个子类;
② 在定义的子类中写一个 OnInit 初始化方法;
③ 在程序的主要部分创建这个子类的一个实例;
④ 调用应用程序实例的 MainLoop 方法,这个方法将出现的控制器转给 wxPython。

创建一个没有任何功能的子类的具体代码如下：

```python
import wx                                          # 导入 wxpython
class App(wx.App):
    # 初始化方法
    def OnInit(self):
        frame = wx.Frame(parent = None, title = "Hello wxPython")  # 创建窗口用
        frame.Show()                                # 显示窗口
        return True                                 # 返回值
if __name__ == '__main__':
    app = App()                                     # 创建 App 类的实例
    app.MainLoop()                                  # 调用 App 类的 MainLoop()主循环方法
```

效果如图 11.1 所示。

图 11.1 没有任何功能的子类

11.2.2 直接使用 wx.App

如果在系统中只有一个窗口，可以不创建 wx.App 子类，直接使用 wx.App，这个类提供了一个最基本的 OnInit 初始化方法，代码如下：

```python
import wx                                          # 导入 wxPython
app = wx.App()                                     # 初始化 wx.App 类
frame = wx.Frame(None, title ='Hello World')       # 定义一个顶级窗口(None 就是表示
                                                   #             顶级窗口)
frame.Show()                                       # 显示窗口
app.MainLoop()                                     # 调用 wx.App 类中的 MainLoop 主循环方法
```

效果如图 11.2 所示。

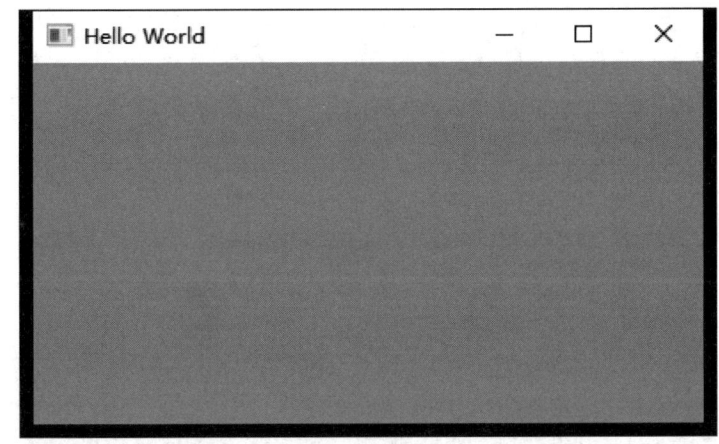

图 11.2　直接使用 wx.App 创建窗口

11.2.3　使用 wx.Frame 框架

在 GUI 中框架通常称为窗口。框架是一个容器,用户可以将它在屏幕上任意移动,并进行缩放,它通常包含标题栏、菜单栏等。在 wxPython 中,wxFrame 是所有框架的父类。当创建 wx.Frame 的子类时,子类应该调用其父类的构造器 wx.Frame.__int__。wx.Frame 构造器的语法格式如下:

```
wx.Frame(parent,id = -1,title = "",pos = wx.DefaultPosition,size = wx.DefaultSize,
style = wx.DEFAULT_FRAME_STYLE,name = "frame")
```

参数说明如下:

① parent:框架的父类窗口。如果是顶级窗口,这个值为 None。
② id:新窗口的 wxPython ID 号。它通常设为-1,让 wxPython 自动生成一个新的 ID。
③ title:新窗口的标题。
④ pos:一个 wx.Point 对象。它指定新窗口的左上角在屏幕中间的位置。在 GUI 程序中,通常(0,0)是显示器的左上角。这个默认的(-1,-1)将让系统决定新窗口的位置。
⑤ size:一个 wx.Size 对象。它指定新窗口的初始尺寸。这个默认的(-1,-1)将让系统决定新窗口的初始尺寸。
⑥ style:指定新窗口类型的常量。可以使用或运算来组合它们。
⑦ name:框架内在的名字。可以使用它来寻找窗口。

创建 wx.Frame 子类的代码如下:

```python
import wx                                      # 导入 wxPython
class MyFrame(wx.Frame):
    def __init__(self, parent, id):
        wx.Frame.__init__(self, parent, id, title = "创建 Frame", pos = (100,
100), size = (500,300))
    if __name__ == '__main__':
```

```
    app = wx.App()                              # 初始化应用
    frame = MyFrame(parent = None, id = -1)     # 实例化 MyFrame 类并传入参数
    frame.Show()                                # 显示窗口
    app.MainLoop()                              # 调用 MainLoop 主循环方法
```

效果如图 11.3 所示。

图 11.3 创建 Frame

11.3 常用控件

控件就是在创建完窗口以后,在窗口添加的按钮、文本、输入框等。

11.3.1 wx.StaticText 文本类

对于所有的 UI(User Interface,用户界面)工具来说,其最基本的任务就是在屏幕上绘制文本。在 wxPython 中,可以使用 wx.StaticText 类来完成。使用 wx.StaticText 类能够改变文本的对齐方式、字体、颜色等。wx.StaticText 类构造函数的语法格式如下:

wx.StaticText(parent,id,label,pos = wx.DefaultPosition,size = wx.DefaultSize, style = 0,name = "staticText")

参数说明如下:

① parent:父窗口部件。
② id:标识符。使用-1 可以自动创建一个唯一的标识。
③ label:x 显示在静态控件中的文本内容。
④ pos:一个 wx.Point 或一个 Python 元组,它就是窗口部件的位置。
⑤ size:一个 wx.Point 或一个 Python 元组,它就是窗口部件的尺寸。
⑥ style:样式标记。
⑦ name:对象的名字。

示例:使用 wx.StaticText 类输出 Python 之禅。

① 在 Python 控制台输入 import this 之后，会输出一堆英文，如图 11.4 所示。

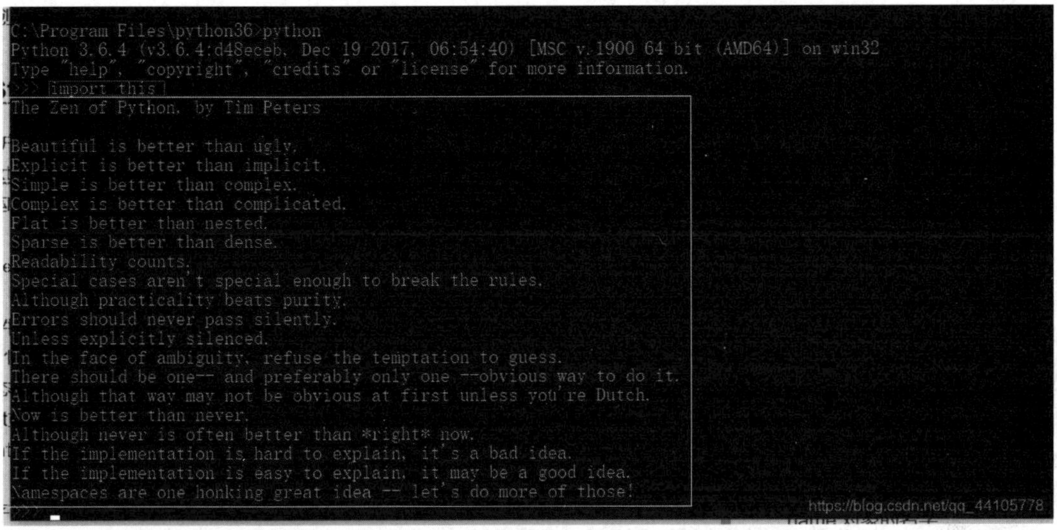

图 11.4 Python 之禅

② 使用 wx.StaticText 类输出 Python 之禅。

```python
import wx    # 导入 wxPython
class MyFrame(wx.Frame):
    def __init__(self, parent, id):
        wx.Frame.__init__(self, parent, id, title = "创建 StaticText 类", pos = (100, 100), size = (600, 700))
        panel = wx.Panel(self)    # 创建画板
        # 创建标题，并设置字体
        title = wx.StaticText(panel, label = 'The Zen of Python————Tim Peters', pos = (100, 20))
        font1 = wx.Font(16, wx.DEFAULT, wx.FONTSTYLE_NORMAL, wx.NORMAL)
        title.SetFont(font1)
        # 创建文本
        wx.StaticText(panel, label = 'Beautiful is better than ugly.', pos = (50, 50))
        wx.StaticText(panel, label = 'Explicit is better than implicit.', pos = (50, 70))
        wx.StaticText(panel, label = 'Simple is better than complex.', pos = (50, 90))
        wx.StaticText(panel, label = 'Complex is better than complicate.', pos = (50, 110))
        wx.StaticText(panel, label = 'Flat is better than nested.', pos = (50, 130))
        wx.StaticText(panel, label = 'Sparse is better than dense,', pos = (50, 150))
        wx.StaticText(panel, label = 'Readability counts', pos = (50, 170))
        wx.StaticText(panel, label = 'Special cases are not special enough to break rules.', pos = (50, 190))
        wx.StaticText(panel, label = 'Although practically beats purity.', pos = (50, 210))
        wx.StaticText(panel, label = 'Errors should never pass silently.', pos = (50, 230))
```

```
        wx.StaticText(panel, label='Unless explicitly silenced.', pos=(50, 250))
        wx.StaticText(panel, label='In the face of ambiguity, refuse the temptation to guess.', pos=(50, 270))
        wx.StaticText(panel, label='There should be one-- and preferable only one --obvious way to do it.', pos=(50, 290))
        wx.StaticText(panel, label='Although that way may not be obvious at first unless you are Dutch.', pos=(50, 310))
        wx.StaticText(panel, label='Now is better than never.', pos=(50, 330))
        wx.StaticText(panel, label='Although never is often better than *right* now.', pos=(50, 350))
        wx.StaticText(panel, label='If the implementation is hard to explain, it is a bad idea.', pos=(50, 370))
        wx.StaticText(panel, label='If the implementation is hard to explain, it is a bad idea.', pos=(50, 390))
        wx.StaticText(panel, label='If the implementation is easy to explain, it is may be a good idea.', pos=(50, 410))
        wx.StaticText(panel, label='Namespaces are one honking great idea.', pos=(50, 430))
if __name__=='__main__':
    app = wx.App()                                      # 初始化应用
    frame = MyFrame(parent=None, id=-1)                 # 实例化 MyFrame 类并传入参数
    frame.Show()                                        # 显示窗口
    app.MainLoop()                                      # 调用 MainLoop 主循环方法
```

效果如图 11.5 所示。

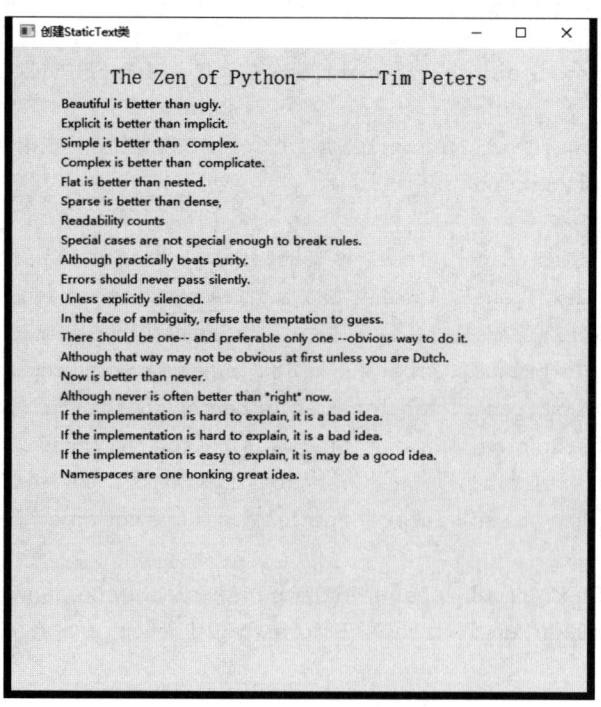

图 11.5 输出 Python 之禅

11.3.2 wx.TextCtrl 输入文本类

wx.StaticText 类只能用于显示静态的文本,要想输入文件与用户进行交互,要用 wx.TextCtrl 类,它允许单行和多行文本。它也可以作为密码输入控件,掩饰所按下的按钮。

wx.TextCtrl 类构造函数的语法格式如下:

wx.TextCtrl(parent,id,value = "",pos = wx.DefaultPosition,size = wx.DefaultSize, style = 0, validator = wx.DefaultValidator,name = wx.TextCtrlNameStr)

参数说明如下:

① parent、id、pos、size、style、name 的含义与 wx.StaticText 类构造函数的相同。
② value:显示在该控件中的初始文本。
③ validator:常用于过滤数据,以确保只能输入要接收的数据。
④ style:单行 wx.TextCtrl 的样式、取值,其说明如下。

- wx.TE_CENTER:控件中的文本居中。
- wx.TE_LEFT:控件中的文件左对齐。
- wx.TE_NOHIDESEL:控件中的文本始终高亮显示,只适用于 Windows 系统。
- wx.TE_PASSWORD:不显示所输入的文本,以星号代替。
- wx.TE_PROCESS_ENTER:如果使用该参数,那么当用户在控件内按下回车键时,一个文本输入事件将被触发;否则,按键事件由该文本控件或由该对话框管理。
- wx.TE_PROCESS_TAB:如果指定了这个样式,那么通常的字符事件在键按下时创建(一般意味着一个制表符将被插入文本)。否则,键由对话框来管理,通常是控件间的切换。
- wx.TE_READONLY:只读模式。
- wx.TE_RIGHT:控件中的文本右对齐。

示例:用 wx.TextCtrl 类和 wx.StaticText 类实现一个包含用户名和密码的登录界面。

```
import wx                                    # 导入 wxPython
class MyFrame(wx.Frame):
    def __init__(self, parent, id):
        wx.Frame.__init__(self, parent, id, title = "创建 TextCtrl 类", size = (400, 300))
        panel = wx.Panel(self)               # 创建面板
        # 创建文本和输入框
        self.title = wx.StaticText(panel, label = "请输入用户名和密码", pos = (140, 20))
        self.label_user = wx.StaticText(panel, label = "用户名:", pos = (50, 50))
        self.text_user = wx.TextCtrl(panel, pos = (100, 50), size = (235, 25), style = wx.TE_LEFT)
        self.label_pwd = wx.StaticText(panel, label = "密 码:", pos = (50, 90))
        self.text_pwd = wx.TextCtrl(panel, pos = (100, 90), size = (235, 25), style = wx.TE_PASSWORD)
```

```
if __name__ == '__main__':
    app = wx.App()                              # 初始化应用
    frame = MyFrame(parent = None, id = -1)     # 初始化 MyFrame 类，并传递参数
    frame.Show()                                # 显示窗口
    app.MainLoop()                              # 调用主循环方法
```

效果如图 11.6 所示。

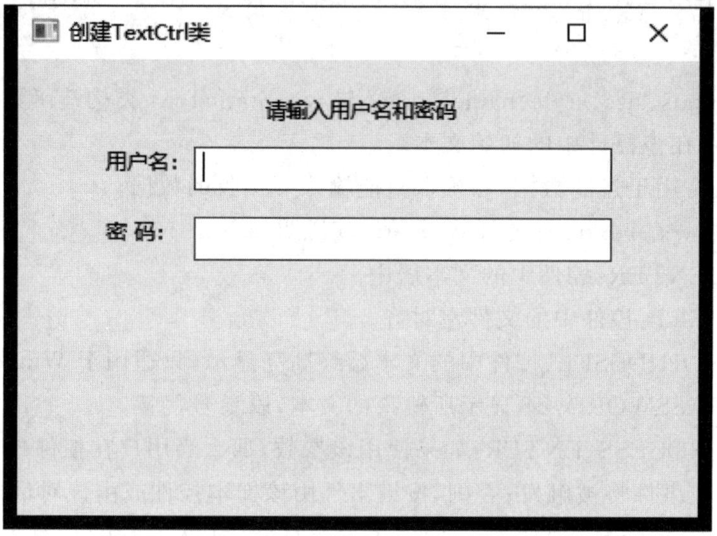

图 11.6　登录界面

11.3.3　wx.Button 按钮类

按钮是 GUI 中应用最为广泛的控件，常常用于捕获用户生成的单击事件。其最明显的用途是按钮触发即可绑定一个处理函数。

wx.Python 类库提供了不同类型的按钮，其中最为简单、最常用的是 wx.Button 类。wx.Button 类构造函数的语法格式如下：

```
wx.Button(parent, id, label, pos, size = wxDefaultSize, style = 0, validator, name = "button")
```

示例：在 11.3.2 节的示例中添加确定和取消按钮。

```
import wx
class MyFrame(wx.Frame):
    def __init__(self, parent, id):
        wx.Frame._init_(self, parent, id, title = "创建 TextCtrl 类", size = (400, 300))
        panel = wx.Panel(self)   # 创建面板
        # 创建文本和输入框
        self.title = wx.StaticText(panel, label = "请输入用户名和密码", pos = (140, 20))
```

```
            self.label_user = wx.StaticText(panel, label = "用户名:", pos = (50, 50))
            self.text_user = wx.TextCtrl(panel, pos = (100, 50), size = (235, 25),
style = wx.TE_LEFT)
            self.label_pwd = wx.StaticText(panel, label = "密 码:", pos = (50, 90))
            self.text_pwd = wx.TextCtrl(panel, pos = (100, 90), size = (235, 25),
style = wx.TE_PASSWORD)
            # 创建确定和取消的界面
            self.bt_confirm = wx.Button(panel, label = '确定', pos = (105, 130))
            self.bt_cancel = wx.Button(panel, label = '取消', pos = (195, 130))
    if __name__ == '__main__':
        app = wx.App()              # 初始化应用
        frame = MyFrame(parent = None, id = -1)     # 初始化MyFrame类,并传递参数
        frame.Show()                # 显示窗口
        app.MainLoop()              # 调用主循环方法
```

效果如图 11.7 所示。

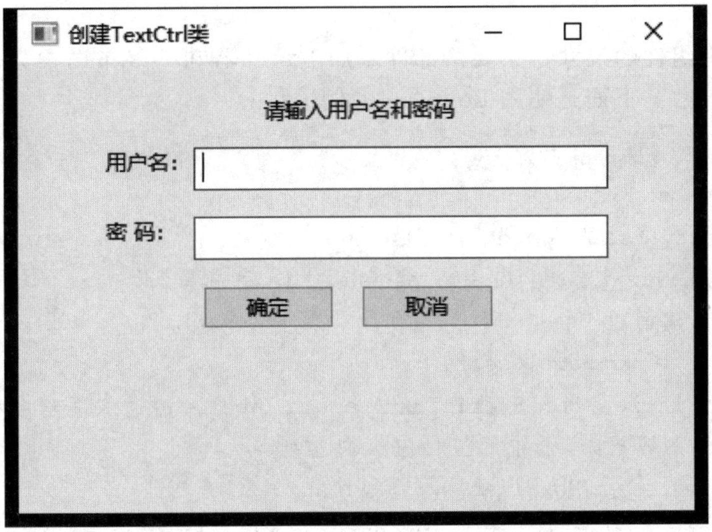

图 11.7　添加按钮

11.4　BoxSizer

使用坐标的方法来布局过于麻烦。在 wxPython 中有一种更智能的布局方式:sizer(尺寸器)。sizer 是用于自动布局一组窗口控件的算法。

wxPython 提供了 5 个 sizer,如表 11.2 所示。

表 11.2　wxPython 提供的 5 个 sizer

sizer 的名称	描述
BoxSizer	在一条水平或垂直线上的窗口部件的布局。控制窗口部件在行为上很灵活,一般用于嵌套的样式,应用面广
GridSizer	一个基础的网格布局,当要放置的窗口部件是同样的尺寸且需要把它们整齐地放入一个规则的网格中时可以使用它
FlexGridSizer	对 GridSizer 做了一定改变,在窗口部件有不同的尺寸时,可以有更好的结果
GridBagSizer	GridSizer 系列中最灵活的成员,网络中的窗口部件可以随意放置
StaticBoxSizer	一个标准的 BoxSizer,带有标题和环线

下面将重点讲述 BoxSizer。

11.4.1　BoxSizer 的定义

在一条线上布局子窗口部件。wx.BoxSizer 的布局方向可以是水平或竖直的,并且可以在水平或竖直方向上包含子 sizer,以创建复杂的布局。BoxSizer 是 wxPython 中提供的最简单、最常用的控件。

11.4.2　使用 BoxSizer 布局

尺寸器会管理组件的尺寸。只要给部件添加上尺寸器和一些布局参数,就可以让尺寸器去管理父组件的尺寸。下面是使用 BoxSizer 的例子:

```
import wx                    # 导入 wxPython
class MyFrame(wx.Frame):
    def __init__(self, parent, id):
        wx.Frame.__init__(self, parent, id,'用户登入', size = (400,300))
        # 创建面板
        panel = wx.Panel(self)
        self.title = wx.StaticText(panel, label ='请输入用户名和密码')
        # 添加容器,容器中的控件按纵向排列
        vsizer = wx.BoxSizer(wx.VERTICAL)
        vsizer.Add(self.title, proportion = 0, flag = wx.BOTTOM|wx.TOP|wx.ALIGN_CENTRE, border = 15)
        panel.SetSizer(vsizer)
if __name__ == '__main__':
    app = wx.App()                                    # 初始化
    frame = MyFrame(parent = None, id = -1)           # 实例化 MyFrame 类,并传递参数
    frame.Show()                                      # 显示窗口
    app.MainLoop()                                    # 调用主循环方法
```

Add 方法可以将控件加入 sizer。Add 方法的语法格式如下:

```
Box.Add(control, proportion, flag, border)
```

参数说明如下:

① control:要添加的控件。

② proportion:所添加的控件在定义的定位方式所代表方向上,占据的空间比例。如果有 3 个按钮,它们的比例值分别为 0、1、2,且它们都被添加到一个宽带为 30 的水平排列的 wx.BoxSizer 中,它们的起始宽度都是 10,当 sizer 的宽度由 30 变到 60 时,按钮 1 的宽度不变,仍为 $[10+(60-30)\times 0/(0+1+2)]=10$,按钮 2 的宽度变为 $[10+(60-30)\times 1/(0+1+2)]=20$,按钮 3 的宽度变为 $[10+(60-30)\times 2/(0+1+2)]=30$。

③ flag:通过结合使用 flag 参数与 border 参数可以知道边距宽度,其有以下选项。

- wx.LEFT:左边距。
- wx.RIGHT:右边距。
- wx.BOTTOM:底边距。
- wx.TOP:上边距。
- wx.ALL:上、下、左、右 4 个边距。
- wx.LEFT:左边距。

可以通过竖线操作符联合使用这些标志。flag 参数还可以与 proportion 参数结合使用,制作控件本身的对齐方式,具有以下选项。

- wx.ALIGN_LEFT:左边对齐。
- wx.ALIGN_RIGHT:右边对齐。
- wx.ALIGN_BOTTOM:底边对齐。
- wx.ALIGN_CENTER_VERTICAL:垂直对齐。
- wx.ALIGN_CENTER_HORIZONTAL:水平对齐。
- wx.ALIGN_CENTER:居中对齐。
- wx.ALIGN_EXPAND:所添加的控件将占有 sizer 定位上的所有可用空间。

④ border:控制所有添加空间的边距,也就是在空间之间添加一些像素的空白。

示例:使用 Boxsizer 设置登录界面布局。

```python
import wx    # 导入 wxPython
class MyFrame(wx.Frame):
    def __init__(self, parent, id):
        wx.Frame.__init__(self, parent, id, '用户登录', size=(400, 300))
        # 创建面板
        panel = wx.Panel(self)
        # 创建"确定"和"取消"按钮,并绑定事件
        self.bt_confirm = wx.Button(panel, label='确定')
        self.bt_cancel = wx.Button(panel, label='取消')
        # 创建文本,左对齐
        self.title = wx.StaticText(panel, label="请输入用户名和密码")
        self.label_user = wx.StaticText(panel, label="用户名:")
        self.text_user = wx.TextCtrl(panel, style=wx.TE_LEFT)
        self.label_pwd = wx.StaticText(panel, label="密  码:")
        self.text_pwd = wx.TextCtrl(panel, style=wx.TE_PASSWORD)
        # 添加容器,容器中控件横向排列
```

```
            hsizer_user = wx.BoxSizer(wx.HORIZONTAL)
            hsizer_user.Add(self.label_user, proportion = 0, flag = wx.ALL, border = 5)
            hsizer_user.Add(self.text_user, proportion = 1, flag = wx.ALL, border = 5)
            hsizer_pwd = wx.BoxSizer(wx.HORIZONTAL)
            hsizer_pwd.Add(self.label_pwd, proportion = 0, flag = wx.ALL, border = 5)
            hsizer_pwd.Add(self.text_pwd, proportion = 1, flag = wx.ALL, border = 5)
            hsizer_button = wx.BoxSizer(wx.HORIZONTAL)
            hsizer_button.Add(self.bt_confirm, proportion = 0, flag = wx.ALIGN_CENTRE, border = 5)
            hsizer_button.Add(self.bt_cancel, proportion = 0, flag = wx.ALIGN_CENTRE, border = 5)
            # 添加容器,容器中控件纵向排列
            vsizer_all = wx.BoxSizer(wx.VERTICAL)
            vsizer_all.Add(self.title, proportion = 0, flag = wx.BOTTOM|wx.TOP | wx.ALIGN_CENTRE, border = 15)
            vsizer_all.Add(hsizer_user, proportion = 0, flag = wx.EXPAND, border = 45)
            vsizer_all.Add(hsizer_pwd, proportion = 0, flag = wx.EXPAND, border = 45)
            vsizer_all.Add(hsizer_button, proportion = 0, flag = wx.ALIGN_CENTRE | wx.TOP, border = 15)
            # 设置面板 panel 的尺寸管理器为 vsizer_all
            panel.SetSizer(vsizer_all)
    if __name__ == '__main__':
        app = wx.App()                                          # 初始化
        frame = MyFrame(parent = None, id = -1)                 # 实例化 MyFrame 类,并传入参数
        frame.Show()                                            # 显示窗口
        app.MainLoop()
```

上面代码通过使用 BoxSizer 将绝对位置布局改为相对位置布局,如图 11.8 所示。

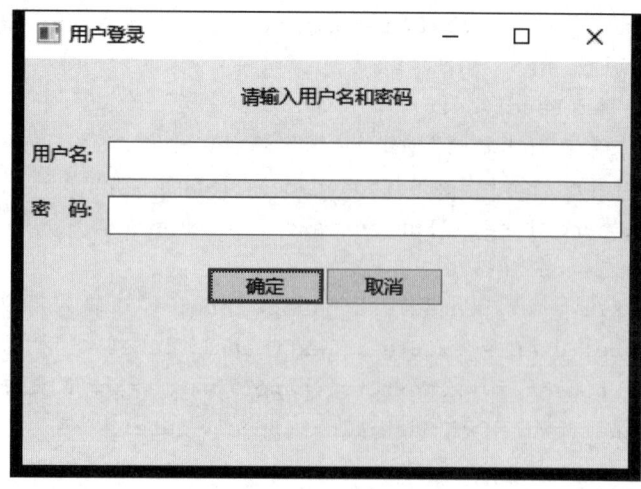

图 11.8　使用 BoxSizer 布局

11.5 事件处理

11.5.1 事件的定义

事件就是用户执行的地址,例如,单击按钮就是一个单击事件。在 11.4 节的例子中,完成布局后就可以输入用户名和密码,单击"确定"按钮后需要判读信息是否正确,并输出对应的提示,这就要使用 wx.Python 的事件处理。

11.5.2 绑定事件

将函数绑定到事件可以发生的控件上,当事件发生时,函数就被调用。利用控件的 Bind 方法可以将事件处理函数绑定到事件上。为确定按钮添加一个单击事件的语法格式如下:

```
bt_confirm.Bind(wx.EVT_BUTTON,OnclickSubmit)
```

参数说明如下:

① wx.EVT_BUTTON:事件类型为按钮事件。在 wxPython 中有很多以 wx.EVT_开头的事件类型,例如,wx.EVT_MOTION 产生于用户移动鼠标,而 wx.ENTER_WINDOW 和 wx.LEAVE_WINDOW 产生于鼠标进入或者离开一个窗口控件,wx.EVT_MOUSEWHEEL 被绑定到鼠标滚轮的活动事件里。

② OnlickSubmit:方法名。事件发生时执行该方法。

示例:使用事件判断用户登录。

在前文所述例子的基础上,分别为"确定"和"取消"按钮添加单击事件。输入用户名和密码后,单击"确定"按钮时,如果用户名为 wr,且密码为 giun,则弹出对话框"登录成功",否则弹出对话框"用户名和密码不匹配",单击"取消"按钮时,清空用户名和密码。

```python
import wx    # 导入 wxPython
class MyFrame(wx.Frame):
    def __init__(self, parent, id):
        wx.Frame.__init__(self, parent, id, '用户登录', size = (400, 300))
        # 创建面板
        panel = wx.Panel(self)
        # 创建"确定"和"取消"按钮并绑定事件
        self.bt_confirm = wx.Button(panel, label = '确定')
        self.bt_confirm.Bind(wx.EVT_BUTTON, self.OnclickSubmit)
        self.bt_cancel = wx.Button(panel, label = '取消')
        self.bt_cancel.Bind(wx.EVT_BUTTON, self.OnclickCancel)
        # 创建文本,左对齐
        self.title = wx.StaticText(panel, label = "请输入用户名和密码")
        self.label_user = wx.StaticText(panel, label = "用户名:")
```

```python
        self.text_user = wx.TextCtrl(panel, style = wx.TE_LEFT)
        self.label_pwd = wx.StaticText(panel, label = "密    码:")
        self.text_pwd = wx.TextCtrl(panel, style = wx.TE_PASSWORD)
        # 添加容器,容器中的控件横向排列
        hsizer_user = wx.BoxSizer(wx.HORIZONTAL)
        hsizer_user.Add(self.label_user, proportion = 0, flag = wx.ALL, border = 5)
        hsizer_user.Add(self.text_user, proportion = 1, flag = wx.ALL, border = 5)
        hsizer_pwd = wx.BoxSizer(wx.HORIZONTAL)
        hsizer_pwd.Add(self.label_pwd, proportion = 0, flag = wx.ALL, border = 5)
        hsizer_pwd.Add(self.text_pwd, proportion = 1, flag = wx.ALL, border = 5)
        hsizer_button = wx.BoxSizer(wx.HORIZONTAL)
        hsizer_button.Add(self.bt_confirm, proportion = 0, flag = wx.ALIGN_CENTRE, border = 5)
        hsizer_button.Add(self.bt_cancel, proportion = 0, flag = wx.ALIGN_CENTRE, border = 5)
        # 添加容器,容器中的控件纵向排列
        vsizer_all = wx.BoxSizer(wx.VERTICAL)
        vsizer_all.Add(self.title, proportion = 0, flag = wx.BOTTOM | wx.TOP | wx.ALIGN_CENTRE, border = 15)
        vsizer_all.Add(hsizer_user, proportion = 0, flag = wx.EXPAND, border = 45)
        vsizer_all.Add(hsizer_pwd, proportion = 0, flag = wx.EXPAND, border = 45)
        vsizer_all.Add(hsizer_button, proportion = 0, flag = wx.ALIGN_CENTRE | wx.TOP, border = 15)
        # 设置面板 panel 的尺寸管理器为 vsizer_all
        panel.SetSizer(vsizer_all)
    def OnclickSubmit(self, event):
        """ 单击确定按钮,执行方法 """
        message = ""
        username = self.text_user.GetValue()       # 获取输入的用户名
        password = self.text_pwd.GetValue()        # 获取输入的密码
        if username == 'CUMTB' and password == '111':
            message = "登录成功"
        else:
            message = "用户名和密码不匹配"
        wx.MessageBox(message)
    def OnclickCancel(self, event):
        """ 单击取消按钮,执行方法 """
        self.text_user.SetValue("")
        self.text_pwd.SetValue("")
```

```
if __name__ == '__main__':
    app = wx.App()                              # 初始化应用
    frame = MyFrame(parent = None, id = -1)     # 实例化,并传参
    frame.Show()         # 显示窗口
    app.MainLoop()       # 调用主循环方法
```

效果如图 11.9 所示。

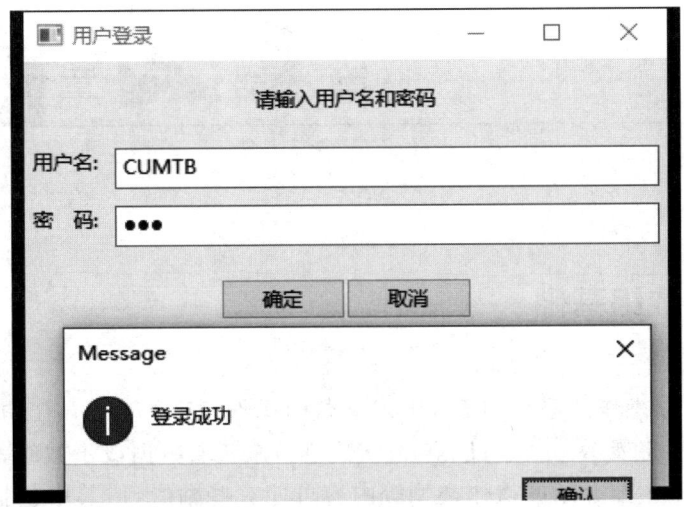

图 11.9　添加事件监听

本章小结

wxWidgets 是一款用 C++ 语言开发的优秀的、跨平台的图形界面库。为了让 Python 用户也能使用该库,Robin Dunn 开发了 wxPython 这个库,该库可以看作对 wxWidgets 的 Python 封装。本章介绍了 wxPython 图形界面库的使用,以及如何使用该库提供的众多控件,还介绍了事件处理等内容。通过本章的学习,读者可以编写出自己的图形界面程序。

练习题

1. 什么是 GUI?
2. GUI 常见的框架及其特点是什么?
3. wx.App 的作用是什么?
4. 创建和使用 wx.App 子类的 4 个步骤是什么?
5. 什么是 BoxSizer 布局?
6. 什么是事件?
7. 如何绑定事件?

第 12 章 Numpy库

12.1 NumPy 数组基础

Python 中的数据操作几乎等同于 NumPy 数组操作,甚至 Pandas 工具也构建在 NumPy 数组的基础上。本节将展示一些通过 NumPy 数组操作获取数据或子数组,对数组进行分裂、变形和拼接的例子。本节介绍的操作类型等内容可能有些枯燥,但其中包括了本书其他例子中将用到的内容,所以读者要好好了解这些内容!

12.1.1 NumPy 数组的属性

下面介绍一些有用的数组属性。定义 3 个随机的数组:一个一维数组、一个二维数组和一个三维数组。我们将用 NumPy 的随机数生成器设置一组种子值,以确保每次程序执行时都可以生成同样的随机数组:

```
import numpy as np
np.random.seed(0)  # 设置随机数种子
x1 = np.random.randint(10, size = 6)  # 一维数组
x2 = np.random.randint(10, size = (3, 4))  # 二维数组
x3 = np.random.randint(10, size = (3, 4, 5))  # 三维数组
```

每个数组有 nidm(数组的维度)、shape(数组每个维度的大小)和 size(数组的总大小)属性:

```
print("x3 ndim: ", x3.ndim)
print("x3 shape:", x3.shape)
print("x3 size: ", x3.size)
x3 ndim: 3
x3 shape: (3, 4, 5)
x3 size: 60
```

还有一个有用的数组属性是 dtype,它表示数组的数据类型:

```
print("dtype:", x3.dtype)
dtype: int64
```

其他的数组属性包括表示每个数组元素字节大小的 itemsize,以及表示数组总字节大小的属性 nbytes:

```
In[4]: print("itemsize:", x3.itemsize,"bytes")
print("nbytes:", x3.nbytes,"bytes")
itemsize: 8 bytes
nbytes: 480 bytes
```

一般来说,可以认为 nbytes 跟 itemsize 和 size 的乘积大小相等。

12.1.2 单个元素的获取

你如果熟悉 Python 的标准列表索引,那么对 NumPy 的索引方式也不会陌生。和 Python 列表一样,在一维数组中,你也可以通过中括号指定索引获取第 i 个值(从 0 开始计数):

```
>>> x1
array([5, 0, 3, 3, 7, 9])
>>> x1[0]
5
>>> x1[4]
7
```

为了获取数组的末尾索引,可以用负值索引:

```
>>> x1[-1]
9
>>> x1[-2]
7
```

在多维数组中,可以用逗号分隔的索引元组获取元素:

```
>>> x2
array([[3, 5, 2, 4],
       [7, 6, 8, 8],
       [1, 6, 7, 7]])
>>> x2[0, 0]
3
>>> x2[2, 0]
1
>>> x2[2, -1]
7
```

也可以用以上索引方式修改元素值：

```
>>> x2[0, 0] = 12
>>> x2
array([[12, 5, 2, 4],
       [ 7, 6, 8, 8],
       [ 1, 6, 7, 7]])
```

请注意，和 Python 列表不同，NumPy 数组是固定类型的。这意味着当你试图将一个浮点值插入一个整型数组时，浮点值会被截短成整型。并且这种截短是自动完成的，不会给你提示或警告，所以需要特别注意这一点！

```
>>> x1[0] = 3.14159 # 这将被截短
>>> x1
array([3, 0, 3, 3, 7, 9])
```

12.1.3 数组切片：获取子数组

和此前用中括号获取单个数组元素一样，我们也可以用切片符号获取子数组，切片符号用冒号（:）表示。NumPy 切片的语法和 Python 列表的标准切片语法相同。为了获取数组 x 的一个切片，可以用以下方式：

```
x[start:stop:step]
```

如果以上 3 个参数都未指定，那么它们会分别被设置为默认值：start＝0，stop＝维度的大小（size of dimension），step＝1。我们将详细介绍如何在一维和多维数组中获取子数组等内容。

1）在一维数组中获取子数组

```
>>> x = np.arang
>>> e(10)
>>> x
array([0, 1, 2, 3, 4, 5, 6, 7, 8, 9])
>>> x[:5] # 前五个元素
array([0, 1, 2, 3, 4])
>>> x[5:] # 索引 5 之后的元素
array([5, 6, 7, 8, 9])
>>> x[4:7] # 中间的子数组
array([4, 5, 6])
>>> x[::2] # 每隔一个元素
array([0, 2, 4, 6, 8])
>>> x[1::2] # 每隔一个元素，从索引 1 开始
array([1, 3, 5, 7, 9])
```

在这个例子中，start 参数和 stop 参数默认是被交换的。因此这是一种非常方便的逆序

数组的方式：

```
In[22]: x[::-1]  # 所有元素是逆序的
Out[22]: array([9, 8, 7, 6, 5, 4, 3, 2, 1, 0])
In[23]: x[5::-2] # 从索引 5 开始每隔一个元素逆序
Out[23]: array([5, 3, 1])
```

2）在多维数组中获取子数组

多维数组也可以采用与一维数组一样的方式处理，用冒号分隔。例如：

```
>>> x2
array([[12, 5, 2, 4],
       [ 7, 6, 8, 8],
       [ 1, 6, 7, 7]])
>>> x2[:2, :3] # 两行，三列
array([[12, 5, 2],
       [ 7, 6, 8]])
>>> x2[:3, ::2] # 所有行，每隔一列
array([[12, 2],
       [ 7, 8],
       [ 1, 7]])
```

最后，子数组维度也可以同时被逆序：

```
>>> x2[::-1, ::-1]
array([[ 7, 7, 6, 1],
       [ 8, 8, 6, 7],
       [ 4, 2, 5, 12]])
```

3）获取数组的行和列

一种常见的需求是获取数组的单行和单列。你可以通过将索引与切片组合起来达到这个目的，用一个冒号（:）表示空切片：

```
>>> print(x2[:, 0]) # x2 的第一列
[12 7 1]
>>> print(x2[0, :]) # x2 的第一行
[12 5 2 4]
```

在获取行时，出于语法的简介考虑，可以省略空的切片：

```
>>> print(x2[0]) # 等于 x2[0, :]
[12 5 2 4]
```

4）非副本视图的子数组

关于数组切片有一点很重要，也非常有用，那就是数组切片返回的是数组数据的视图，而不是数值数据的副本。这一点也是 NumPy 数组切片和 Python 列表切片的不同之处，在 Python 列表中，切片返回的是数值数据的副本。例如，有以下二维数组：

```
>>> print(x2)
[[12 5 2 4]
 [ 7 6 8 8]
 [ 1 6 7 7]]
```

从中抽取一个 2×2 的子数组：

```
>>> x2_sub = x2[:2, :2]
>>> print(x2_sub)
[[12 5]
 [ 7 6]]
```

现在如果修改这个子数组，那么将会看到原始数组也被修改了，结果如下所示。

```
>>> x2_sub[0, 0] = 99
print(x2_sub)
[[99 5]
 [ 7 6]]
>>> print(x2)
[[99 5 2 4]
 [ 7 6 8 8]
 [ 1 6 7 7]]
```

这种默认的处理方式实际上非常有用：它意味着在处理非常大的数据集时，可以获取或处理这些数据集的片段，而不用复制底层的数据缓存。

5) 创建数组的副本

尽管数组视图有一些非常好的特性，但是有些时候明确地复制数组里的数据或子数组也是非常有用的。可以很简单地通过 copy 方法实现：

```
>>> x2_sub_copy = x2[:2, :2].copy()
print(x2_sub_copy)
[[99 5]
 [ 7 6]]
```

如果修改这个子数组，原始的数组不会被改变：

```
>>> x2_sub_copy[0, 0] = 42
print(x2_sub_copy)
[[42 5]
 [ 7 6]]
>>> print(x2)
[[99 5 2 4]
 [ 7 6 8 8]
 [ 1 6 7 7]]
```

12.1.4 数组的变形

一个有用的数组操作类型是数组的变形。数组变形最灵活的实现方式是使用 reshape 方法。例如，如果你希望将数字 1~9 放入一个 3×3 的矩阵中，则可以采用如下方法：

```
>>> grid = np.arange(1, 10).reshape((3, 3))
>>> print(grid)
[[1 2 3]
 [4 5 6]
 [7 8 9]]
```

请注意，如果希望该方法可行，那么原始数组的大小必须和变形后数组的大小一致。如果满足这个条件，reshape 方法将会用到原始数组的一个非副本视图。但实际情况是，在非连续的数据缓存的情况下，返回非副本视图往往不可能实现。

还有一个常见的变形模式是将一个一维数组转变为二维的行或列的矩阵。这也可以通过 reshape 方法来实现，或者使用一个更简单的方法，即在一个切片操作中利用 newaxis 关键字：

```
>>> x = np.array([1, 2, 3])
# 通过变形获得的行向量
>>> x.reshape((1, 3))
array([[1, 2, 3]])
# 通过 newaxis 获得的行向量
>>> x[np.newaxis, :]
array([[1, 2, 3]])
# 通过变形获得的列向量
>>> x.reshape((3, 1))
array([[1],
       [2],
       [3]])
# 通过 newaxis 获得的列向量
>>> x[:, np.newaxis]
array([[1],
       [2],
       [3]])
```

在本书中，你将看到很多这种变形。

12.1.5 数组的拼接和分裂

以上所有的操作都是针对单一数组的，但有时也需要将多个数组合并为一个数组，或将一个数组分裂成多个数组。

1）数组的拼接

拼接或连接 NumPy 中的两个数组主要由 np.concatenate、np.vstack 和 np.hstack 函数

实现。np.concatenate 将数组元组或数组列表作为第一个参数，如下所示。

```
>>> x = np.array([1, 2, 3])
>>> y = np.array([3, 2, 1])
>>> np.concatenate([x, y])
array([1, 2, 3, 3, 2, 1])
```

也可以一次性拼接两个以上的数组：

```
>>> z = [99, 99, 99]
>>> print(np.concatenate([x, y, z]))
[ 1  2  3  3  2  1 99 99 99]
```

np.concatenate 也可以用于二维数组的拼接：

```
>>> grid = np.array([[1, 2, 3],
                     [4, 5, 6]])
# 沿着第一个轴拼接
>>> np.concatenate([grid, grid])
array([[1, 2, 3],
       [4, 5, 6],
       [1, 2, 3],
       [4, 5, 6]])
# 沿着第二个轴拼接（从 0 开始索引）
>>> np.concatenate([grid, grid], axis=1)
>>> array([[1, 2, 3, 1, 2, 3],
       [4, 5, 6, 4, 5, 6]])
```

沿着固定维度处理数组时，使用 np.vstack(垂直栈)和 np.hstack(水平栈)函数会更简洁：

```
>>> x = np.array([1, 2, 3])
>>> grid = np.array([[9, 8, 7],
                     [6, 5, 4]])
# 垂直栈数组
>>> np.vstack([x, grid])
array([[1, 2, 3],
       [9, 8, 7],
       [6, 5, 4]])
# 水平栈数组
>>> y = np.array([[99],
                  [99]])
>>> np.hstack([grid, y])
array([[ 9, 8, 7, 99],
       [ 6, 5, 4, 99]])
```

2) 数组的分裂

与拼接相反的过程是分裂。分裂可以通过 np.split、np.hsplit 和 np.vsplit 函数来实现。可以向以上函数传递一个索引列表作为参数，索引列表记录的是分裂点的位置：

```
>>> x = [1, 2, 3, 99, 99, 3, 2, 1]
>>> x1, x2, x3 = np.split(x, [3, 5])
>>> print(x1, x2, x3)
[1 2 3] [99 99] [3 2 1]
```

值得注意的是，N 个分裂点会得到 $N+1$ 个子数组。相关的 np.hsplit 和 np.vsplit 的用法也类似：

```
>>> grid = np.arange(16).reshape((4, 4))
>>> grid
array([[ 0,  1,  2,  3],
       [ 4,  5,  6,  7],
       [ 8,  9, 10, 11],
       [12, 13, 14, 15]])
>>> upper, lower = np.vsplit(grid, [2])
>>> print(upper)
>>> print(lower)
[[0 1 2 3]
 [4 5 6 7]]
[[ 8  9 10 11]
 [12 13 14 15]]
>>> left, right = np.hsplit(grid, [2])
>>> print(left)
>>> print(right)
[[ 0  1]
 [ 4  5]
 [ 8  9]
 [12 13]]
[[ 2  3]
 [ 6  7]
 [10 11]
 [14 15]]
```

12.2 NumPy 数组的通用函数

前文讨论了 NumPy 数组的一些基础知识。接下来我们将深入了解 NumPy 在 Python 数据科学世界中如此重要的原因。NumPy 提供了一个简单、灵活的接口来优化数据数组的计算。

NumPy 数组的计算有时非常快,有时却非常慢。使 NumPy 数组的计算变快的关键是利用向量化操作,这通常在 NumPy 的通用函数(ufunc)中实现。本节将介绍 NumPy 通用函数的重要性——它可以提高数组元素重复计算的效率,也将介绍很多 NumPy 包中常用且有用的数学通用函数。

12.2.1 缓慢的循环

Python 的默认实现(被称作 CPython)在进行某些操作时非常慢,一部分原因是该语言的动态性和解释性——数据类型灵活的特性决定了序列操作不能像 C 语言和 Fortran 语言一样被编译成有效的机器码。目前,有一些项目试图解决 Python 这一弱点,比较知名的项目包括:PyPy 项目(http://pypy.org),一个实时的 Python 编译器实现;Cython 项目(http://cython.org),将 Python 代码转换成可编译的 C 代码;Numba 项目(http://numba.pydata.org),将 Python 代码的片段转换成 LLVM 字节码。以上这些项目都各有其优势和劣势,但是比较保守地说,这些项目中的方法还没有一种能达到或超过标准 CPython 引擎的受欢迎程度。

Python 操作相对缓慢通常出现在很多小操作需要不断重复的时候,比如对数组的每个元素做循环操作时。假设有一个数组,我们想计算每个元素的倒数,一种直接的解决方法如下:

```
import numpy as np
np.random.seed(0)
def compute_reciprocals(values):
    output = np.empty(len(values))
    for i in range(len(values)):
        output[i] = 1.0 / values[i]
    return output
values = np.random.randint(1, 10, size = 5)
compute_reciprocals(values)
array([ 0.16666667, 1. , 0.25 , 0.25 , 0.125 ])
```

这种实现方式可能对有 C 语言或 Java 语言背景的人来说非常自然,但是如果测试一个具有大量的输入数据的运行代码,那么这一操作将非常耗时,并且会超出意料的慢!我们将用 IPython 的 %timeit 魔法函数来测量:

```
>>> big_array = np.random.randint(1, 100, size = 1000000)
        % timeit compute_reciprocals(big_array)
1 loop, best of 3: 2.91 s per loop
```

完成百万次上述操作并存储结果花了几秒钟的时间!在手机都以 GigaFLOPS(即每秒十亿次的浮点运算)为单位计算处理速度时,上述处理结果所花费的时间确实是不合时宜的慢。事实上,这里的处理瓶颈并不是运算本身,而是 CPython 在每次循环时必须做数据类型的检查和函数的调度。每次进行倒数运算时,Python 首先检查对象的类型,然后动态查找可以使用该数据类型的正确函数。如果我们在编译代码时进行这样的操作,那么就能在代码执行之前知晓类型的声明,结果的计算也会更加有效率。

12.2.2 通用函数介绍

NumPy 为很多类型的操作提供了非常方便的、静态类型的、可编译程序的接口,它也被称作向量操作。可以通过简单地对数组执行操作来实现向量操作,这里对数组的操作将会被用于数组中的每一个元素。这种向量方法用于将循环推送至 NumPy 下的编译层,这样会取得更快的执行效率。

比较以下两个结果:

```
>>> print(compute_reciprocals(values))
    print(1.0 / values)
[ 0.16666667 1. 0.25 0.25 0.125 ]
[ 0.16666667 1. 0.25 0.25 0.125 ]
```

在计算一个较大数组的运行时间时,可以看到它的完成时间比 Python 循环花费的时间更短:

```
>>> %timeit (1.0 / big_array)
100 loops, best of 3: 4.6 ms per loop
```

NumPy 中的向量操作是通过通用函数实现的。通用函数的主要目的是对 NumPy 数组中的值执行更快的重复操作,它非常灵活。可以对标量和数组进行运算,也可以对两个数组进行运算:

```
>>> np.arange(5) / np.arange(1, 6)
array([ 0. , 0.5 , 0.66666667, 0.75 , 0.8 ])
```

通用函数并不仅限于用于一维数组的运算,也可以用于多维数组的运算:

```
>>> x = np.arange(9).reshape((3, 3))
    2 ** x
array([[ 1, 2, 4],
       [ 8, 16, 32],
       [ 64, 128, 256]])
```

通过通用函数用向量的方式进行计算几乎总比用 Python 循环实现的计算更加有效,尤其是当数组很大时。只要你看到 Python 脚本中有这样的循环,就应该考虑能否用向量方式替换这个循环。

12.2.3 通用函数的存在形式

通用函数有两种存在形式:一种形式是一元通用函数,对单个输入进行操作;另一种形式是二元通用函数,对两个输入进行操作。我们将在以下的介绍中看到这两种形式的例子。

1)数组的运算

NumPy 通用函数的使用方式非常自然,因为它用到了 Python 原生的算术运算符,可以使用标准的加、减、乘、除:

```
>>> x = np.arange(4)
    print("x     = ", x)
    print("x + 5 = ", x + 5)
    print("x - 5 = ", x - 5)
    print("x * 2 = ", x * 2)
    print("x / 2 = ", x / 2)
    print("x // 2 = ", x // 2) #地板除法运算
x = [0 1 2 3]
x + 5 = [5 6 7 8]
x - 5 = [-5 -4 -3 -2]
x * 2 = [0 2 4 6]
x / 2 = [0. 0.5 1. 1.5]
x // 2 = [0 0 1 1]
```

还有使用逻辑非运算符、"**"表示的指数运算符和使用"%"表示的模运算符的一元通用函数：

```
>>>print("-x = ", -x)
   print("x ** 2 = ", x ** 2)
   print("x % 2 = ", x % 2)
-x = [0 -1 -2 -3]
x ** 2 = [0 1 4 9]
x % 2 = [0 1 0 1]
```

可以任意将这些算术运算符组合使用。当然，你得考虑这些运算符的优先级：

```
>>> -(0.5*x + 1) ** 2
array([-1. ,-2.25,-4. ,-6.25])
```

所有这些算术运算符都是 NumPy 内置函数的简单封装器，例如，"+"运算符就是一个 add 函数的封装器：

```
>>> np.add(x, 2)
array([2, 3, 4, 5])
```

第 2 章中表 2.2 列出了所有 NumPy 实现的算术运算符。
NumPy 实现的算术运算符对应的通用函数描述如下：

```
+ np.add 加法运算（即 1 + 1 = 2）
- np.subtract 减法运算（即 3 - 2 = 1）
- np.negative 负数运算（即 -2）
* np.multiply 乘法运算（即 2 \ * 3 = 6）
/ np.divide 除法运算（即 3 / 2 = 1.5）
// np.floor
```

```
divide 地板除法运算(floor division,即 3 // 2 = 1)
** np.power 指数运算(即 2 ** 3 = 8)
% np.mod 模/余数(即 9 % 4 = 1)"
```

另外,NumPy 中还有布尔/位运算符。

2) 绝对值函数

NumPy 能理解 Python 内置的运算操作,也可以理解 Python 内置的绝对值函数:

```
>>>x = np.array([-2,-1, 0, 1, 2])
   abs(x)
array([2, 1, 0, 1, 2])
```

这个语句对应的 NumPy 通用函数是 np.absolute,该函数也可以用别名 np.abs 来访问:

```
>>> np.absolute(x)
array([2, 1, 0, 1, 2])
>>> np.abs(x)
array([2, 1, 0, 1, 2])
```

这个通用函数也可以处理复数。当处理复数时,绝对值函数返回的是该复数的幅度:

```
>>> x = np.array([3 - 4j, 4 - 3j, 2 + 0j, 0 + 1j])
>>> np.abs(x)
array([ 5., 5., 2., 1.])
```

12.2.4 通用函数的特性

很多 NumPy 用户在没有完全了解通用函数的特性时就开始使用它们,本小节将介绍一些通用函数的特性。

1) 指定输出

在进行大量运算时,有时候指定一个用于存放运算结果的数组是非常有用的。不同于创建临时数组,你可以用这个特性将计算结果直接写入你期望的存储位置。所有的通用函数都可以通过 out 参数来指定计算结果的存放位置:

```
>>> x = np.arange(5)
    y = np.empty(5)
    np.multiply(x, 10, out = y)
    print(y)
[ 0. 10. 20. 30. 40.]
```

这个特性也可以体现在数组视图中,例如,可以将计算结果写入指定数组的每隔一个元素的位置:

```
>>>y = np.zeros(10)
   np.power(2, x, out = y[::2])
   print(y)
[ 1. 0. 2. 0. 4. 0. 8. 0. 16. 0.]
```

如果这里写的是"y[::2] = 2 ** x",那么将创建一个临时数组,该数组存放的是"2 ** x"的结果,并且接下来会将这些值复制到 y 数组中。对于上述例子中比较小的计算量来说,这两种方式的差别并不大。但是对于较大的数组,慎重使用 out 参数将能够有效节约内存。

2) 聚合

二元通用函数(ufunc)提供了一些强大的聚合功能,能够直接对数组对象进行计算。例如,如果我们希望对数组中的元素执行某种特定运算并进行归约(reduce)操作,则可以利用任意通用函数的 reduce 方法。该方法会对数组元素连续应用指定的二元操作,逐步将多个值聚合为单个结果。

例如,对 add 通用函数调用 reduce 方法会返回数组中所有元素的和:

```
>>> x = np.arange(1, 6)
    np.add.reduce(x)
 15
```

同理,对 multiply 通用函数调用 reduce 方法会返回数组中所有元素的乘积:

```
>>>np.multiply.reduce(x)
 120
```

如果需要存储每次计算的中间结果,可以使用 accumulate:

```
>>> np.add.accumulate(x)
array([ 1, 3, 6, 10, 15])
>>> np.multiply.accumulate(x)
array([ 1, 2, 6, 24, 120])
```

3) 外积

任何通用函数都可以用 outer 方法获得两个不同输入数组中所有元素对的函数运算结果。这意味着你可以用一行代码实现一个乘法表:

```
>>> x = np.arange(1, 6)
    np.multiply.outer(x, x)
array([[ 1, 2, 3, 4, 5],
       [ 2, 4, 6, 8, 10],
       [ 3, 6, 9, 12, 15],
       [ 4, 8, 12, 16, 20],
       [ 5, 10, 15, 20, 25]])
```

12.3 内置聚合函数

当面对大量的数据时,第一个步骤通常都是计算相关数据的概括统计值。最常用的概括统计值可能是均值和标准差,这两个值能让你分别概括出数据集中的"经典"值,但是其他形式的聚合(如求和、求积、求中位数、求最小值和最大值,等等)也是非常有用的。NumPy 中有计算速度非常快的内置聚合函数,其可用于数组计算,下面将介绍这方面的内容。

12.3.1 数组值求和

先来看一个例子,设想计算一个数组中所有元素的和。Python 本身可用内置的 sum 函数来实现:

```
>>> import numpy as np
>>> L = np.random.random(100)
sum(L)
55.61209116604941
```

它的语法和 NumPy 的 sum 函数非常相似,并且两者在这个简单的例子中所得到的结果也是一样的:

```
>>> np.sum(L)
55.612091166049424
```

但是,因为 NumPy 的 sum 函数在编译码中执行操作,所以 NumPy 的计算得更快一些:

```
>>> big_array = np.random.rand(1000000)
            %timeit sum(big_array)
            %timeit np.sum(big_array)
10 loops, best of 3: 104 ms per loop
1000 loops, best of 3: 442 µs per loop
```

但是需要注意,sum 函数和 np.sum 函数并不等同。它们各自的可选参数都有不同的含义,且 np.sum 函数是知道数组维度的。

12.3.2 获取数组的最小值和最大值

Python 中有内置的 min 函数和 max 函数,它们分别被用于获取给定数组的最小值和最大值:

```
>>> min(big_array), max(big_array)
(1.1717128136634614e-06, 0.9999976784968716)
```

而 NumPy 中对应的函数也有类似的语法,并且执行得更快:

```
>>>np.min(big_array), np.max(big_array)
  1.1717128136634614e-06, 0.9999976784968716)
  %imeit min(big_array) %timeit np.min(big_array)
10 loops, best of 3: 82.3 ms per loop
1000 loops, best of 3: 497 μs per loop
```

对于 min、max、sum 和其他 NumPy 聚合,一种更简洁的语法形式是数组对象直接调用这些方法:

```
>>> print(big_array.min(), big_array.max(), big_array.sum())
1.17171281366e-06 0.999997678497 499911.628197
```

当你操作 NumPy 数组时,需确保你执行的是 NumPy 版本的聚合。

在多维数组操作中,沿特定轴(axis)进行聚合是一种常见且强大的功能。例如,对于一个二维数组(矩阵),我们可以选择:

① 沿行聚合(axis=0):对每一列中的所有行值进行计算。
② 沿列聚合(axis=1):对每一行中的所有列值进行计算。

这种轴向聚合操作可以应用于各种统计计算(求和、平均值、最大值等)。例如,给定一个二维数组:

```
>>>M = np.random.random((3, 4))
  print(M)
[[ 0.8967576  0.03783739 0.75952519 0.06682827]
 [ 0.8354065  0.99196818 0.19544769 0.43447084]
 [ 0.66859307 0.15038721 0.37911423 0.6687194 ]]
```

在默认情况下,每一个 NumPy 聚合函数将会返回对整个数组的聚合结果:

```
>>> M.sum()
6.0850555667307118
```

聚合函数中有一个参数用于指定沿着哪个轴的方向进行聚合。例如,可以通过指定 axis=0 找到每一列的最小值:

```
>>> M.min(axis = 0)
array([ 0.66859307, 0.03783739, 0.19544769, 0.06682827])
```

这个函数返回 4 个值,对应 4 列数字的计算值。同样,也可以找到每一行的最大值:

```
>>> M.max(axis = 1)
array([ 0.8967576 , 0.99196818, 0.6687194 ])
```

使用其他语言的用户会对轴的指定方式比较困惑。axis 关键字指定的是数组将会被折叠的维度,而不是数组要返回的维度。因此指定 axis=0 意味着第一个轴将要被折叠,对于二维数组,这意味着每一列的值都将被聚合。

12.4 广播

我们在前一节中介绍了 NumPy 如何通过通用函数的向量化操作来减少缓慢的 Python 循环,另一种向量化操作的方法是利用 NumPy 的广播功能。广播可以简单理解为用于不同大小数组的二进制通用函数的一组规则。

12.4.1 广播的介绍

前面曾提到,对于同样大小的数组,二进制操作是对相应元素逐个计算:

```
>>> import numpy as np
>>> a = np.array([0, 1, 2])
    b = np.array([5, 5, 5])
    a + b
array([5, 6, 7])
```

广播允许这些二进制操作用于不同大小的数组。例如,可以简单地将一个标量(可以认为是一个零维的数组)和一个数组相加:

```
>>> a + 5
array([5, 6, 7])
```

可以认为这个操作是将数值 5 扩展或重复至数组 [5, 5, 5],然后执行加法运算。NumPy 广播功能的好处是这种对值的重复实际上并没有发生。

同理,可以将这个原理扩展到更高维度的数组。观察以下将一个一维数组和一个二维数组相加的结果:

```
>>> M = np.ones((3, 3))
    M
array([[ 1., 1., 1.],
       [ 1., 1., 1.],
       [ 1., 1., 1.]])
>>> M + a
array([[ 1., 2., 3.],
       [ 1., 2., 3.],
       [ 1., 2., 3.]])
```

这里这个一维数组就被扩展或者广播了。它沿着第二个维度扩展,扩展到匹配 M 数组的形状。

以上例子理解起来都相对容易,更复杂的情况会涉及对两个数组的同时广播,例如:

```
>>> a = np.arange(3)
    b = np.arange(3)[:, np.newaxis]
    print(a)
    print(b)
[0 1 2]
[ [0]
  [1]
  [2] ]
>>> a + b
array([[0, 1, 2],
       [1, 2, 3],
       [2, 3, 4]])
```

和此前将一个值扩展或广播以匹配另外一个数组的形状一样,这里将 a 和 b 进行了扩展,以匹配一个公共的形状,得到的最终结果是一个二维数组。

12.4.2 广播的规则

NumPy 的广播遵循一组严格的规则,设定这组规则是为了决定两个数组间的操作。

规则 1:如果两个数组的维度不相同,那么小维度数组的形状将会在最左边补 1。

规则 2:如果两个数组的形状在任何一个维度上都不匹配,那么一个数组的形状会沿着维度为 1 的维度扩展,以匹配另外一个数组的形状。

规则 3:两个数组的形状在任何一个维度上都不匹配并且没有任何一个维度等于 1,会引发异常。

12.4.3 广播的实际应用

广播操作是本书中很多例子的核心,我们将通过几个简单的示例来展示广播的实际应用。

使用通用函数可以让 NumPy 用户免于写很慢的 Python 循环。广播进一步扩展了这个功能,一个常见的例子就是数组数据的归一化。假设你有一个有 10 个观察值的数组,每个观察值包含 3 个数值。按照惯例,我们将用一个 10×3 的数组存放该数据:

```
>>> X = np.random.random((10, 3))
```

我们可以计算每个特征的均值,计算方法是利用 mean 函数沿着第一个维度聚合:

```
>>> Xmean = X.mean(0)
   Xmean
array([ 0.53514715, 0.66567217, 0.44385899])
```

现在通过从 X 数组的元素中减去这个均值实现归一化(该操作是一个广播操作):

```
>>> X_centered = X - Xmean
```

为了进一步核对我们的处理是否正确,可以查看归一化的数组的均值是否接近 0:

```
>>> X_centered.mean(0)
array([ 2.22044605e-17, -7.77156117e-17, -1.66533454e-17])
```

在机器精度范围内,该均值为 0。

NumPy 的广播机制非常适合用于基于二维函数可视化图像,因为它能高效地计算函数 $z=f(x,y)z=f(x,y)$ 在网格上的值。例如:

```
In[21]:  # x 和 y 表示 0~5 区间 50 个步长的序列
x = np.linspace(0, 5, 50)
y = np.linspace(0, 5, 50)[:, np.newaxis]
z = np.sin(x) ** 10 + np.cos(10 + y * x) * np.cos(x)
```

12.5 比较、掩码和布尔逻辑

本节将会介绍如何用布尔掩码来查看和操作 NumPy 数组中的值。当你想基于某些准则来抽取、修改、计数或对一个数组中的值进行其他操作时,掩码就可以派上用场了。例如,你可能希望统计数组中有多少值大于某一个给定值,或者删除所有超出某些门限值的异常点,在 NumPy 中布尔掩码通常是完成这类任务的最高效的方式。

12.5.1 和通用函数类似的比较操作

前文介绍了通用函数,并且特别关注了算术运算符。我们看到用+、-、*、/和其他运算符实现了数组的逐元素操作。NumPy 还实现了<(小于)和>(大于)的逐元素比较的通用函数。这些比较运算的结果是一个布尔数据类型的数组。一共有 6 种标准的比较操作:

```
>>> x = np.array([1, 2, 3, 4, 5])
>>> x < 3   # 小于
array([ True, True, False, False, False], dtype=bool)
>>> x > 3   # 大于
array([False, False, False, True, True], dtype=bool)
>>> x <= 3  # 小于或等于
array([ True, True, True, False, False], dtype=bool)
>>> x >= 3  # 大于或等于
array([False, False, True, True, True], dtype=bool)
>>> x != 3  # 不等于
array([ True, True, False, True, True], dtype=bool)
>>> x == 3  # 等于
array([False, False, True, False, False], dtype=bool)
```

另外,利用复合表达式实现对两个数组的逐元素比较也是可行的:

```
>>> (2 * x) == (x ** 2)
array([False, True, False, False, False], dtype = bool)
```

和算术运算符一样,比较运算操作在 NumPy 中也是借助通用函数来实现的。例如,当你写"x < 3"时,NumPy 内部会使用"np.less(x,3)"。这些比较运算符及其对应的通用函数如表 12.1 所示。

表 12.1 比较运算符及其对应的通用函数

运算符	对应的通用函数
==	np.equal
!=	np.not_equal
<	np.less
<=	np.less_equal
>	np.greater
>=	np.greater_equal

和算术运算通用函数一样,这些比较运算通用函数也可以用于任意形状、大小的数组。下面是一个二维数组的示例:

```
>>> rng = np.random.RandomState(0)
    x = rng.randint(10, size = (3, 4))
    x
array([[5, 0, 3, 3],
       [7, 9, 3, 5],
       [2, 4, 7, 6]])
>>> x < 6
array([[ True, True, True, True],
       [False, False, True, True],
       [ True, True, False, False]], dtype = bool)
```

这样每次计算得到的结果都是布尔数组了。NumPy 提供了一些简明的模式来操作这些布尔数组。

12.5.2 使用布尔掩码进行数据筛选

布尔掩码可以直接用于索引数组,从而提取符合条件的元素:

```
filtered_data = arr[mask]  # 返回 [4,5]
```

常见的布尔掩码的应用场景如下。
(1) 统计满足条件的元素个数

```
count = np.sum(arr > 3)  # 计算 >3 的元素个数(True = 1, False = 0)
```

（2）过滤异常值

```
data = np.array([10, 20, 30, 1000, 40, 50])
cleaned_data = data[data < 100]  # 移除 >100 的异常值
```

（3）条件赋值

```
arr[arr < 3] = 0  # 将所有 <3 的值设为 0
```

（4）多条件组合（使用 &、|、~）

```
mask = (arr > 2) & (arr < 5)  # 2 < x < 5
result = arr[mask]  # 返回 [3, 4]
```

布尔掩码是 NumPy 中高效数据筛选和操作的核心工具，适用于数据清洗（去噪、异常值处理）、条件计算（统计、聚合）和动态索引（按条件提取子集）。这种方法比传统的循环更简洁、更快速，是科学计算和数据分析中的必备技能。

12.5.3 操作布尔数组

给定一个布尔数组，你可以实现很多有用的操作。首先打印出此前生成的二维数组 x：

```
print(x)
[[5 0 3 3]
 [7 9 3 5]
 [2 4 7 6]]
```

1）统计记录的个数

如果需要统计布尔数组中 True 记录的个数，可以使用 np.count_nonzero 函数：

```
# 有多少值小于 6?
>>> np.count_nonzero(x < 6)
8
```

我们看到有 8 个数组记录是小于 6 的。另外一种实现方式是利用 np.sum。在这个例子中，False 会被解释成 0，True 会被解释成 1：

```
>>> np.sum(x < 6)
8
```

sum 函数的好处是，和其他 NumPy 聚合函数一样，这个求和可以沿着行或列进行：

```
# 每行有多少值小于 6?
>>> np.sum(x < 6, axis = 1)
array([4, 2, 2])
```

这是矩阵中每一行的值小于 6 的个数。如要快速检查任意值或者所有的值是不是 True，可以用 np.any 或 np.all：

```
# 有没有值大于8?
>>> np.any(x > 8)
True
# 有没有值小于0?
>>> np.any(x < 0)
False
# 是否所有值都小于10?
>>> np.all(x < 10)
True
# 是否所有值都等于6?
>>> np.all(x == 6)
False
```

np.all 和 np.any 也可以用于沿着特定的坐标轴,例如:

```
# 是否每行的所有值都小于8?
>>> np.all(x < 8, axis = 1)
array([ True, False, True], dtype = bool)
```

这里第1行和第3行的所有元素都小于8,而第2行不是所有元素都小于8。

最后需要提醒的是,Python 有内置的 sum、any 和 all 函数,这些函数在 NumPy 中有不同的语法版本。在多维数组上混用这两个版本会导致失败或产生不可预知的错误结果。因此,确保在以上的示例中用的都是 np.sum、np.any 和 np.all 函数。

2)布尔运算符

如果我们想统计降水量小于4英寸(1英寸=2.54厘米)且大于2英寸的天数,该如何操作呢? 这可以通过 Python 的逐位逻辑运算符 &、|、^ 和 ~ 来实现。同标准的算术运算符一样,NumPy 用通用函数重载了这些逻辑运算符,这样可以实现数组的逐位运算(通常是布尔运算)。例如,可以写如下的复合表达式:

```
np.sum((inches > 0.5) & (inches < 1))
29
```

可以看到,降水量在0.5英寸至1英寸之间的天数是29天。

请注意,这些括号是非常重要的,因为有运算优先级规则。如果去掉这些括号,该表达式会变成以下形式,这会导致运行错误:

```
inches > (0.5 & inches) < 1
```

利用"A AND B"和"NOT (A OR B)"的等价原理,可以用另外一种形式得到同样的结果:

```
np.sum(~( (inches <= 0.5) | (inches >= 1) ))
29
```

将比较运算符和布尔运算符合并起来用在数组上,可以实现更多有效的逻辑运算操作。

表 12.2 总结了逐位的布尔运算符及其对应的通用函数。

表 12.2 逐位的布尔运算符及其对应的通用函数

逐位的运算符	对应的通用函数
&	np.bitwise_and
|	np.bitwise_or
^	np.bitwise_xor
~	np.bitwise_not

利用这些工具就可以回答那些关于天气数据的问题了。以下示例是结合使用掩码和聚合实现的结果计算：

```
>>>print("Number days without rain: ", np.sum(inches == 0))
   print("Number days with rain: ", np.sum(inches != 0))
   print("Days with more than 0.5 inches:", np.sum(inches > 0.5))
   print("Rainy days with < 0.1 inches :", np.sum((inches > 0) & (inches < 0.2)))
Number days without rain: 215
Number days with rain: 150
Days with more than 0.5 inches: 37
Rainy days with < 0.1 inches : 75
```

12.6 花哨索引

本节将介绍花哨索引(fancy indexing)。花哨索引和前文那些简单的索引非常类似，但是它传递的是索引数组，而不是单个标量。花哨索引让我们能够快速获得并修改复杂的数组值的子数据集。

12.6.1 探索花哨索引

花哨索引在概念上非常简单，它意味着传递一个索引数组来一次性获得多个数组元素。例如：

```
>>> import numpy as np
rand = np.random.RandomState(42)
x = rand.randint(100, size = 10)
print(x)
[51 92 14 71 60 20 82 86 74 74]
```

假设我们希望获得 3 个不同的元素，可以用以下方式实现：

```
>>> x[3], x[7], x[2]]
[71, 86, 14]
```

也可以通过传递索引的单个列表或数组来获得同样的结果：

```
>>> ind = [3, 7, 2]
x[ind]
array([71, 86, 14])
```

利用花哨索引，结果的形状与索引数组的形状一致，而不是与被索引数组的形状一致：

```
>>> ind = np.array([[3, 7],
                    [4, 5]])
>>> x[ind]
array([[71, 86],
       [60, 20]])
```

花哨索引也对多个维度适用。假设我们有以下数组：

```
>>> X = np.arange(12).reshape((3, 4))
>>> X
array([[ 0, 1, 2, 3],
       [ 4, 5, 6, 7],
       [ 8, 9, 10, 11]])
```

和标准的索引方式一样，在花哨索引中第一个索引指的是行，第二个索引指的是列：

```
>>> row = np.array([0, 1, 2])
    col = np.array([2, 1, 3])
>>> X[row, col]
array([ 2, 5, 11])
```

这里需要注意，结果的第一个值是 X[0, 2]，第二个值是 X[1, 1]，第三个值是 X[2, 3]。在花哨索引中，索引值的配对遵循广播的规则。因此当我们将一个列向量和一个行向量组合在一个索引中时，会得到一个二维的结果：

```
>>> X[row[:, np.newaxis], col]
array([[ 2, 1, 3],
       [ 6, 5, 7],
       [10, 9, 11]])
```

这里，每一行的值都与每一列的值配对，正如我们看到的广播的算术运算：

```
>>> row[:, np.newaxis] * col
array([[0, 0, 0],
       [2, 1, 3],
       [4, 2, 6]])
```

这里特别需要记住的是，花哨索引返回的值反映的是广播后的索引数组的形状，而不是被索引的数组的形状。

12.6.2 组合索引

花哨索引可以和其他索引方案结合起来形成更强大的索引操作：

```
>>> print(X)
[[ 0 1 2 3]
 [ 4 5 6 7]
 [ 8 9 10 11]]
```

可以将花哨索引和简单的索引组合使用：

```
>>> X[2, [2, 0, 1]]
array([10, 8, 9])
```

也可以将花哨索引和切片组合使用：

```
>>> X[1:, [2, 0, 1]]
array([[ 6, 4, 5],
       [10, 8, 9]])
```

还可以将花哨索引和掩码组合使用：

```
>>> mask = np.array([1, 0, 1, 0], dtype=bool)
>>> X[row[:, np.newaxis], mask]
array([[ 0, 2],
       [ 4, 6],
       [ 8, 10]])
```

索引选项的组合可以实现非常灵活的获取和修改数组元素的操作。

12.6.3 用花哨索引来修改值

花哨索引可以用于获取部分数组，也可以用于修改部分数组。例如，假设我们有一个索引数组，并且希望设置数组中对应的值：

```
>>> x = np.arange(10)
    i = np.array([2, 1, 8, 4])
    x[i] = 99
    print(x)
[ 0 99 99 3 99 5 6 7 99 9]
```

这可以用任何的赋值操作来实现，例如：

```
>>>x[i] -= 10
   print(x)
[ 0 89 89 3 89 5 6 7 89 9]
```

不过需要注意，操作中重复的索引会导致产生一些出乎意料的结果，例如：

```
>>>x = np.zeros(10)
   x[[0, 0]] = [4, 6]
   print(x)
[6. 0. 0. 0. 0. 0. 0. 0. 0. 0.]
```

4去哪里了呢？因为这个操作首先赋值x[0]=4,然后赋值x[0]=6,因此x[0]的值当然为6。

以上示例还算合理,但是设想进行以下操作：

```
>>> i = [2, 3, 3, 4, 4, 4]
    x[i] += 1
    x
array([ 6., 0., 1., 1., 1., 0., 0., 0., 0., 0.])
```

你可能期望x[3]的值为2,x[4]的值为3,因为这是这些索引值重复的次数。但是为什么结果不同于我们期望的呢？从概念的角度来看,这是因为x[i] += 1是x[i] = x[i] + 1的简写。x[i] + 1计算后,这个结果被赋值给了x相应的索引值。记住这个原理后,我们却发现数组并没有发生多次累加,而是发生了赋值,显然这不是我们希望的结果。如果你希望累加,该怎么做呢？可以借助通用函数中的at方法（在NumPy 1.8以后的版本中可以使用）来实现,进行如下操作：

```
>>>x = np.zeros(10)
   np.add.at(x, i, 1)
   print(x)
[0. 0. 1. 2. 3. 0. 0. 0. 0. 0.]
```

at函数在这里对给定的操作、给定的索引（这里是i）以及给定的值（这里是1）执行的是就地操作。另一个可以实现该功能的类似方法是通用函数中的reduceat函数,你可以在NumPy文档中找到关于该函数的更多信息。

12.7 数组的排序

到目前为止,我们主要关注了用NumPy获取和操作数组的工具。本节将介绍用于排序NumPy数组的相关算法,这些算法是计算机科学导论课程非常偏爱的话题。

以下是一个关于排序的例子：一个简单的选择排序重复寻找列表中的最小值,并且不断交换,直到列表是有序的。可以在Python中仅用几行代码来实现：

```
>>>import numpy as np
   def selection_sort(x):
       for i in range(len(x)):
           swap = i + np.argmin(x[i:])
           (x[i], x[swap]) = (x[swap], x[i])
    return x
>>> x = np.array([2, 1, 4, 3, 5])
   selection_sort(x)
array([1, 2, 3, 4, 5])
```

选择排序因其简洁而非常有用,但是对于大数组来说它的排序速度太慢了。对于一个包含 N 个值的数组来说,它需要做 N 个循环,每个循环中执行 N 次比较,以找到交换值。"大 O 标记"常用来标示算法的复杂度,选择排序的平均算法时间复杂度为 $O(N^2)$:如果你将列表中元素的个数翻倍,那么运行时间就会延长 4 倍。

幸运的是,Python 的很多内置排序算法都比上面例子中的算法高效得多。

12.7.1 NumPy 中的快速排序:np.sort 和 np.argsort

尽管 Python 有内置的 sort 和 sorted 函数可以对列表进行排序,但是 NumPy 中的 np.sort 函数的效率更高。在默认情况下,np.sort 的排序是快速排序,其算法复杂度为 $O(N\log N)$,另外也可以选择归并排序和堆排序。对于大多数应用场景,默认的快速排序已经足够高效了。

如果想在不修改原始输入数组的基础上返回一个排好序的数组,可以使用 np.sort:

```
>>>x = np.array([2, 1, 4, 3, 5])
   np.sort(x)
array([1, 2, 3, 4, 5])
```

如果希望用排好序的数组替代原始数组,可以使用数组的 sort 方法:

```
>>>x.sort()
   print(x)
[1 2 3 4 5]
```

另外一个和排序相关的函数是 np.argsort,该函数返回的是原始数组排好序的索引值:

```
>>> x = np.array([2, 1, 4, 3, 5])
   i = np.argsort(x)
   print(i)
[1 0 3 2 4]
```

以上结果的第一个元素是数组中最小元素的索引值,第二个值给出的是次小元素的索引值,以此类推。这些索引值可以被用于(通过花哨索引)创建有序的数组:

```
>>> x[i]
array([1, 2, 3, 4, 5])
```

NumPy 排序算法的一个有用的功能是通过 axis 参数，沿着多维数组的行或列进行排序，例如：

```
>>> rand = np.random.RandomState(42)
    X = rand.randint(0, 10, (4, 6))
    print(X)
[[6 3 7 4 6 9]
 [2 6 7 4 3 7]
 [7 2 5 4 1 7]
 [5 1 4 0 9 5]]
# 对 X 的每一列排序
>>> np.sort(X, axis = 0)
array([[2, 1, 4, 0, 1, 5],
       [5, 2, 5, 4, 3, 7],
       [6, 3, 7, 4, 6, 7],
       [7, 6, 7, 4, 9, 9]])
# 对 X 的每一行排序
>>> np.sort(X, axis = 1)
array([[3, 4, 6, 6, 7, 9],
       [2, 3, 4, 6, 7, 7],
       [1, 2, 4, 5, 7, 7],
       [0, 1, 4, 5, 5, 9]])
```

需要记住的是，这种处理方式是将行或列当作独立的数组，所有行或列的值之间的关系都会丢失！

12.7.2 部分排序：分隔

有时候我们不希望对整个数组进行排序，仅仅希望找到数组中第 K 小的值，NumPy 的 np.partition 函数提供了该功能。np.partition 函数的输入是数组和数字 K，输出结果是一个新数组：

```
>>> x = np.array([7, 2, 3, 1, 6, 5, 4])
>>> np.partition(x, 3)
array([2, 1, 3, 4, 6, 5, 7])
```

请注意，在输出结果中新数组中的前三个值是数组中最小的 3 个值，其他位置是原始数组剩下的值。在这两个分隔区间中，元素都是任意排列的。

与排序类似，也可以沿着多维数组的任意轴进行分隔：

```
>>> np.partition(X, 2, axis = 1)
array([[3, 4, 6, 7, 6, 9],
       [2, 3, 4, 7, 6, 7],
       [1, 2, 4, 5, 7, 7],
       [0, 1, 4, 5, 9, 5]])
```

输出结果是一个数组，该数组每一行的前两个元素是该行最小的两个值，每行的其他值分布在剩下的位置。最后，和 np.argsort 函数计算的是排序的索引值一样，np.argpartition 函数计算的也是分隔的索引值。

12.8 结构化数据：NumPy 的结构化数组

12.8.1 更高级的复合数据类型

NumPy 中可以定义更高级的复合数据类型。在 NumPy 中，可以创建一种数据类型，其中每个元素都包含一个数组或矩阵。例如，可以在 NumPy 中创建如下数据类型，该数据类型用 mat 组件包含一个 3×3 的浮点矩阵：

```
>>> tp = np.dtype([('id','i8'), ('mat','f8', (3, 3))])
    X = np.zeros(1, dtype = tp)
    print(X[0])
    print(X['mat'][0])
(0, [[0.0, 0.0, 0.0], [0.0, 0.0, 0.0], [0.0, 0.0, 0.0]])
[[ 0. 0. 0.]
 [ 0. 0. 0.]
 [ 0. 0. 0.]]
```

现在 X 数组的每个元素都包含一个 id 和一个 3×3 的矩阵。为什么我们宁愿用这种方法存储数据，也不用简单的多维数组或者 Python 字典呢？原因是 NumPy 的 dtype 直接映射到 C 结构体的定义，因此包含数组内容的缓存可以直接在 C 程序中使用。你如果想通过写一个 Python 接口与一个遗留的 C 语言或 Fortran 库交互，从而操作结构化数据，那么将会发现结构化数组非常有用。

12.8.2 记录数组：结构化数组的扭转

NumPy 提供了 np.recarray 类。np.recarray 类和前面介绍的结构化数组几乎相同，但是它有一个独有的特征：可以像获取属性一样获取域，而不是像获取字典的键那样。前文通过以下代码获取年龄数据：

```
>>> data['age']
array([25, 45, 37, 19], dtype = int32)
```

如果将这些数据当作一个记录数组,那么可以用很少的按键来获取这个结果:

```
>>> data_rec = data.view(np.recarray)
                data_rec.age
array([25, 45, 37, 19], dtype = int32)
```

记录数组的缺点在于,即使使用同样的语法,在获取域时也会有一些额外的开销,例如:

```
>>> % timeit data['age']
    % timeit data_rec['age']
    % timeit data_rec.age
1000000 loops, best of 3: 241 ns per loop
100000 loops, best of 3: 4.61 μs per loop
100000 loops, best of 3: 7.27 μs per loop
```

是否值得为更简便的标记方式花费额外的开销,取决于你的实际应用。

本章小结

NumPy 提供了许多高级的数值编程工具,如矩阵数据类型、矢量处理,以及精密的运算库,专为进行严格的数字处理而产生。本章详细介绍了 Numpy 的相关知识,包括数组基础操作、通用函数、广播、花哨索引等内容。

练习题

1. 创建一个空向量,其大小为 10,第五个值为 1。
2. 创建一个 3×3 的单位矩阵。
3. 创建一个 8×8 的矩阵并用棋盘图案填充它。
4. 创建一个 5×5 的矩阵,行值从 0 到 4。
5. 创建一个长度为 10 的随机数组并排序。
6. 给定一个 4 维矩阵,如何得到最后两维的和?
7. 创建一个 10×10 的 ndarray 对象,且矩阵边界全为 1,里面全为 0。
8. 给定一个二维矩阵,如何交换其中两行的元素?

第 13 章 Pandas库

13.1 安装并使用 Pandas

安装 Pandas 需要的基础环境是 Python，在安装 Pandas 前假定你已经安装了 Python 和 pip。可使用 pip 安装 Pandas：

```
pip install pandas
```

Pandas 安装成功后，就可以导入 Pandas 包了，导入 Pandas 包时一般使用别名 pd 来代替：

```
import pandas as pd
```

下面为一个简单示例：

```
>>> import pandas as pd
>>> pd.__version__    # 查看版本
'1.1.5'
```

一个简单的 Pandas 实例如下所示。

```
import pandas as pd

mydataset = {
    'sites': ["Google", "Runoob", "Wiki"],
    'number': [1, 2, 3]
}
myvar = pd.DataFrame(mydataset)
print(myvar)
```

执行以上代码后的输出结果如下：

```
       sites   number
0     Google        1
1     Runoob        2
2       Wiki        3
```

13.2 Pandas 对象简介

13.2.1 Pandas 的 Series 对象

Pandas Series 类似表格中的一列,类似于一维数组,可以保存任何数据类型。Series 由索引和列组成,函数如下:

```
pandas.Series( data, index, dtype, name, copy)
```

参数说明如下:
- data:一组数据(ndarray 类型)。
- index:数据索引标签,如果不指定,默认从 0 开始。
- dtype:数据类型,默认会自己判断。
- name:设置名称。
- copy:拷贝数据,默认为 False。

接下来,创建一个简单的 Series 实例:

```
import pandas as pd
a = [1, 2, 3]
myvar = pd.Series(a)
print(myvar)
```

输出结果如下:

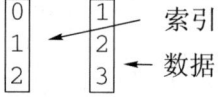

```
dtype: int64  ← 数据类型
```

从以上示例可知,如果没有指定索引,索引值就从 0 开始,可以根据索引值读取数据,例如:

```
import pandas as pd
a = [1, 2, 3]
myvar = pd.Series(a)
print(myvar[1])
```

输出结果如下:

```
2
```

可以指定索引值,例如:

```python
import pandas as pd
a = ["Google", "Runoob", "Wiki"]
myvar = pd.Series(a, index = ["x", "y", "z"])
print(myvar)
```

输出结果如下：

```
x    Google      
y    Runoob   ← 数据
z    wiki
  ↑
  索引
dtype: object  ← 数据类型
```

可根据索引值读取数据，例如：

```python
import pandas as pd
a = ["Google", "Runoob", "Wiki"]
myvar = pd.Series(a, index = ["x", "y", "z"])
print(myvar["y"])
```

输出结果如下：

```
Runoob
```

也可以使用 key/value 对象（类似字典）来创建 Series，例如：

```python
import pandas as pd
sites = {1: "Google", 2: "Runoob", 3: "Wiki"}
myvar = pd.Series(sites)
print(myvar)
```

输出结果如下：

```
1    Google
2    Runoob
3      Wiki
dtype: object
```

从上文可知，字典的 key 变成了索引值。

如果我们只需要字典中的一部分数据，则只需要指定需要数据的索引即可，例如：

```python
import pandas as pd
sites = {1: "Google", 2: "Runoob", 3: "Wiki"}
myvar = pd.Series(sites, index = [1, 2])
print(myvar)
```

输出结果如下：

```
1    Google
2    Runoob
dtype: object
```

设置 Series 的名称参数，例如：

```
import pandas as pd
sites = {1:"Google", 2:"Runoob", 3:"Wiki"}
myvar = pd.Series(sites, index = [1, 2], name = "RUNOOB-Series-TEST")
print(myvar)
```

输出结果如下：

```
1    Google
2    Runoob
Name:RUNOOB-Series-TEST,dtype:object
```

13.2.2 Pandas 的 DataFrame 对象

DataFrame 是一个表格型的数据结构，如图 13.1 和图 13.2 所示，它含有一组有序的列，每列可以是不同的值类型（数值、字符串、布尔型值）。DataFrame 既有行索引，也有列索引，它可以看作由 Series 组成的字典（共同用一个索引）。

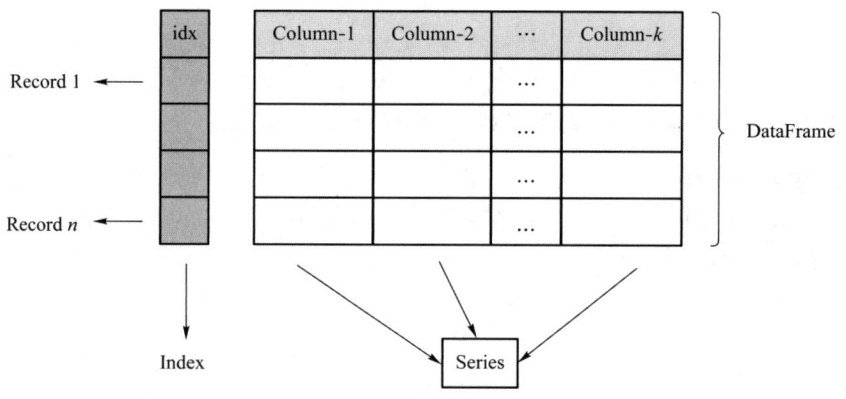

图 13.1 DataFrame 数据结构一

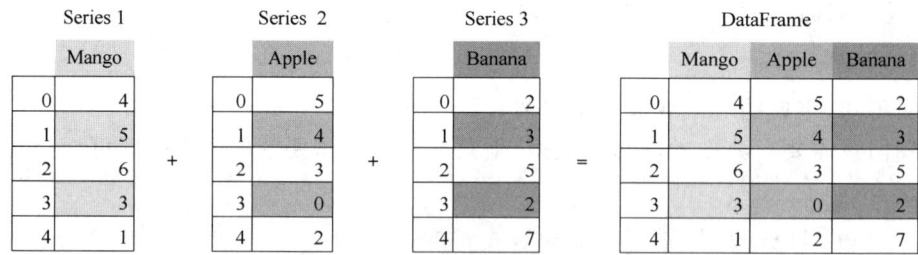

图 13.2 DataFrame 数据结构二

DataFrame 的构造方法如下：

```
pandas.DataFrame( data, index, columns, dtype, copy)
```

参数说明如下：

- data：一组数据（ndarray、series、map、lists、dict 等类型）。
- index：索引值，或者可以称为行标签。

- columns:列标签,默认为 RangeIndex (0,1,2,…,n)。
- dtype:数据类型。
- copy:拷贝数据,默认为 False。

Pandas DataFrame 是一个二维的数组结构,类似二维数组。使用 DataFrame 创建列表如下所示。

```
import pandas as pd
data = [['Google',10],['Runoob',12],['Wiki',13]]
df = pd.DataFrame(data,columns = ['Site','Age'],dtype = float)
print(df)
```

输出结果如下:

```
     Site    Age
0   Google   10.0
1   Runoob   12.0
2   Wiki     13.0
```

以下实例是使用 ndarrays 创建的,ndarray 的长度必须相同,如果传递了索引,则索引的长度应等于数组的长度。如果没有传递索引,则在默认情况下,索引将是 range(n),其中 n 是数组长度。

```
import pandas as pd
data = {'Site':['Google','Runoob','Wiki'],'Age':[10, 12, 13]}
df = pd.DataFrame(data)
print(df)
```

输出结果如下:

```
     Site    Age
0   Google   10.0
1   Runoob   12.0
2   Wiki     13.0
```

从以上输出结果可以知道,DataFrame 是一种表格型数据结构,如图 13.3 所示,它包含 rows(行) 和 columns(列)。

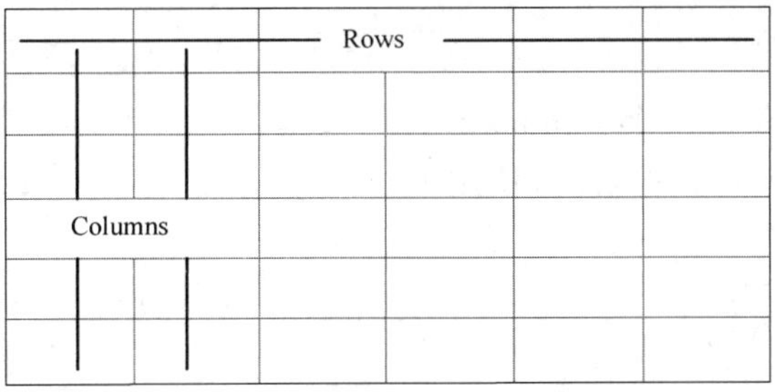

图 13.3 DataFrame 表格型数据结构

还可以使用字典(key/value)创建 DataFrame,其中字典的 key 为列名:

```python
import pandas as pd
data = [{'a': 1, 'b': 2},{'a': 5, 'b': 10, 'c': 20}]
df = pd.DataFrame(data)
print (df)
```

输出结果如下:

```
   a   b     c
0  1   2   NaN
1  5  10  20.0
```

没有对应的部分数据为 NaN。

Pandas 可以使用 loc 属性返回指定行的数据,如果没有设置索引,则第一行的索引为 0,第二行的索引为 1,以此类推:

```python
import pandas as pd
data = {
"calories": [420, 380, 390],
"duration": [50, 40, 45]
}
# 数据载入到 DataFrame 对象
df = pd.DataFrame(data)
# 返回第一行
print(df.loc[0])
# 返回第二行
print(df.loc[1])
```

输出结果如下:

```
calories    420
duration     50
Name: 0, dtype: int64
calories    380
duration     40
Name: 1, dtype: int64
```

注意:返回结果其实就是一个 Pandas Series 数据。

Pandas 也可以返回多行数据,此时使用 [[...]] 格式,其中"..."为各行的索引,以逗号隔开:

```python
import pandas as pd
data = {
"calories": [420, 380, 390],
"duration": [50, 40, 45]
```

```
}
# 数据载入到 DataFrame 对象
df = pd.DataFrame(data)
# 返回第一行和第二行
print(df.loc[[0, 1]])
```

输出结果如下:

```
   calories  duration
0       420        50
1       380        40
```

注意:返回结果其实就是一个 Pandas DataFrame 数据。

Pandas 可以指定索引值,例如:

```
import pandas as pd
data = {
"calories": [420, 380, 390],
"duration": [50, 40, 45]
}
df = pd.DataFrame(data, index = ["day1", "day2", "day3"])
print(df)
```

输出结果如下:

```
      calories  duration
day1       420        50
day2       380        40
day3       390        45
```

Pandas 的 loc 索引器可以通过行/列标签选取数据,也可以返回单行、多行或特定单元格的值。

```
import pandas as pd
data = {
"calories": [420, 380, 390],
"duration": [50, 40, 45]
}
df = pd.DataFrame(data, index = ["day1", "day2", "day3"])
# 指定索引
print(df.loc["day2"])
```

输出结果如下:

```
calories    380
duration     40
Name: day2, dtype: int64
```

13.2.3 Pandas 的 Index 对象

Index 对象负责管理轴标签、轴名称等元数据,是一个不可修改的、有序的、可以索引的 ndarry 对象。在构建 Sereis 或 DataFrame 时,所用到的任何数据或者 array-like 的标签,都会转换为一个 Index 对象。Index 对象是一个从索引到数据值的映射,当数据是一列时,Index 对象是列索引;当数据是一行数据时,Index 对象是行索引。

1. 索引的构造函数

用于创建索引的最基础的构造函数如下:

```
pandas.Index(data,dtype = object,name)
```

参数注释如下:
- data:类似于一维数组的对象。
- dtype:用于设置索引元素的类型,默认值是 object。
- name:索引的名称,默认值是 Index。

下面是创建一个整数索引的示例:

```
>>> pd.Index([1, 2, 3])
Int64Index([1, 2, 3], dtype = 'int64')
```

索引是一个 ndarray 对象,元素的类型相同,每一个 Index 对象常用的属性如下。
- values:索引的值。
- array:以数组形式返回索引元素的值。
- dtype:索引元素的数据类型。
- name:索引的名称属性。
- shape:索引的形状。

2. 索引的转换

不仅索引元素的类型可以转换,而且其对象本身也可以强转为其他 like-array 类型,比如 list、Series 和 DataFrame。

(1) 强转索引元素的类型

显式把索引元素的类型强制转换成其他数据类型的方法如下:

```
Index.astype(self, dtype, copy = True)
```

(2) 把索引转换成 list

list 是由索引的值构成的:

```
Index.to_list(self)
```

(3) 把索引转换成 Series

Series 的索引值和数据值相同,是由原索引的数据值构成的:

```
Index.to_series(self, index = None, name = None)
```

参数 index 表示新建 Sereis 的索引,默认值是 None,表示新建 Sereis 的索引就是原索引。

```
>>> idx = pd.Index(['Ant', 'Bear', 'Cow'], name='animal')
>>> idx.to_series()
```

输出结果如下：

```
animal
Ant      Ant
Bear     Bear
Cow      Cow
Name: animal, dtype: object
```

(4) 把索引转换成 DataFrame

创建一个新的 DataFrame 对象，列的值是由索引值构成的，在默认情况下，新 DataFrame 的索引就是原索引：

```
Index.to_frame(self, index=True, name=None)
```

参数 index 表示是否把原索引作为新创建的 DataFrame 对象的索引，默认值是 True。

```
>>> idx = pd.Index(['Ant', 'Bear', 'Cow'], name='animal')
>>> idx.to_frame()
```

输出结果如下：

```
        animal
Ant     Ant
Bear    Bear
Cow     Cow
```

(5) 把索引展开为 ndarray 对象

Index.ravel 方法和 numpy.ravel 相同，把 Index 对象展开为一维的 ndarray 对象：

```
Index.ravel(self, order='C')
```

3. 索引的排序

按照索引的值进行排序，返回索引值的下标，参数 *args 和 **kwargs 都是传递给 numpy.ndarray.argsort 函数的参数。

```
Index.argsort(self, *args, **kwargs)
```

按照索引的值进行排序，返回排序后的副本，参数 return_indexer 表示是否返回索引值的下标：

```
Index.sort_values(self, return_indexer=False, ascending=True)
```

举个例子，有如下索引：

```
>>> idx = pd.Index(['b','a','d','c'])
Index(['b','a','d','c'], dtype='object')
```

按照索引值进行排序，返回排序索引的下标：

```
>>> order = idx.argsort()
>>> order
array([1, 0, 3, 2])
```

通过下标来查看索引的排序值:

```
>>> idx[order]
Index(['a','b','c','d'], dtype='object')
```

当然,也可以直接返回已排序的索引:

```
>>> idx.sort_values()
Index(['a','b','c','d'], dtype='object')
```

如果要返回已排序的索引和对应的下标,需要设置参数 return_indexer=True:

```
>>> idx.sort_values(return_indexer = True)
(Index(['a','b','c','d'], dtype='object'), array([1, 0, 3, 2], dtype=int64))
```

4. 设置索引

数据框有一个函数 set_index,它用于把数据框中的列设置为行索引,对于单级索引来说,set_index 方法的 keys 参数应设置为数据框的一个列名:

```
DataFrame.set_index(keys, drop = True, append = False, inplace = False, verify_integrity = False)
```

参数注释如下:

- keys:对于单级索引而言,keys 是数据框的一个列名。
- drop:是否把原始列删除。
- inplace:是否原地替换。
- verify_integrity:是否检查新索引值是否重复。

举个例子,下面的代码把索引替换为列 c:

```
data
```

输出结果如下:

```
     a    b  c    d
0  bar  one  z  1.0
1  bar  two  y  2.0
2  foo  one  x  3.0
3  foo  two  w  4.0
indexed1 = data.set_index('c')
indexed1
```

输出结果如下:

```
c    a    b    d
z  bar  one  1.0
```

```
y   bar   two   2.0
x   foo   one   3.0
w   foo   two   4.0
```

数据框还有一个函数 reset_index，它用于移除数据框的索引，并把移除的索引作为数据框的新列，然后使用默认的整数范围索引来代替原索引：

```
DataFrame.reset_index(level = None, drop = False, inplace = False)
```

参数注释如下。
- level：索引的级别，在默认情况下，移除所有的索引。
- drop：删除的索引是否删除，在默认情况下，把被移除的索引插入数据框中，将其作为新列。
- inplace：数据库是否原地替换。

13.3 数据选择

Series 对象在很多方面都像一维 NumPy 数组，它将帮助我们理解数组中数据选择的模式。

13.3.1 Series 数据选择方法

像字典一样，Series 对象提供了从键集合到值集合的映射：

```
import pandas as pd
data = pd.Series([0.25, 0.5, 0.75, 1.0],
                 index = ['a', 'b', 'c', 'd'])
data
```

输出结果如下：

```
a    0.25
b    0.50
c    0.75
d    1.00
dtype: float64
data['b']
```

输出结果如下：

```
0.5
```

我们还可以使用类似字典的 Python 表达式和方法来检查键/索引和值：

```
'a' in data
```

输出结果如下：

```
true
```

```
data.keys()
```

输出结果如下：

```
Index(['a','b','c','d'], dtype='object')
```

```
list(data.items())
```

输出结果如下：

```
[('a', 0.25), ('b', 0.5), ('c', 0.75), ('d', 1.0)]
```

Series 对象也可以使用类似字典的语法进行修改。和可以通过将字典分配给新键来扩展字典一样，也可以通过将 Series 对象分配给新索引值来扩展 Series 对象：

```
data['e'] = 1.25
data
```

输出结果如下：

```
a    0.25
b    0.50
c    0.75
d    1.00
e    1.25
dtype: float64
```

Series 对象作为一维数组时，可以通过与 slices、masking 和花哨索引选择数据。

（1）按显式索引

```
data['a':'c']
```

输出结果如下：

```
a    0.25
b    0.50
c    0.75
dtype: float64
```

（2）按隐式索引

```
data[0:2]
```

输出结果如下：

```
a    0.25
b    0.50
dtype: float64
```

（3）masking

```
data[(data > 0.3) & (data < 0.8)]
```

输出结果如下：

```
b    0.50
c    0.75
dtype: float64
```

（4）花哨索引

```
data[['a','e']]
```

输出结果如下：

```
a    0.25
e    1.25
dtype: float64
```

13.3.2　DataFrame 数据选择方法

把 DataFrame 当作一个由若干个 Series 对象构成的字典：

```
area = pd.Series({'Guangzhou':55555,'Shenzhen':44444,'Dongguan':33333,'Foshan':22222,'Zhuhai':11111})
pop = pd.Series({'Guangzhou':51,'Shenzhen':42,'Dongguan':33,'Foshan':24,'Zhuhai':15})
data = pd.DataFrame({'area':area,'pop':pop})
data
```

两个 Series 对象构成 DataFrame 的一列，可以通过对列名进行字典形式的取值获取数据。

```
data['area']
# 用字典形式的语法调整对象
data['density'] = data['pop']/data['area']
data
```

将 DateFrame 看作二维数组，可以使用 values 检查原始底层数据：

```
data.values
```

对 DateFrame 进行转置，交换行和列：

```
data.T
```

访问数据中的某一行：

```
data.values[0]
```

访问数据中的某一列：

```
data['area']
```

在 Pandas 中,loc、iloc 和 ix 是用于选择数据的索引器。通过 iloc 索引器,像对待 Numpy 数组一样索引 Pandas 的底层数组(Python 的隐式索引),DataFrame 的行、列标签会自动保留在结果中。

```
data.iloc[:3, :2]
data.loc[:'Guangzhou', :'pop']
# ix 索引器实现混合效果
```

ix 是 Pandas 早期版本中提供的一种索引器,旨在混合标签(label-based)和位置(position-based)索引的功能,根据输入自动判断索引方式。ix 的设计初衷是为简化标签和位置索引的切换,提升灵活性。

```
data.ix[:3, :'pop']
```

loc 属性表示取值和切片都是显式的。

```
data.loc[data.index[[0,2]], ['area','pop']]
data.loc[data.index[[0,2]], 'area':'pop']
data.loc[:, ['area','pop']]
data.loc[:'Guangzhou', :'pop']
```

iloc 属性表示取值和切片都是 Python 形式的(从 0 开始,左闭右开)隐式索引。

```
data.iloc[[0,2], data.columns.get_loc('pop')]
data.iloc[0:2, data.columns.get_indexer(['area','pop'])]
data.iloc[0:2, 0:2]
```

对单个标签取值时选择列,而对多个标签用切片时选择行。

```
data['area']
data['Dongguan':'Guangzhou']
```

13.4 Pandas 数值运算方法

13.4.1 通用函数:保留索引

因为 Pandas 是建立在 NumPy 基础上的,所以 NumPy 的通用函数同样适用于 Pandas 的 Series 和 DataFrame 对象,如下所示。

```
import pandas as pd
import numpy as np
rng = np.random.RandomState(42)
ser = pd.Series(rng.randint(0, 10, 4))
ser
```

输出结果如下：

```
0    6
1    3
2    7
3    4
dtype: int64
df = pd.DataFrame(rng.randint(0, 10, (3, 4)),
                  columns = ['A','B','C','D'])
df
```

输出结果如下：

	A	B	C	D
0	6	9	2	6
1	7	4	3	7
2	7	2	5	4

使用 NumPy 通用函数对 Pandas 对象进行操作时，生成的结果通常是一个新的 Pandas 对象，保留原始索引和列名。

```
np.exp(ser)
```

输出结果如下：

```
0     403.428793
1      20.085537
2    1096.633158
3      54.598150
dtype: float64
np.sin(df * np.pi / 4)
```

输出结果如下：

	A	B	C	D
0	-1.000000	7.071068e-01	1.000000	-1.000000e+00
1	-0.707107	1.224647e-16	0.707107	-7.071068e-01
2	-0.707107	1.000000e+00	-0.707107	1.224647e-16

13.4.2 通用函数：索引对齐

1) Series 索引对齐

Pandas 会在计算过程中对齐两个 Series 对象的索引。

```python
#3个城市的人口
population = pd.Series({'北京': 1961.24, '上海': 2301.91,
                        '重庆': 2884.62}, name = 'area')
#3个城市的面积
area = pd.Series({'北京': 16800, '上海': 6340,
                  '重庆': 11784}, name = 'population')
#计算人口密度
population / area
```

输出结果如下:

```
北京    0.116740
上海    0.363077
重庆    0.035050
dtype:float64
```

当要运算的数据有缺失时,结果会输出并集,但只计算交集部分,其余部分会用 NaN 填充。

```python
#并集
population.index | area.index
```

输出结果如下:

```
Index(['北京','上海','重庆'],dtype = 'object')
#交集
population.index & area.index
```

输出结果如下:

```
Index(['北京','上海'],dtype = 'object')
```

如果用 NaN 填充不是我们想要的结果,那么可以用适当的对象方法代替运算符。

```python
A = pd.Series([2, 4, 6], index = [0, 1, 2])
B = pd.Series([1, 3, 5], index = [1, 2, 3])
A + B
```

输出结果如下:

```
0    NaN
1    5.0
2    9.0
3    NaN
dtype: float64
#设置空值为 0
A.add(B, fill_value = 0)
```

输出结果如下：

```
0    2.0
1    5.0
2    9.0
3    5.0
dtype: float64
```

2) DataFrame 索引对齐

与 Series 类似，DataFrame 在进行二元运算（如加、减、乘、除）时，会自动对齐行索引和列索引。DataFrame 对齐双轴（行＋列），Series 对齐单轴（索引或列）。Series 与 DataFrame 运算时，按列对齐并广播到所有行。

```
A = pd.DataFrame(rng.randint(0, 20, (2, 2)),
                 columns = list('AB'))
A
```

输出结果如下：

	A	B
0	1	11
1	5	1

```
B = pd.DataFrame(rng.randint(0, 10, (3, 3)),
                 columns = list('BAC'))
B
```

输出结果如下：

	A	B	C
0	4	0	9
1	5	8	0
2	9	2	6

```
A + B
```

输出结果如下：

	A	B	C
0	1.0	15.0	NaN
1	13.0	6.0	NaN
2	NaN	NaN	NaN

可以使用 fill_value 参数来填充缺失条目，如下示例是填充的所有值的平均值。

```
fill = A.stack().mean()
A.add(B, fill_value = fill)
```

输出结果如下：

	A	B	C
0	1.0	15.0	13.5
1	13.0	6.0	4.5
2	6.5	13.5	10.5

Python 运算符与 Pandas 方法的映射关系如表 13.1 所示：

表 13.1　Python 运算符与 Pandas 方法的映射关系

Python 运算符	Pandas 方法
+	add
−	sub、subtract
*	mul、multiply
/	truediv、div、divide
//	floordiv
%	mod
**	pow

13.4.3　通用函数：DataFrame 与 Series 的运算

DataFrame 和 Series 的运算规则在索引对齐后与 NumPy 中二维数组和一维数组的广播机制类似，但需注意 Pandas 依赖显式索引对齐。例如，DataFrame 减去与其列索引匹配的 Series 时，默认按行广播运算，类似于 NumPy 二维数组减去一行数据。然而，若索引不匹配，那么 Pandas 会引入 NaN 值，而 NumPy 仅依赖形状兼容。

```
A = rng.randint(10, size = (3, 4))
A
```

输出结果如下：

```
array([[3, 8, 2, 4],
       [2, 6, 4, 8],
       [6, 1, 3, 8]])
```

```
A - A[0]
```

输出结果如下：

```
array([[ 0,  0,  0,  0],
       [-1, -2,  2,  4],
       [ 3, -7,  1,  4]])
df = pd.DataFrame(A, columns = list('QRST'))
df - df.iloc[0]
```

输出结果如下：

	Q	R	S	T
0	0	0	0	0
1	-1	-2	2	4
2	3	-7	1	4

可以使用关键字 axis 实现按列操作，如下所示。

```
df.subtract(df['R'], axis = 0)
```

输出结果如下：

	Q	R	S	T
0	-5	0	-6	-4
1	-4	0	-2	2
2	5	0	2	7

DataFrame 与 Series 的运算与前文介绍的运算一样，结果的索引都会自动对齐。

```
halfrow = df.iloc[0, ::2]
halfrow
```

输出结果如下：

```
Q    3
S    2
Name: 0, dtype: int64
```

```
df - halfrow
```

输出结果如下：

	Q	R	S	T
0	0.0	NaN	0.0	NaN
1	-1.0	NaN	2.0	NaN
2	3.0	NaN	1.0	NaN

这些行、列索引的保留与对齐方法说明 Pandas 在运算时会一直保存这些数据内容，从而避免在处理数据类型有差异和维度不一致的 NumPy 数组时可能遇到的问题。

13.5 处理缺失值

13.5.1 Pandas 的缺失值

在 Pandas 中使用标签法表示缺失值，它包含了 Python 原有的缺失值浮点数据类型 NaN，以及 Python 的 None 对象。

（1）None：Python 对象类型的缺失值

Pandas 使用的一种缺失标签是 None，None 经常在代码中表示缺失值，并且只能用于 object 数组类型，这种类型可能会比其他的原生数据类型数组消耗更多的资源。此外，Python 中没有定义整数与 None 之间的加法运算，所以如果对包含 None 的数组进行累计操作的话会报错，如下所示。

```python
import numpy as np
import pandas as pd
vals1 = np.array([1, None, 3, 4])
vals1
```

输出结果如下：

```python
array([1, None, 3, 4], dtype = object)
for dtype in ['object', 'int']:
    print("dtype = ", dtype)
    %timeit np.arange(1E6, dtype = dtype).sum()
    print()
```

（2）NaN：数值类型的缺失值

NaN（Not a Number）会与接触过的数据同化，无论对 NaN 进行什么操作，最终结果都是 NaN。它是一种按照 IEEE 浮点数标准设计的、任何系统都兼容的浮点数，如下所示。

```python
vals2 = np.array([1, np.nan, 3, 4])
vals2.dtype
```

输出结果如下：

```
dtype('float64')
```

```
1 + np.nan
```

输出结果如下：

```
nan
```

```
0 * np.nan
```

输出结果如下：

```
nan
```

```
vals2.sum(), vals2.min(), vals2.max()
```

输出结果如下：

```
nan
```

```
np.nansum(vals2), np.nanmin(vals2), np.nanmax(vals2)
```

输出结果如下：

```
(8.0, 1.0, 4.0)
```

13.5.2 处理缺失值的方法

在处理数据时，总会遇到数值缺失的问题，Pandas 在处理缺失值的方面提供了很全面的方法，其中主要包括如下几种方法。

isnull：创建一个布尔类型的掩码，使用掩码标记缺失值。

notnull：与 isnull 相反，找出非空值并用布尔值进行标记。

dropna：返回一个剔除缺失值的数据。

fillna：返回一个填充了缺失值的数据副本。

1．isnull

isnull 用来找出缺失值的位置，返回一个布尔类型的掩码，使用掩码标记缺失值，如下所示。

```
import pandas as pd
import numpy as np
data = pd.DataFrame({'name':['Verne Raymond',np.nan,'Patrick George','Saxon MacArthur'],'age':[18,np.nan,21,None]})
data
```

输出结果如下：

```
                name   age
0      Verne Raymond  18.0
1                NaN   NaN
2     Patrick George  21.0
3    Saxon MacArthur   NaN
```

这里可以看到，不管我们创建 DataFrame 时控制用的是 np.nan 还是 None，DataFrame 在创建后都会变成 NaN。

```
data.isnull()
```

输出结果如下：

```
     name    age
0   False   False
1   True    True
2   False   False
3   False   True
```

2. notnull

notnull 与 isnull 正好相反，它是找出非空值并用布尔值进行标记，如下所示。

`data.notnull()`

输出结果如下：

```
     name    age
0   True    True
1   False   False
2   True    True
3   True    False
```

3. dropna

dropna 的作用就是丢掉缺失值。

`DataFrame.dropna(axis = 0, how = 'any', thresh = None, subset = None, inplace = False)`

参数说明如下：

axis：默认为 0，表示删除行还是列，也可以用"index"和"columns"表示。

how：{'any', 'all'}，默认为'any'；any 表示只要该行（列）出现空值就删除整行（列），all 表示整行（列）都出现空值才会删除整行（列）。

thresh：表示如果一行（列）的非空值小于 thresh，则删除该行（列）。

subset：列表类型参数，表示哪些行或列里有空值就删除该行或列。

inplace：与其他函数的 inplace 一样，表示是否覆盖原 DataFrame。

下面是一个示例：

`data.dropna(axis = 1,thresh = 3)`

输出结果如下：

```
            name
0    Verne Raymond
1              NaN
2    Patrick George
3    Saxon MacArthur
```

`data.dropna(axis = 0,how = 'all')`

输出结果如下：

```
           name   age
0  Verne Raymond   18.0
1  Patrick George  21.0
2  Saxon MacArthur  NaN
data.dropna(subset = ['name'])
```

输出结果如下:

```
           name   age
0  Verne Raymond   18.0
1  Patrick George  21.0
2  Saxon MacArthur  NaN
```

4. fillna

fillna 的作用是填充缺失值。

```
DataFrame.fillna(value = None, method = None, axis = None, inplace = False, limit = None, downcast = None)
```

参数说明如下:

value:设置用于填充 DataFrame 的值。

method:设置填充 DataFrame 的方法,默认为 None,填充 DataFrame 的方法有' backfill '、' bfill '、' pad '、' ffill ' 4 种,其中' backfill '和' bfill '是用前面的值填充空缺值,' pad '和' ffill '是用后面的值填充空缺值。

axis:表示填充缺失值所沿的轴,与上文的 axis 设置方法一样。

inplace:表示是否替换原 DataFrame,与上文的设置方法一样。

limit:设置被替换值的数量限制。

downcast:表示向下兼容转换类型,不常用。

下面是一个示例:

```
data.fillna(0)
```

输出结果如下:

```
           name   age
0  Verne Raymond   18.0
1              0    0.0
2  Patrick George  21.0
3  Saxon MacArthur  0.0
data.fillna(method = 'ffill')
```

输出结果如下:

```
           name   age
0  Verne Raymond   18.0
1  Verne Raymond   18.0
2  Patrick George  21.0
3  Saxon MacArthur  21.0
```

13.5.3 选择处理缺失值的方法

这里所说的缺失值不仅包括数据库中的 NULL 值,也包括用于表示数值缺失的特殊数值。我们如果仅有数据库的数据模型,而缺乏相关说明,那么常常需要花费很多的精力来发现这些数值的特殊含义。而如果我们漠视这些数值的特殊性,直接用其进行计算,那么很可能会得到错误的结论。

一般来说,对缺失值进行填充的方法有多种,用某个常数来填充常常不是一个好方法。最好建立一些模型,根据数据的分布来填充一个更恰当的数值。

在各种实用的数据库中,属性值缺失的情况经常发生,甚至是不可避免的。因此,在大多数情况下,信息系统是不完备的,或者说存在某种程度的不完备。产生缺失值的原因多种多样,主要分为机械原因和人为原因两类:机械原因会导致数据收集或保存失败,从而造成数据缺失,比如存储器损坏会导致某段时间的数据未能被收集;人的主观失误、历史局限或人有意隐瞒会造成数据缺失,比如,在市场调查中被访人拒绝透露相关问题的答案或者回答的问题是无效的,数据录入人员漏录了数据。

在对缺失数据进行处理前,了解数据缺失的机制和形式是十分必要的。将数据集中不含缺失值的变量(属性)称为完全变量,数据集中含有缺失值的变量称为不完全变量,Little 和 Rubin 定义了以下 3 种不同的数据缺失机制。

① 完全随机缺失(Missing Completely At Random,MCAR)。数据的缺失与不完全变量以及完全变量都是无关的。

② 随机缺失(Missing At Random,MAR)。数据的缺失仅仅依赖完全变量。

③ 非随机、不可忽略缺失(Not Missing At Random,NMAR)。不完全变量中数据的缺失依赖不完全变量本身,这种缺失是不可忽略的。

从缺失值的所属属性上讲,如果所有的缺失值都是同一属性,那么这种缺失成为单值缺失,如果缺失值属于不同的属性,那么这种缺失称为任意缺失。另外,时间序列类的数据可能存在随着时间的缺失,这种缺失称为单调缺失。

在通常情况下,使用全局指示缺失值的掩码或选择指示缺失条目的标记值。在掩码方法中,掩码可能是一个完全独立的布尔数组,其每个元素对应原始数据中的一个值,用于标记该位置是不是缺失值,这种方法需要分配额外的布尔数组,增加了存储和计算的开销。标记值方法通过预定义特定值(如 -9999 表示缺失整数,NaN 表示缺失浮点数)指示缺失条目。此方法无须额外存储掩码,但会占用有效值范围(如 -9999 不可再用于表示正常数据),且算法需频繁检查标记值,增加 CPU/GPU 的条件分支开销。尽管此方法的兼容性较高,但在使用它时需权衡数据类型、计算架构及存储需求。所以在大多数情况下,没有普遍的最优选择,需根据不同的情况选择不同的方法。

13.6 层级索引

13.6.1 多级索引 Series

分层/多级索引为一些非常复杂的数据分析和操作打开了大门，尤其是在处理高维数据时。从本质上讲，它使我们能够在低维数据结构 Series 中存储和操作具有任意维数的数据。

多级索引 Series 的创建如下所示。

```
import pandas as pd
import numpy as np
index = [('Beijng', 2010), ('Beijing', 2018),
         ('Shanghai', 2010), ('Shanghai', 2018),
         ('Chengdu', 2010), ('Chengdu', 2018)]
populations = [2300.24, 2154.2,
               2301.91, 2423.78,
               1404.76, 2000]
pop = pd.Series(populations, index = index)
pop
```

输出结果如下：

```
(Beijing, 2010)     2300.24
(Beijing, 2018)     2154.2
(Shanghai, 2010)    2301.91
(Shanghai, 2018)    2423.78
(Chengdu, 2010)     1404.76
(Chengdu, 2018)     2000
dtype: int64
pop[('Beijing', 2010):('Shanghai', 2010)]
```

输出结果如下：

```
(Beijing, 2010)     2300.24
(Beijing, 2018)     2154.2
(Shanghai, 2010)    2301.91
dtype: int64
pop[[i for i in pop.index if i[1] == 2010]]
```

输出结果如下：

```
(Beijing, 2010)     2300.24
(Shanghai, 2010)    2301.91
(Chengdu, 2010)     1404.76
dtype: int64
```

此外,还可以使用元组创建多级索引 Series,如下所示。

```
index = pd.MultiIndex.from_tuples(index)
index
```

输出结果如下:

```
MultiIndex(levels = [['Beijing', 'Shanghai', 'Chengdu'], [2010, 2018]],
          labels = [[0, 0, 1, 1, 2, 2], [0, 1, 0, 1, 0, 1]])
```

将 pop 的索引重置为 MuliIndex,会看到多级索引 Series,如下所示。

```
pop = pop.reindex(index)
pop
```

输出结果如下:

```
Beijing    2010    2300.24
           2018    2154.2
Shanghai   2010    2301.91
           2018    2423.78
Chengdu    2010    1404.76
           2018    2000
dtype: int64
```

索取 2018 年的所有数据,如下所示。

```
pop[:, 2018]
```

输出结果如下:

```
Beijing    2018    2154.2
Shanghai   2018    2423.78
Chengdu    2018    2000
dtype: int64
```

pop.unstack 方法可以将多级索引 Series 转化为普通索引 DataFrame,如下所示。

```
pop_df = pop.unstack()
pop_df
```

输出结果如下:

```
          2010      2018
Beijing   2300.24   2154.2
Shanghai  2301.91   2423.78
Chengdu   1404.7    2000
```

pop_df.stack 方法可以实现将普通索引 DataFrame 转化为多级索引 Series，如下所示。

```
pop_df.stack()
```

输出结果如下：

```
Beijing    2010    2300.24
           2018    2154.2
Shanghai   2010    2301.91
           2018    2423.78
Chengdu    2010    1404.76
           2018    2000
dtype: int64
```

13.6.2 多级索引的创建方法

（1）方法一：隐式创建多级索引

隐式创建多级索引即给 DataFrame 的 index 或 columns 参数传递两个或更多的数组，如下所示。

```
df = pd.DataFrame(np.random.randint(80, 120, size = (2, 4)), index = ['girl','boy'],
                  columns = [['English', 'English', 'Chinese', 'Chinese'],
                  ['like', 'dislike', 'like', 'dislike']])
print(df)
```

输出结果如下：

```
        English          Chinese
        like   dislike   like   dislike
girl    85     109       117    110
boy     85     111       100    107
```

（2）方法二：显式创建多级索引

显式创建多级索引推荐使用较简单的 pd.MultiIndex.from_product 方法。显式创建多级行索引如下所示。

```
df = pd.DataFrame(np.random.randint(80, 120, size = (4, 2)),
                  columns = ['girl', 'boy'],
                  index = pd.MultiIndex.from_product([['English','Chinese'],
                                                      ['like','dislike']]))
print(df)
```

输出结果如下：

```
                girl    boy
English like    92      98
        dislike 118     99
Chinese like    109     108
        dislike 108     91
```

（3）其他方法

也可以使用以下方法创建多级索引，如下所示。

```
pd.MultiIndex.from_arrays([['a','a','b','b'],[1,2,1,2]])
pd.MultiIndex.from_tuples([('a',1),('a',2),('b',1),('b',2)])
pd.MultiIndex(levels = [['a','b'],[1,2]],
              labels = [[0,0,1,1],[0,1,0,1]])
```

13.6.3 多级索引的取值

多级索引 Series 或多级 DataFrame 支持方括号直接取值、loc 取值和 pd.IndexSlice 切片取值等方法。

（1）多级索引 Series 的取值

```
sr = pd.Series([78,89,66,86],
index = [['LiLei','LiLei','HanMeiMei','HanMeiMei'],
        ['math','physics','math','physics']])
sr
```

输出结果如下：

```
LiLei       math    78
            physics 89
HanMeiMei   math    66
            physics 86
dtype:int64
```

多级索引 Series 取某个层级，如下所示。

```
sr['LiLei']
```

输出结果如下：

```
math    78
physics 89
dtype:int64
```

多级索引 Series 取多个层级，如下所示。

```
sr['LiLei','physics']
```

输出结果如下:

```
89
sr['LiLei']['physics']
```

输出结果如下:

```
89
```

多级索引切片取值示例如下所示。

```
sr[:,'physics']
```

输出结果如下:

```
LiLei      89
HanMeiMei  86
dtype:int64
sr.loc[:,'physics']
```

输出结果如下:

```
LiLei      89
HanMeiMei  86
dtype:int64
sr.loc[pd.IndexSlice[:,'physics']]
```

输出结果如下:

```
LiLei      89
HanMeiMei  86
dtype:int64
```

(2) 多级索引 DataFrame 的取值

多级索引 DataFrame 的用法与多级索引 Series 类似,如下所示。

```
import numpy as np
import numpy as pd
df = pd.DataFrame(np.random.randint(50,100,size(4,4)),
            columns = pd.MultiIndex.from_product(
            [["math","physics"],["term1","term2"]]),
            index = pd.MultiIndex.from_tuples(
            [("class1","LiLei"),("class1","HanMeiMei"),
            ("class2","LiLei"),("class2","ZhangSan")]))
df.index.name = ["class","name"]
df
```

输出结果如下:

```
                    math          physics
              term1    term2   term1    term2
class   name
class1  LiLei    71       76      54      53
        HanMeiMei 99      68      75      68
class2  LiLei    94       66      69      84
        ZhangSan  58      77      74      58
```

使用 columns 取某个层级，如下所示。

`df["math"]`

输出结果如下：

```
              term1    term2
class   name
class1  LiLei    71       76
        HanMeiMei 99      68
class2  LiLei    94       66
        ZhangSan  58      77
```

使用 columns 取多个层级，如下所示。

`df["math"]["term1"]`

输出结果如下：

```
class   name
class1  LiLei      71
        HanMeiMei  99
class2  LiLei      94
        ZhangSan   58
Name:term1,dtype:int64
```

使用 index 取某个层级，如下所示。

`df.loc["class1",:]`

输出结果如下：

```
             math            physics
          term1   term2    term1    term2
name
LiLei      71      76        54       53
HanMeiMei  99      68        75       68
```

使用 index 取多个层级，如下所示。

`df.loc[("class1","LiLei"),:]`

输出结果如下：

```
math     term1    71
         term2    76
physics  term1    54
         term2    53
Name:(class1,LiLei), dtype:int64
```

使用 index 取多个层级，并使用 column 取多个层级，如下所示。

```
df.loc[("class1","LiLei"),("math","term2")]
```

输出结果如下：

```
76
```

多级索引 DataFrame 的切片取值示例如下所示。

```
df.loc[pd.IndexSlice[:,"LiLei"],pd.IndexSlice[:,"term1"]]
```

输出结果如下：

```
                math    physics
                term1   term2
class   name
class1  LiLei   71      54
class2  LiLei   94      69
```

13.6.4 多级索引的行列转换

我们常常需要将 DataFrame 对象中的某一列或某几列作为索引，或者将索引转化为对象的列。Pandas 提供了 set_index 和 reset_index 来供我们使用。

set_index：指定列为索引。

reset_index：将索引转化为列。

1）列转化为索引

```
df1 = pd.DataFrame({'X':range(5),'Y':range(5),'S':list("aaabb"),'Z':[1,1,2,2,2]})
df1
```

输出结果如下：

```
   X  Y  S  Z
0  0  0  a  1
1  1  1  a  1
2  2  2  a  2
3  3  3  b  2
4  4  4  b  2
```

指定某一列为索引：

```
df1.set_index('S')
```

输出结果如下:

```
S  X  Y  Z
a  0  0  1
a  1  1  1
a  2  2  2
b  3  3  2
b  4  4  2
```

也可以保留索引列:

```
df1.set_index('S', drop = False)
```

输出结果如下:

```
S  X  Y  S  Z
a  0  0  a  1
a  1  1  a  1
a  2  2  a  2
b  3  3  b  2
b  4  4  b  2
```

指定多行列作为索引:

```
df1.set_index(['S','Z'], drop = False)
```

输出结果如下:

```
S  Z  X  Y  S  Z
a  1  0  0  a  1
   1  1  1  a  1
   2  2  2  a  2
b  2  3  3  b  2
   2  4  4  b  2
```

2) 索引转化为列

```
df2 = df1.set_index(['S','Z'])
df2
```

输出结果如下:

```
S  Z  X  Y
a  1  0  0
   1  1  1
   2  2  2
b  2  3  3
   2  4  4
```

将单个索引作为 DataFrame 对象的列:

```
df2.reset_index('Z')
```

输出结果如下:

```
  S Z X Y
a 1 0 0
a 1 1 1
a 2 2 2
b 2 3 3
b 2 4 4
```

将多级索引作为列:

```
df2.reset_index()
```

输出结果如下:

```
  S Z X Y
0 a 1 0 0
1 a 1 1 1
2 a 2 2 2
3 b 2 3 3
4 b 2 4 4
```

删除指定索引:

```
df2.reset_index(inplace = True)
df2
```

输出结果如下:

```
  S Z X Y
0 a 1 0 0
1 a 1 1 1
2 a 2 2 2
3 b 2 3 3
4 b 2 4 4
```

以上操作都不会直接对原 DataFrame 对象进行修改。若要直接对原 DataFrame 对象进行修改,则需加上参数"inplace=True":

```
df2.reset_index(inplace = True)
df2
```

输出结果如下:

```
    index  S  Z  X  Y
0     0    a  1  0  0
1     1    a  1  1  1
2     2    a  2  2  2
3     3    b  2  3  3
4     4    b  2  4  4
```

13.6.5 多级索引的数据累计方法

Pandas 自带了一些数据累计方法,比如 mean、sum、max,对于层级索引器,可以设置参数 level 实现对数据子集的累计操作,如下所示。

① 对行索引 population 进行求和:

```
df.sum(level = 1)
```

或

```
df.sum(level = 'population')
```

② 对列索引 population 进行求和:

```
df.sum(level = 0, axis = 1)
```

或

```
df.sum(level = 'population', axis = 1)
```

13.7 Concat 与 Append 操作

1. pandas.concat 函数详解

(1) 语法格式

pandas.concat 函数的语法格式如下:

```
pandas.concat(objs, axis = 0, join = 'outer', join_axes = None, ignore_index = False, keys = None, levels = None, names = None, verify_integrity = False, sort = None, copy = True)
```

部分参数说明如下:

objs:Series、Dataframe 或者由 panel 对象构成的序列 list。

axis:指明连接的轴向,{0/'index'(行),1/'columns'(列)},默认为 0。

join:指明连接方式,{'inner'(交集),'outer'(并集)},默认为 outer。

join_axes:自定义的索引。指明用其他 $n-1$ 条轴的索引进行拼接,而不是使用默认的 join ='inner'或'outer'方式拼接。

keys:创建层次化索引〔可以是任意值的列表或数组、元组数组、数组列表(如果将 levels 设置成多级数组的话)〕。

ignore_index=True:重建索引。

(2) 核心功能

两个 DataFrame 通过 pandas.concat 既可实现行拼接,又可实现列拼接,默认 axis=0,join='outer'。表 df1 和 df2 的行索引(index)和列索引(columns)均可以重复。

① 设置 join='outer',只是沿着一条轴,单纯将多个对象拼接到一起,类似数据库中的全连接(union all)。

a. 当 axis=0(行拼接)时,使用 pd.concat([df1,df2]),拼接表的 index=index(df1) + index(df2),拼接表的 columns=columns(df1)∪columns(df2),缺失值填充 NaN。

b. 当 axis=1(列拼接)时,使用 pd.concat([df1,df2],axis=1),拼接表的 index=index(df1)∪index(df2),拼接表的 columns=columns(df1) + columns(df2),缺失值填充 NaN。

备注:index(df1) + index(df2) 表示在 df1 的 index 之后直接累加 df2 的 index;columns(df1)∪columns(df2) 表示 df1 的 columns 和 df2 的 columns 累加去重。

a. 当 axis=0 时,pd.concat([obj1, obj2]) 与 obj1.append(obj2) 的效果是相同的,使用参数 key 可以为每个数据集(bj1, obj2)指定块标记。

b. 当 axis=1 时,pd.concat([obj1, obj2], axis=1) 与 pd.merge(obj1, obj2, left_index=True, right_index=True, how='outer') 的效果是相同的。

② 设置 join='inner',拼接方式为"交联",即行拼接时,仅保留 df1 和 df2 列索引重复的列;列拼接时,仅保留 df1 和 df2 行索引重复的行。

a. 当 axis=0(行拼接)时,使用 pd.concat([df1,df4],join='inner'),拼接表的 index=index(df1) + index(df2),拼接表的 columns=columns(df1)∩columns(df2)。

b. 当 axis=1(列拼接)时,pd.concat([df1,df4],axis=1,join='inner'),拼接表的 index=index(df1)∩index(df2),拼接表的 columns=columns(df1) + columns(df2)。

备注:columns(df1)∩columns(df2) 表示 df1 的 columns 和 df2 的 columns 重复相同。

(3) 常见范例

列名相同,行索引无重复项的表 df1、df2、df3 实现行拼接:

```
import numpy as np
import pandas as pd
#样集1
df1 = pd.DataFrame({'A':['A0','A1','A2','A3'],
                    'B':['B0','B1','B2','B3'],
                    'C':['C0','C1','C2','C3'],
                    'D':['D0','D1','D2','D3']},
                    index = [0,1,2,3])
#样集2
df2 = pd.DataFrame({'A':['A4','A5','A6','A7'],
                    'B':['B4','B5','B6','B7'],
                    'C':['C4','C5','C6','C7'],
                    'D':['D4','D5','D6','D7']},
                    index = [4,5,6,7])
```

```
#样集 3
df3 = pd.DataFrame({'A':['A8','A9','A10','A11'],
                    'B':['B8','B9','B10','B11'],
                    'C':['C8','C9','C10','C11'],
                    'D':['D8','D9','D10','D11']},
                    index = [8,9,10,11])
#列名(columns)相同,行索引(index)无重复项的表 df1、df2、df3 实现行拼接
frames = [df1, df2, df3]
pd.concat(frames)
result = pd.concat(frames, keys = ["x", "y", "z"])
```

结果如图 13.4 所示。

dfl

	A	B	C	D
0	A0	B0	C0	D0
1	A1	B1	C1	D1
2	A2	B2	C2	D2
3	A3	B3	C3	D3

df2

	A	B	C	D
4	A4	B4	C4	D4
5	A5	B5	C5	D5
6	A6	B6	C6	D6
7	A7	B7	C7	D7

df3

	A	B	C	D
8	A8	B8	C8	D8
9	A9	B9	C9	D9
10	A10	B10	C10	D10
11	A11	B11	C11	D11

Result

		A	B	C	D
x	0	A0	B0	C0	D0
x	1	A1	B1	C1	D1
x	2	A2	B2	C2	D2
x	3	A3	B3	C3	D3
y	4	A4	B4	C4	D4
y	5	A5	B5	C5	D5
y	6	A6	B6	C6	D6
y	7	A7	B7	C7	D7
z	8	A8	B8	C8	D8
z	9	A9	B9	C9	D9
z	10	A10	B10	C10	D10
z	11	A11	B11	C11	D11

图 13.4　实现行拼接结果图

结果对象的索引具有分层索引,这意味着可以通过键选择每个块:

```
result.loc["y"]
```

输出结果如下:

```
    A   B   C   D
4  A4  B4  C4  D4
5  A5  B5  C5  D5
6  A6  B6  C6  D6
7  A7  B7  C7  D7
```

如果需要将 DataFrame 黏合在一起，则可以通过以下两种方式完成：join='outer'或join='inner'，如下所示。

```
# join='inner'
df4 = pd.DataFrame(
    {
        "B": ["B2", "B3", "B6", "B7"],
        "D": ["D2", "D3", "D6", "D7"],
        "F": ["F2", "F3", "F6", "F7"],
    },
    index=[2, 3, 6, 7],
)
result = pd.concat([df1, df4], axis=1)
```

结果如图 13.5 所示。

图 13.5　concat([df1, df4], axis=1)结果图

```
# join='inner'
result = pd.concat([df1, df4], axis=1, join="inner")
```

结果如图 13.6 所示。

图 13.6　concat([df1, df4], axis=1, join="inner")结果图

使用原始 DataFrame 中的确切索引：

```
result = pd.concat([df1, df4], axis=1).reindex(df1.index)
pd.concat([df1, df4.reindex(df1.index)], axis=1)
```

输出结果如下：

```
      A   B   C   D   B    D    F
0    A0  B0  C0  D0  NaN  NaN  NaN
1    A1  B1  C1  D1  NaN  NaN  NaN
2    A2  B2  C2  D2  B2   D2   F2
3    A3  B3  C3  D3  B3   D3   F3
```

结果如图 13.7 所示。

df1					df4				Result						
	A	B	C	D		B	D	F		A	B	C	D	B	D	F
0	A0	B0	C0	D0	2	B2	D2	F2	0	A0	B0	C0	D0	NaN	NaN	NaN
1	A1	B1	C1	D1	3	B3	D3	F3	1	A1	B1	C1	D1	NaN	NaN	NaN
2	A2	B2	C2	D2	6	B6	D6	F6	2	A2	B2	C2	D2	B2	D2	F2
3	A3	B3	C3	D3	7	B7	D7	F7	3	A3	B3	C3	D3	B3	D3	F3

图 13.7　concat([df1, df4.reindex(df1.index)], axis=1)结果图

2. DataFrame.append 函数详解

(1) 语法格式

```
DataFrame.append(other, ignore_index = False, verify_integrity = False, sort = None)
```

参数说明如下：

other：DataFrame 或 Series/dict-like 对象，或这些对象的列表要附加的数据。

ignore_index：布尔值，默认值为 False。如果为 True，则不要使用索引标签。

verify_integrity：布尔值，默认值为 False。如果为 True，则在创建具有重复项的索引时引发 ValueError。

sort：布尔值，默认为无。

(2) 核心功能

append 是 concat 的简略形式，只不过只能在 axis=0 上进行合并。DataFrame 和 Series 进行合并的时候需要使用参数 ignore_index=True 或者含有属性 name，因为 Series 只有一维索引(备注：如果不添加参数 ignore_index=True，那么会出错)。

```
result = df1.append(df2)
```

结果如图 13.8 所示。

```
result = df1.append(df4, sort = False)
```

结果如图 13.9 所示。

append 可能需要多个对象来连接：

```
result = df1.append([df2, df3])
```

结果如图 13.10 所示。

与 append 附加到原始列表及返回的方法不同，append 在这里不修改 df1 并返回其副本及 df2。

图 13.8 append(df2)结果图

df1

	A	B	C	D
0	A0	B0	C0	D0
1	A1	B1	C1	D1
2	A2	B2	C2	D2
3	A3	B3	C3	D3

df2

	A	B	C	D
4	A4	B4	C4	D4
5	A5	B5	C5	D5
6	A6	B6	C6	D6
7	A7	B7	C7	D7

Result

	A	B	C	D
0	A0	B0	C0	D0
1	A1	B1	C1	D1
2	A2	B2	C2	D2
3	A3	B3	C3	D3
4	A4	B4	C4	D4
5	A5	B5	C5	D5
6	A6	B6	C6	D6
7	A7	B7	C7	D7

图 13.8 append(df2)结果图

图 13.9 append(df4, sort=False)结果图

df1

	A	B	C	D
0	A0	B0	C0	D0
1	A1	B1	C1	D1
2	A2	B2	C2	D2
3	A3	B3	C3	D3

df4

	B	D	F
2	B2	D2	F2
3	B3	D3	F3
6	B6	D6	F6
7	B7	D7	F7

Result

	A	B	C	D	F
0	A0	B0	C0	D0	NaN
1	A1	B1	C1	D1	NaN
2	A2	B2	C2	D2	NaN
3	A3	B3	C3	D3	NaN
2	NaN	B2	NaN	D2	F2
3	NaN	B3	NaN	D3	F3
6	NaN	B6	NaN	D6	F6
7	NaN	B7	NaN	D7	F7

图 13.9 append(df4, sort=False)结果图

图 13.10 append 多对象连接结果图

df1

	A	B	C	D
0	A0	B0	C0	D0
1	A1	B1	C1	D1
2	A2	B2	C2	D2
3	A3	B3	C3	D3

df2

	A	B	C	D
4	A4	B4	C4	D4
5	A5	B5	C5	D5
6	A6	B6	C6	D6
7	A7	B7	C7	D7

df3

	A	B	C	D
8	A8	B8	C8	D8
9	A9	B9	C9	D9
10	A10	B10	C10	D10
11	A11	B11	C11	D11

Result

	A	B	C	D
0	A0	B0	C0	D0
1	A1	B1	C1	D1
2	A2	B2	C2	D2
3	A3	B3	C3	D3
4	A4	B4	C4	D4
5	A5	B5	C5	D5
6	A6	B6	C6	D6
7	A7	B7	C7	D7
8	A8	B8	C8	D8
9	A9	B9	C9	D9
10	A10	B10	C10	D10
11	A11	B11	C11	D11

图 13.10 append 多对象连接结果图

13.8 合并与连接

13.8.1 关系代数

关系代数是处理关系型数据的通用理论,它通过组合一些简单的操作规则可以实现对任意数据集的复杂操作。pd.merge 实现的功能正是基于关系代数的一部分。Pandas 在 pd.merge 函数与 Series 和 DataFrame 的 join 方法里实现了这些基本操作规则。

13.8.2 数据连接的类型

函数 pd.merge 实现了 3 种数据连接的类型:一对一连接、多对一连接和多对多连接。这 3 种数据连接类型都通过 pd.merge 接口进行调用,可根据不同的数据连接需求进行不同的操作。

一对一连接是比较简单的数据合并类型。

```
df1 = pd.DataFrame({'employee': ['Wang', 'Li', 'Zhang', 'Sun'],
                    'group': ['Accounting', 'Engineering', 'Engineering', 'HR']})
df2 = pd.DataFrame({'employee': ['Zhang', 'Wang', 'Li', 'Sun'],
                    'hire_date': [2019, 2008, 2021, 2014]})
display('df1', 'df2')
```

输出结果如下:

df1

	employee	Group
0	Wang	Accounting
1	Li	Engineering
2	Zhang	Engineering
3	Sun	HR

df2

	employee	Hire_data
0	Zhang	2019
1	Wang	2008
2	Li	2021
3	Sun	2014

接下来使用函数 pd.merge 将这两个 DataFrame 合并为一个 DataFrame:

```
df3 = pd.merge(df1, df2)
df3
```

	Emplyee	group	Hire_data
0	Wang	Accounting	2008
1	Li	Engineering	2021
2	Zhang	Engineering	2019
3	sun	HR	2014

pd.merge 函数会发现两个 DataFrame 都有 employee 列,并以这列为键进行连接。此外,pd.merge 函数可自己处理共同列位置不一致的问题。

多对一连接指的是连接的两列中有一列有重复,值得注意的是所得到的结果会保留重复值,如下所示。

```
df4 = pd.DataFrame({'group': ['Accounting','Engineering','HR'],
                    'supervisor': ['Carly','Guido','Steve']})
display('df3','df4','pd.merge(df3, df4)')
```

输出结果如下:

df3

	Employee	group	Hire_data
0	Wang	Accounting	2008
1	Li	Enginnering	2021
2	Zhang	Engineering	2019
3	Sun	HR	2014

df4

	Group	Supervisor
0	Accounting	Carly
1	Engineering	Guido
2	HR	Steve

pd.merge(df3,df4)

	Employee	group	Hire_data	Supervisor
0	Wang	Accounting	2008	Carly
1	Li	Engineering	2021	Guido
2	Zhang	Engineering	2019	Guido
3	sun	HR	2014	Steve

多对多连接指的是两个共同列都包含重复值,所以合并后的结果是一对多连接,如下所示:

```python
df5 = pd.DataFrame({'group': ['Accounting', 'Accounting',
                              'Engineering', 'Engineering', 'HR', 'HR'],
                    'skills': ['math', 'spreadsheets', 'coding', 'linux',
                               'spreadsheets', 'organization']})
display('df1', 'df5', "pd.merge(df1, df5)")
```

输出结果如下:

df1

	employee	Group
0	Wang	Accounting
1	Li	Engineering
2	Zhang	Engineering
3	Sun	HR

df5

	Group	Skills
0	Accounting	Math
1	Accounting	Spreadsheets
2	Engineering	Coding
3	Engineering	Linux
4	HR	Spreadsheets
5	HR	organization

pd.merge(df1,df5)

	employee	group	Skills
0	Wang	Accounting	Math
1	Wang	Accounting	Spreadsheets
2	Li	Engineering	Coding
3	Li	Engineering	Linux
4	Zhang	Engineering	Coding
5	Zhang	Engineering	Linux
6	Sun	HR	Spreadsheets
7	Sun	HR	Organization

13.8.3 设置数据合并的键

pd.merge 是 Pandas 中用于合并两个 DataFrame 的核心函数，其 on 参数的作用是指定合并操作所依据的列名。这个参数只有在有共同列名的时候才能使用，如下所示。

```
display('df1','df2',"pd.merge(df1, df2, on ='employee')")
```

输出结果如下：

df1

	employee	Group
0	Wang	Accounting
1	Li	Engineering
2	Zhang	Engineering
3	Sun	HR

df2

	employee	Hire_data
0	Zhang	2019
1	Wang	2008
2	Li	2021
3	Sun	2014

pd.merge(df1,df2,on='employee')

	employee	Group	Hire_date
0	Wang	Accounting	2008
1	Li	Engineering	2021
2	Zhang	Engineering	2019
3	Sun	HR	2014

除此之外，还可以使用 left_on 和 right_on 参数来指定列名，如下所示。

```
df3 = pd.DataFrame({'name': ['Wang','Li','Zhang','Sun'],
                    'salary': [70000, 80000, 120000, 90000]})
display('df1','df3','pd.merge(df1, df3, left_on = "employee", right_on = "name")')
```

输出结果如下：

df1

	employee	Group
0	Wang	Accounting
1	Li	Engineering
2	Zhang	Engineering
3	Sun	HR

df3

	Name	Salary
0	Wang	120000
1	Li	80000
2	Zhang	70000
3	Sun	90000

pd.merge(df1, df3, left_on = "employee", right_on = "name")

	employee	Group	Name	Salary
0	Wang	Accounting	Wang	120000
1	Li	Engineering	Li	80000
2	Zhang	Engineering	Zhang	70000
3	Sun	HR	sun	90000

另外,可以使用 drop 方法去掉多余的列,如下所示。

pd.merge(df1, df3, left_on = "employee", right_on = "name").drop('name', axis = 1)

输出结果如下:

	employee	Group	Salary
0	Wang	Accounting	120000
1	Li	Engineering	80000
2	Zhang	Engineering	70000
3	Sun	HR	90000

可以通过设置 pd.merge 中的参数 left_index 和 reight_index 将索引设置为键来实现合并：

```
display('df1a','df2a',
        "pd.merge(df1a, df2a, left_index = True, right_index = True)")
```

输出结果如下：

df1a

Employee	Group
Wang	accounting
Li	Engineering
Zhang	Engineering
sun	HR

df2a

Employee	Hire_data
Zhang	2019
Wang	2008
Li	2021
sun	2014

pd.merge(df1a, df2a, left_index = True, right_index = True)

emolyee	group	Hire_data
Zhang	engineering	2019
Wang	Accounting	2008
Li	Engineering	2021
sun	HR	2014

如果想将索引与列混合使用，那么可以通过结合 left_index 与 right_on 或者结合 left_on 与 right_index 来实现：

```
display('df1a','df3', "pd.merge(df1a, df3, left_index = True, right_on ='name')")
```

输出结果如下：

df1a

Employee	Group
Wang	accounting
Li	Engineering
Zhang	Engineering
sun	HR

df3

	name	Salary
0	Wang	120000
1	Li	80000
2	Zhang	70000
3	Sun	90000

pd.merge(df1a, df3, left_index = True, right_on = 'name')

	Group	name	Salary
0	Accounting	Wang	120000
1	Engineering	Li	80000
2	Engineerinf	Zhang	70000
3	HR	Sun	90000

13.8.4 设置数据连接的集合操作规则

当一个值出现在一列,却没有出现在另一列时,需要考虑集合操作规则。

```
df6 = pd.DataFrame({'name': ['Peter','Paul','Mary'],
                    'food': ['fish','beans','bread']},
                    columns = ['name','food'])
df7 = pd.DataFrame({'name': ['Mary','Joseph'],
                    'drink': ['wine','beer']},
                    columns = ['name','drink'])
display('df6','df7','pd.merge(df6, df7)')
```

输出结果如下：

df6

	name	food
0	Peter	fish
1	Paul	beans
2	Mary	bread

df7

	name	drink
0	Mary	wine
1	Joseph	beer

pd.merge(df6, df7)

	name	food	drink
0	Mary	bread	wine

内连接(inner join)返回的结果只包含两个输入集合的交集。可以使用 how 参数设置连接方式，默认值为 inner，其他连接方式还有 outer、left 和 right。外连接(outer join)返回两个输入列的交集，缺失值用 NaN 表示。左连接(left join)和右连接(right join)返回的结果分别只包含左列和右列，如下所示。

```
pd.merge(df6, df7, how='inner')
```

输出结果如下：

```
name   food   drink
Mary   bread  wine
display('df6','df7',"pd.merge(df6, df7, how='outer')")
```

输出结果如下：

df6

	name	food
0	Peter	fish
1	Paul	beans
2	Mary	bread

df7

	name	drink
0	Mary	wine
1	Joseph	beer

```
pd.merge(df6, df7, how ='outer')
```

	name	food	drink
0	Peter	fish	NaN
1	Paul	beans	NaN
2	Mary	bread	wine
3	Joseph	NaN	beer

```
display('df6','df7', "pd.merge(df6, df7, how ='left')")
```

输出结果如下：

df6

	name	food
0	Peter	fish
1	Paul	beans
2	Mary	bread

df7

	name	drink
0	Mary	wine
1	Joseph	beer

pd.merge(df6, df7, how ='left')

	name	food	drink
0	Peter	fish	NaN
1	Paul	beans	NaN
2	Mary	bread	wine

13.9 向量化字符串操作

13.9.1 Pandas 字符串操作简介

使用 Python 的一个优势就是处理字符串比较容易。在此基础上创建的 Pandas 同样提供了一系列向量化字符串操作方法，它们在处理数据时都是不可或缺的方法。使用 Numpy 与 Pandas 对数组元素进行操作时，向量化字符串操作简化了纯数值的数组操作语法，无须关注数据长度或维度,只需关心需要的操作。

13.9.2 Pandas 的向量化字符串方法列表

几乎所有的 Python 内置的字符串方法都被复制到 Pandas 的向量化字符串方法中,Python 的部分向量化字符串方法如表 13.2 所示。

表 13.2 Pandas 的向量化字符串方法一

len	find	rfind
lower	upper	center
translate	startswith	endswith
islower	isupper	isnumeric
ljust	rjust	isalnum
isalnum	isdecimal	zfill
index	isalpha	split
strip	rstrip	lstrip
capitalize	swapcase	isdigit
isspace	istitle	rpartition

还有一些支持正则表达式的方法也可以用来处理每个字符串元素。表 13.3 中的向量化字符串方法是 Pandas 向量化字符串方法根据 Python 标准库的 re 模块函数实现的 API。

表 13.3 Pandas 的向量化字符串方法二

方法	描述
match	对每个元素调用 re.match,返回布尔类型值
extract	对每个元素调用 re.match,返回 p 匹配的字符串数组(groups)
findall	对每个元素调用 re.findall
replace	用正则模式替换字符串
contains	对每个元素调用 re.search,返回布尔类型值
count	计算符合正则模式的字符串的数量
split	等价于 str.split,支持正则表达式
rsplit	等价于 str.rsplit,支持正则表达式

除了上述方法外,还有一些向量化字符串方法可以实现便利操作,如表 13.4 所示。

表 13.4 Pandas 的向量化字符串方法三

方法	描述
get	获取元素索引位置上的值,索引从 0 开始
slice	对元素进行切片取值
slice_replace	对元素进行切片替换
cat	连接字符串(此功能比较复杂,建议阅读文档)
repeat	重复元素

续表

方法	描述
normalize	将字符串转换为一种标准化规范形式
pad	在字符串的左边、右边或两边增加空格
wrap	将字符串按照指定的宽度换行
join	用分隔符连接 Series 的每个元素
get_dummies	按照分隔符提取每个元素的 dummy 变量
..	转换为独热(one-hot)编码的 DataFrame

13.10 处理时间序列

13.10.1 Python 的日期与时间工具

Python 的标准库模块 datetime 中包含了基本的日期和时间功能,它们可以和第三方库 dateutil 模块搭配使用,实现更丰富的日期与时间功能。例如,创建一个日期:

```
from datetime import datetime
datetime(year = 2021, month = 6, day = 1)
```

输出结果如下:

```
datetime.datetime(2021, 6, 1, 0, 0)
```

除了使用 datetime 和 dateutil 这种原生 Python 工具,还可以使用 NumPy 的 datetime64 类型。datetime64 数组内元素的类型是统一的,所以其运算速度要比 datetime 对象的运算速度快很多。datetime64 需要在设置日期时确定具体的输入类型,如下所示。

```
import numpy as np
date = np.array('2021-06-01', dtype = np.datetime64)
date
```

输出结果如下:

```
array(datetime.date(2015, 7, 4), dtype = 'datetime64[D]')
```

可以利用这个日期格式进行快速的向量化运算,如下所示。

```
date + np.arange(12)
```

输出结果如下:

```
array(['2021-06-01', '2021-06-02', '2021-06-03', '2021-06-04', '2021-06-05', '2021-06-06', '2021-06-07', '2021-06-08', '2021-06-09', '2021-06-10', '2021-06-11', '2015-06-12'],
dtype = 'datetime64[D]')
```

13.10.2 Pandas 时间序列:用时间作索引

我们可以通过一个时间索引数据创建一个 Series 对象,然后利用它对日期进行切片取值,如下所示。

```
index = pd.DatetimeIndex(['2020-07-04','2020-08-04','2021-07-04','2021-08-04'])
data = pd.Series([0, 1, 2, 3], index = index)
data
```

输出结果如下:

```
2020-07-04    0
2020-08-04    1
2021-07-04    2
2021-08-04    3
dtype: int64
```

```
data['2020-07-04':'2021-07-04']
```

输出结果如下:

```
2020-07-04 0
2020-08-04 1
2021-07-04 2
dtype: int64
```

13.10.3 Pandas 时间序列的数据结构

以下是处理时间序列的 3 种基础数据类型。

① 对于时间戳,Pandas 提供了 Timestamp 类型。它基于 numpy.datetime64 数据类型,与之相关的索引类型是 DatetimeIndex。

② 对于时间时期,Pandas 提供了 Period 类型,它基于 numpy.datetime64 编码的固定频率间隔,与之相关的索引类型是 PeriodIndex。

③ 对于时间差,Pandas 提供了 Timedelta 类型,它同样基于 numpy.datetime64,与之相关的索引类型是 TimedeltaIndex。

最基本的时间/日期是时间戳 Timestamp 和 DatetimeIndex。我们可以直接使用 pd.to_datetime 函数来直接解析不同的格式。如果传入单个日期给 pd.to_datetime,则返回一个 Timestamp,如果传入一系列日期,则默认返回 DatetimeIndex。

```
dates = pd.to_datetime([datetime(2021, 7, 3), '4th of July, 2021','2021-Jul-6','07-07-2021','20210708'])
dates
```

输出结果如下:

```
DatetimeIndex(['2021-07-03', '2021-07-04', '2021-07-06', '2021-07-07', '2021-07-08'],
dtype='datetime64[ns]', freq=None)
```

当用一个日期减去另一个日期的时候,TimedeltaIndex 就会被创建:

```
dates - dates[0]
```

输出结果如下:

```
TimedeltaIndex(['0 days', '1 days', '3 days', '4 days', '5 days'], dtype='timedelta64[ns]', freq=None)
```

为了方便创建日期序列,Pandas 提供了一些函数:pd.date_range 用于创建时间戳,pd.period_range 用于创建时期,pd.timedelta_range 用于创建时间差。在默认情况下频率间隔是一天。

```
pd.date_range('2021-07-03', '2021-07-10')
```

输出结果如下:

```
DatetimeIndex(['2021-07-03', '2021-07-04', '2021-07-05', '2021-07-06','2021-07-07',
'2021-07-08', '2021-07-09', '2021-07-10'],dtype='datetime64[ns]', freq='D')
```

另外,可以不指定终点,而提供一个时期数:

```
pd.date_range('2021-07-03', periods=8)
```

输出结果如下:

```
DatetimeIndex(['2021-07-03', '2021-07-04', '2021-07-05', '2021-07-06', '2021-07-07',
'2021-07-08', '2021-07-09', '2021-07-10'], dtype='datetime64[ns]', freq='D')
```

频率间隔可以通过 freq 参数设置,默认是'D':

```
pd.date_range('2021-07-03', periods=8, freq='H')
```

输出结果如下:

```
DatetimeIndex(['2021-07-03 00:00:00', '2021-07-03 01:00:00', '2021-07-03 02:00:00',
'2021-07-03 03:00:00', '2021-07-03 04:00:00', '2021-07-03 05:00:00', '2021-07-03 06:00:
00', '2021-07-03 07:00:00'],dtype='datetime64[ns]', freq='H')
```

与上述的频率的间隔通过 freg 参数设置相类似:

```
pd.period_range('2021-07', periods=8, freq='M')
```

输出结果如下:

```
PeriodIndex(['2021-07', '2021-08', '2021-09', '2021-10', '2021-11', '2021-12' '2022-01',
'2022-02'], dtype='period[M]', freq='M')
pd.timedelta_range(0, periods=10, freq='H')
TimedeltaIndex(['00:00:00', '01:00:00', '02:00:00', '03:00:00', '04:00:00', '05:00:00',
'06:00:00', '07:00:00', '08:00:00', '09:00:00'],
dtype='timedelta64[ns]', freq='H')
```

13.11　eval 与 query

13.11.1　用 pandas.eval 实现高性能运算

pd.eval 可支持如下运算。

1. 算术运算

```
df1, df2, df3, df4, df5 = (pd.DataFrame(rng.randint(0, 1000, (100, 3)))
                           for i in range(5))
result1 = -df1 * df2 / (df3 + df4) - df5
result2 = pd.eval('-df1 * df2 / (df3 + df4) - df5')
np.allclose(result1, result2)
```

输出结果如下：

```
true
```

2. 比较运算

```
result1 = (df1 < df2) & (df2 <= df3) & (df3 != df4)
result2 = pd.eval('df1 < df2 <= df3 != df4')
np.allclose(result1, result2)
```

输出结果如下：

```
true
```

3. 位运算

```
result1 = (df1 < 0.5) & (df2 < 0.5) | (df3 < df4)
result2 = pd.eval('(df1 < 0.5) & (df2 < 0.5) | (df3 < df4)')
np.allclose(result1, result2)
```

输出结果如下：

```
true
```

```
result3 = pd.eval('(df1 < 0.5) and (df2 < 0.5) or (df3 < df4)')
np.allclose(result1, result3)
```

输出结果如下：

```
true
```

4. 对象属性和索引的运算

```
result1 = df2.T[0] + df3.iloc[1]
result2 = pd.eval('df2.T[0] + df3.iloc[1]')
np.allclose(result1, result2)
```

输出结果如下:

```
true
```

13.11.2 用 DataFrame.eval 实现列间运算

由于 pd.eval 是 Pandas 的顶层函数,因此 DataFrame 有一个 eval 方法可以做类似的运算。使用 DataFrame.eval 方法的好处是可以借助列名称进行运算,如下所示。

```
df = pd.DataFrame(rng.rand(1000, 3), columns = ['A', 'B', 'C'])
df.head()
```

输出结果如下:

	A	B	C
0	0.375506	0.406939	0.069938
1	0.069087	0.235615	0.154374
2	0.677945	0.433839	0.652324
3	0.264038	0.808055	0.347197
4	0.589161	0.252418	0.557789

```
result1 = (df['A'] + df['B']) / (df['C'] - 1)
result2 = df.eval('(A + B) / (C - 1)')
np.allclose(result1, result2)
```

输出结果如下:

```
true
```

1. 用 DataFrame.eval 新增列

首先尝试用 DataFrame.eval 创建一个新列,如下所示。

```
df.eval('D = (A + B) / C', inplace = True)
df.head()
```

输出结果如下:

	A	B	C	D
0	0.375506	0.406939	0.069938	11.187620
1	0.069087	0.235615	0.154374	1.973796
2	0.677945	0.433839	0.652324	1.704344
3	0.264038	0.808055	0.347197	3.087857
4	0.589161	0.252418	0.557789	1.508776

然后修改已有的列,如下所示。

```
df.eval('D = (A - B) / C', inplace = True)
df.head()
```

输出结果如下：

	A	B	C	D
0	0.375506	0.406939	0.069938	-0.449425
1	0.069087	0.235615	0.154374	-1.078728
2	0.677945	0.433839	0.652324	0.374209
3	0.264038	0.808055	0.347197	-1.566886
4	0.589161	0.252418	0.557789	0.603708

2. 在 DataFrame.eval 中使用局部变量

通过"@"符号使用 Python 的局部变量，如下所示。

```
column_mean = df.mean(1)
result1 = df['A'] + column_mean
result2 = df.eval('A + @column_mean')
np.allclose(result1, result2)
```

输出结果如下：

```
true
```

"@"符号表示这是一个变量名称，而不是一个列名称，用于标识表达式中的外部变量（如 @x），使其与 DataFrame 的列名（如 a）区分开。这种机制允许在同一表达式中混合使用两种命名空间的资源，可以避免歧义并提升灵活性，适用于需要动态结合列数据和外部参数的计算场景。

13.11.3 DataFrame.query 方法

query 方法和 eval 方法一样是基于 DataFrame 列的计算代数式，该方法也支持使用"@"符号引用局部变量。对于过滤的操作，可以使用 DataFrame.query 方法，如下所示。

```
result1 = df[(df.A < 0.5) & (df.B < 0.5)]
result2 = pd.eval('df[(df.A < 0.5) & (df.B < 0.5)]')
np.allclose(result1, result2)
```

输出结果如下：

```
true
result2 = df.query('A < 0.5 and B < 0.5')
np.allclose(result1, result2)
```

输出结果如下：

```
true
```

```
Cmean = df['C'].mean()
result1 = df[(df.A < Cmean) & (df.B < Cmean)]
result2 = df.query('A < @Cmean and B < @Cmean')
np.allclose(result1, result2)
```

输出结果如下:

```
true
```

本章小结

本章节讲述了有关 Pandas 库的各种操作,为 Python 带来了两种新的数据结构 Series 和 DataFrame,借助这两种数据结构可以轻松直观地处理带标签的数据和关系数据。

练习题

1. 显示以下 DataFrame 的基础信息,包括行数、列名、值的数量和类型。

	animal	age	name
a	cat	2.0	Tom
b	dog	NaN	Jack
c	cat	3.0	Amy

2. 使用两种方式显示第 1 题中的前两行。
3. 取出第 1 题中的 animal 和 name 列。
4. 从字典对象创建 DataFrame,将索引值设置为 labels。

第 14 章 Matplotlib库

14.1 Matplotlib 的常用技巧

14.1.1 导入 Matplotlib

Matplotlib 版本可用作 PyPI 上 macOS、Windows 和 Linux 的包,安装它使用 pip:

```
python -m pip install -U pip
python -m pip install -U matplotlib
```

如果此命令导致从源代码编译 Matplotlib 并且编译出现问题,那么可以通过添加 --prefer-binary 选择最新版本的 Matplotlib,找一个适用于当前操作系统和 Python 的预编译包。

安装完 Matplotlib 后,通过 import 来导入 Matplotlib。

```
import matplotlib.pyplot as plt
import numpy as np
```

14.1.2 设置绘图样式

Matplotlib 在 Figures(即窗口、Jupyter 小部件等)上绘制数据,每个 Figure 对象都可以包含一个或多个 Axes,Axes 是一个可以根据 x-y 坐标(或极坐标图中的 θ-r 坐标、3D 图中的 x-y-z 坐标)指定点的绘图区域。使用轴创建图形的最简单的方法是使用 plt.subplots。然后可以使用 ax.plot 在轴上绘制一些数据,如图 14.1 所示。

```
fig, ax = plt.subplots()         # 创建包含单个轴的图形
ax.plot([1, 2, 3, 4], [1, 4, 2, 3]) # 在轴上绘制一些数据
```

许多其他绘图库或语言不需要显式创建轴,如图 14.1 所示,获得所需图形的语句如下:

```
plot([1, 2, 3, 4], [1, 4, 2, 3])    % MATLAB plot.
```

可以在 Matplotlib 中做同样的事情,前面的例子可以更简短地写成如下形式:

```
plt.plot([1, 2, 3, 4], [1, 4, 2, 3])    # Matplotlib plot.
```

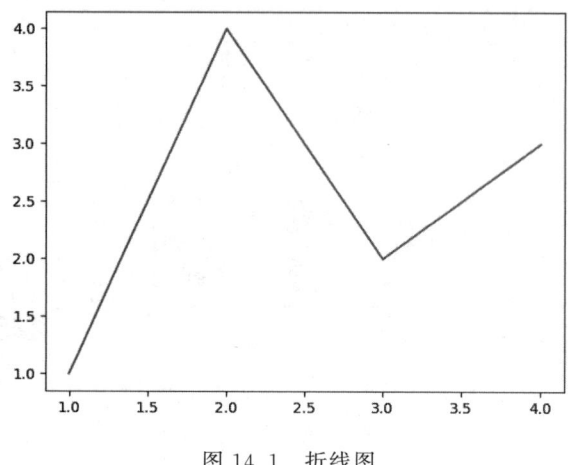

图 14.1　折线图

14.1.3　显示图形

显示图像前首先需要导入库：

```
import os
from PIL import Image
import matplotlib.pyplot as plt
```

显示一幅彩色图片：

```
img = Image.open(os.path.join('images', '2007_000648' + '.jpg'))
plt.figure("Image")  # 图像窗口名称
plt.imshow(img)
plt.axis('on') #关掉坐标轴为 off
plt.title('image') # 图像题目
plt.show()
```

运行结果如图 14.2 所示。

图 14.2　彩色图像

显示一副灰度图像：

```
img = Image.open(os.path.join('images','2021_000648' + '.jpg'))
img = img.convert('L')
plt.figure("Image")
# 这里必须加 cmap = 'gray',否则尽管原图像是灰度图,但是显示的是伪彩色图像
plt.imshow(img,cmap = 'gray')
plt.axis('on')
plt.title('image')
plt.show()
```

运行结果如图 14.3 所示。显示伪彩色图像的效果如图 14.4 所示。

图 14.3　灰度图像

图 14.4　伪彩色图像

如果在一个窗口显示多幅图像,则要用到 subplot：

```python
import os
import numpy as np
from PIL import Image
import matplotlib.pyplot as plt

img = Image.open(os.path.join('images','2021_000648' + '.jpg'))
gray = img.convert('L')
r,g,b = img.split()
img_merged = Image.merge('RGB', (r, g, b))
plt.figure(figsize = (10,5)) #设置窗口大小
plt.suptitle('Multi_Image') # 图片名称
plt.subplot(2,3,1), plt.title('image')
plt.imshow(img), plt.axis('off')
plt.subplot(2,3,2), plt.title('gray')
plt.imshow(gray,cmap ='gray'), plt.axis('off') #这里显示灰度图要加 cmap
plt.subplot(2,3,3), plt.title('img_merged')
plt.imshow(img_merged), plt.axis('off')
plt.subplot(2,3,4), plt.title('r')
plt.imshow(r,cmap ='gray'), plt.axis('off')
plt.subplot(2,3,5), plt.title('g')
plt.imshow(g,cmap ='gray'), plt.axis('off')
plt.subplot(2,3,6), plt.title('b')
plt.imshow(b,cmap ='gray'), plt.axis('off')
plt.show()
```

运行结果如图 14.5 所示。

图 14.5　多幅图像

14.1.4 将图形保存为文件

使用 plt.savefig 函数将图形保存为 png 文件:

```
# 保存图形
plt.savefig("foo.png")
# 保存为透明图像
plt.savefig("foo.png", transparent = True)
```

导入 PdfPages,将图形保存为 pdf 文件:

```
# 导入 PdfPages
from matplotlib.backends.backend_pdf import PdfPages
# 初始化 pdf 文件
pp = PdfPages('multipage.pdf')
# 将图形保存到文件中
pp.savefig()
# 关闭文件
pp.close()
```

14.2 简易线形图

14.2.1 调整图形:线条的颜色与风格

Pyplot 是 Matplotlib 的子库,提供了和 MATLAB 类似的绘图 API。Pyplot 是常用的绘图模块,能很方便让用户绘制 2D 图表。Pyplot 包含一系列绘图函数的相关函数,每个函数会对当前的图像进行一些修改,如给图像加上标记,生成新的图像,在图像中产生新的绘图区域,等等。使用的时候,我们可以使用 import 导入 Pyplot ,并设置一个别名 plt:

```
import matplotlib.pyplot as plt
```

通过两个坐标(0,0)到(6,100)绘制一条线:

```
import matplotlib.pyplot as plt
import numpy as np

xpoints = np.array([0, 6])
ypoints = np.array([0, 100])
plt.plot(xpoints, ypoints)
plt.show()
```

输出结果如图 14.6 所示。

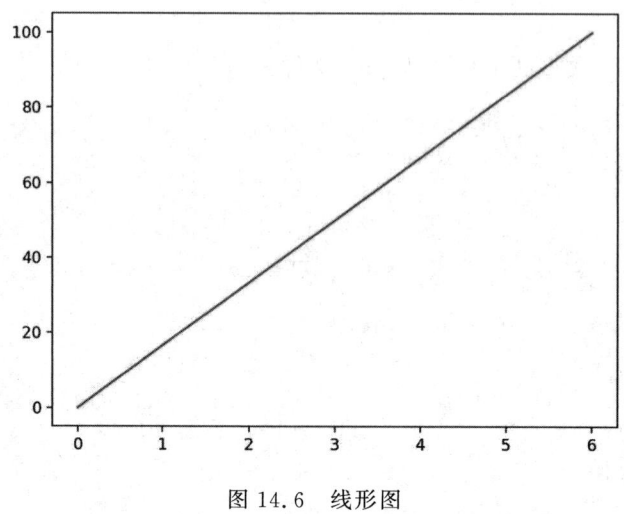

图 14.6　线形图

在以上实例中我们使用了 Pyplot 的 plot 函数，plot 函数是绘制二维图形的最基本函数。plot 在画图时可以绘制点和线，其语法格式如下：

```
# 画单条线
plot([x], y, [fmt], *, data=None, **kwargs)
# 画多条线
plot([x], y, [fmt], [x2], y2, [fmt2], ..., **kwargs)
```

参数说明如下：

- x，y：点或线的节点，x 为 x 轴数据，y 为 y 轴数据，数据可以是列表或数组。
- fmt：可选，用于定义基本格式（如颜色、标记和线条样式）。
- **kwargs：可选，用在二维平面图上，用于设置指定属性，如标签、线的宽度等。

plot 用于画图绘制点和线的代码示例如下：

```
>>> plot(x, y)          # 创建 y 中数据与 x 中对应值的二维线图,使用默认样式
>>> plot(x, y, 'bo')    # 创建 y 中数据与 x 中对应值的二维线图,使用蓝色实心圈绘制
>>> plot(y)             # x 的值为 0..N-1
>>> plot(y, 'r+')       # 使用红色 + 号
```

颜色字符：'b'表示蓝色,'m'表示洋红色,'g'表示绿色,'y'表示黄色,'r'表示红色,'k'表示黑色,'w'表示白色,'c'表示青绿色,'#008000'表示 RGB 颜色符串。多条曲线不指定颜色时,会自动选择不同颜色。

线型参数：'-'表示实线,'--'表示破折线,'-.'表示点划线,':'表示虚线。

标记字符：'.'表示点标记,','表示像素标记(极小点),'o'表示实心圈标记,'v'表示倒三角标记,'^'表示上三角标记,'>'表示右三角标记,'<'表示左三角标记,等等。

下面绘制坐标(1,3)到(8,10)的线,我们需要传递两个数组[1,8]和[3,10]给 plot 函数：

```python
import matplotlib.pyplot as plt
import numpy as np
xpoints = np.array([1, 8])
ypoints = np.array([3, 10])
plt.plot(xpoints, ypoints)
plt.show()
```

输出结果如图 14.7 所示。

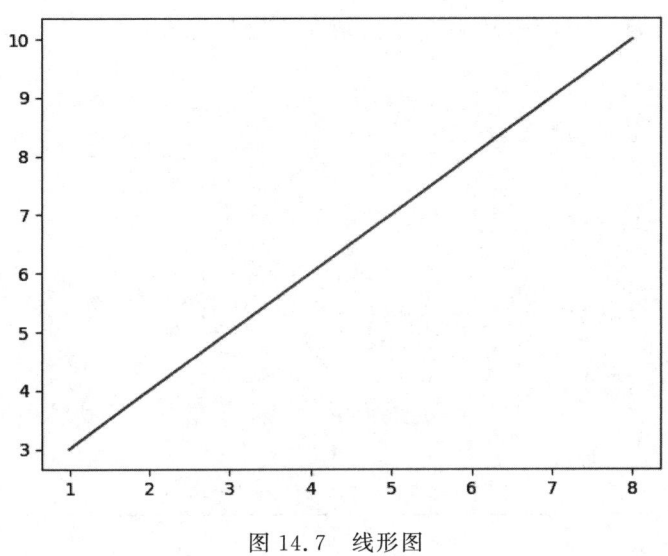

图 14.7 线形图

14.2.2 调整图形:坐标轴的上下限

获取或设置当前 x 轴的范围:

```
left, right = xlim()    # 返回当前 xlim
xlim((left, right))     # 将 xlim 设置为左、右
```

如果不指定 args,则可以将 left 或 right 作为 kwargs 参数传递:

```
xlim(right = 3)    # 调整右侧,保持左侧不变
xlim(left = 1)     # 调整左、右侧保持不变
```

不带参数调用 xlim 函数与调用 get_xlim 当前轴的 Pyplot 库等效。使用参数调用 xlim 函数与调用 set_xlim 当前轴的 Pyplot 库等效。

对于 xlim 函数的参数,可以选择其中一个参数,只更改最大坐标轴或最小坐标轴。

xmax:最大坐标轴。

xmix:最小坐标轴。

对 ylim 函数的参数,可以选择其中一个参数,只更改最大坐标轴或最小坐标轴。

ymax:最大坐标轴。

ymin：最小坐标轴。

```
# 设置横轴的上下限
xlim(-4.0,4.0)
# 设置纵轴的上下限
ylim(-1.0,1.0)
```

14.2.3 设置图形标签

可以使用 xlabel 和 ylabel 方法来设置 x 轴和 y 轴的标签：

```
import numpy as np
import matplotlib.pyplot as plt
x = np.array([1, 2, 3, 4])
y = np.array([1, 4, 9, 16])
plt.plot(x, y)
plt.xlabel("x-label")
plt.ylabel("y-label")
plt.show()
```

显示结果如图 14.8 所示。

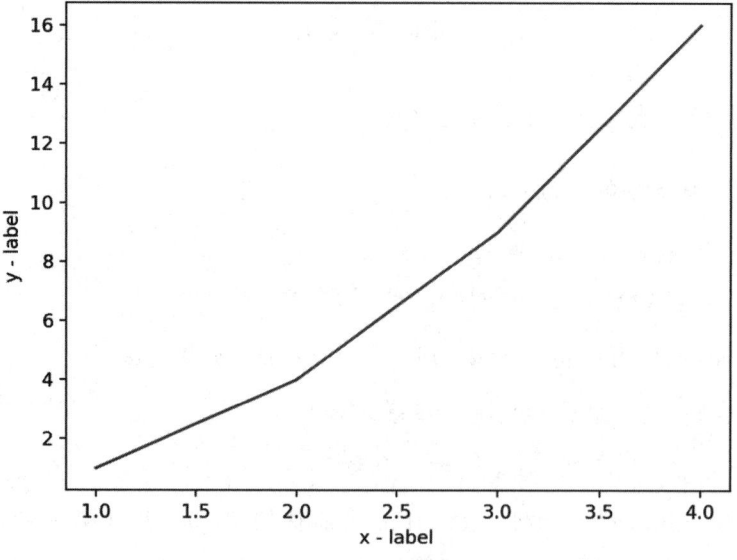

图 14.8 带标签的线形图

14.3 简易散点图

14.3.1 用 plt.plot 创建散点图

可以用 plt.plot 创建散点图,并使用 show 函数显示散点图,代码如下:

```
import matplotlib.pyplot as plt
plt.plot([1, 2, 3, 4], [1, 4, 9, 16], 'ro') #创建散点图
plt.axis([0, 6, 0, 20])
plt.show() #显示散点图
```

运行结果如图 14.9 所示,散点图按照坐标显示了 4 个点。

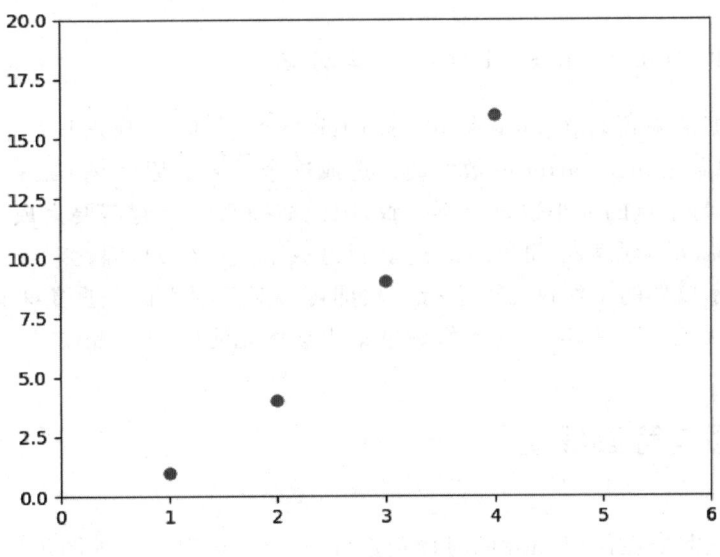

图 14.9 用 plt.plot 创建的散点图

14.3.2 用 plt.scatter 创建散点图

可以用 plt.scatter 创建散点图,并使用 show 函数显示散点图,代码如下:

```
import matplotlib.pyplot as plt
x = [5,7,8,10,6]
y = [3,7,13,8,10]
plt.scatter(x,y) #创建散点图
plt.show() #显示散点图
```

运行结果如图 14.10 所示,散点图按照坐标显示了 5 个点。

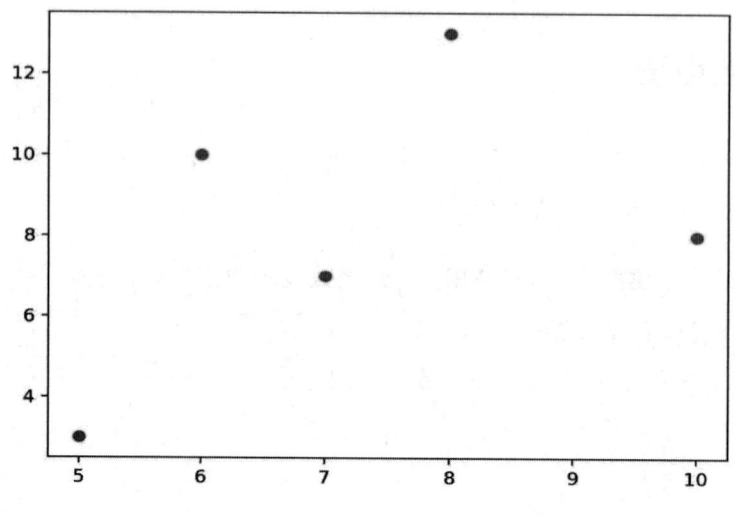

图 14.10 用 plt.scatter 创健的散点图

14.3.3 plt.plot 与 plt.scatter 的效率对比

对于小的数据集来说，plt.plot 和 plt.scatter 并无差别，当数据集增长到几千个点时，plt.plot 的效率明显比 plt.scatter 的效率高。造成这个差异的原因是 plt.scatter 支持每个点使用不同的颜色，每个点的大小也可以不一致，因此渲染每个点时需要完成更多额外的工作。而对 plt.plot 来说，每个点都是简单地通过复制另一个点产生的，因此对于整个数据集来说，确定每个点的展示属性的工作仅需要进行一次即可。对于很大的数据集来说，这个差异会导致两者的效率有巨大的区别，因此对于大数据集应该优先使用 plt.plot。

14.4 密度图与等高线图

生成密度图只需要在使用 plot 的时候指定 "kind='kde'" 即可，如图 14.11 所示。

```
s.plot(kind='kde')
```

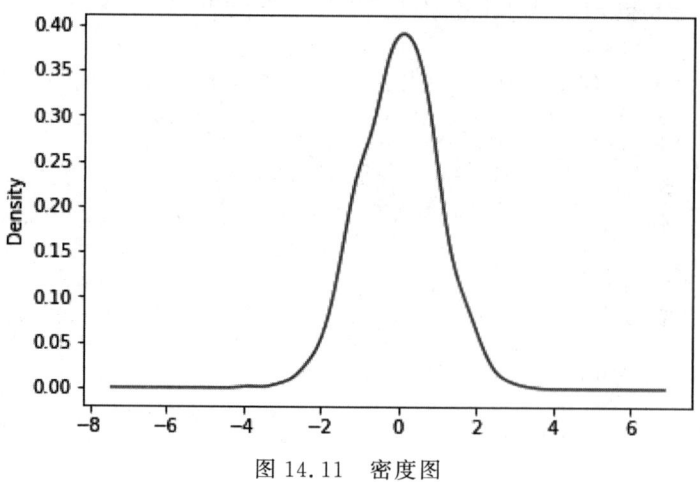

图 14.11 密度图

可以看到,图 14.11 反映出了数据的分布密度,在 0 附近的数据占到了全部数据的近 40%。

在二维图上用等高线图或者彩色图来表示三维数据是个不错的方法。Matplotlib 提供以下 3 个函数来解决这个问题。

plt.contour:绘制等高线图。

plt.contourf:绘制带有填充色的等高线图的色彩。

plt.imshow:显示图形。

1. 用等高线图可视化三维数据

用 plt.contour 函数绘制等高线图需要 3 个参数:x 轴、y 轴、z 轴 3 个坐标轴的网格数据。x 轴与 y 轴表示图形的位置,而 z 轴则通过等高线的等级来表示。用 np.meshgrid 函数准备数据是最简单的方法,它可以构建二维网格数据。当图形中只使用一种颜色时,默认使用虚线表示负数,使用实线表示整数,如图 14.12 所示。

```python
# 用函数 z = f(x,y)演示一个等高线图
def f(x, y):
    return np.sin(x) ** 10 + np.cos(10 + y * x) * np.cos(x)
x = np.linspace(0, 5, 50)
y = np.linspace(0, 5, 40)
X, Y = np.meshgrid(x, y)
Z = f(X, Y)
# 生成等高线图
plt.contour(X, Y ,Z, colors='black')
```

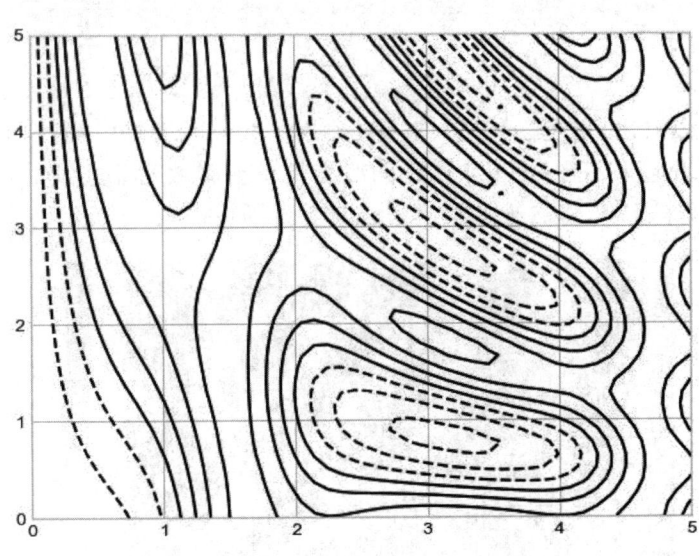

图 14.12　等高线图

2. 用彩色等高线图可视化三维数据

可以用 cmap 参数设置一个线条配色方案,从而实现自定义颜色,还可以让更多的线条显示不同的颜色。使用 RdGy(红-灰,Red-Gray 的缩写)配色方案,对数据集中度的显示效果比较好。它的不足之处是线条之间的间隙还是有点大,可以通过 plt.contourf 函数来填充等高

线图,如图 14.13 所示。

```
# 可以将数据范围等分为 20 份,并用不同颜色表示
plt.contour(X, Y, Z, 20, cmap = 'RdGy')
```

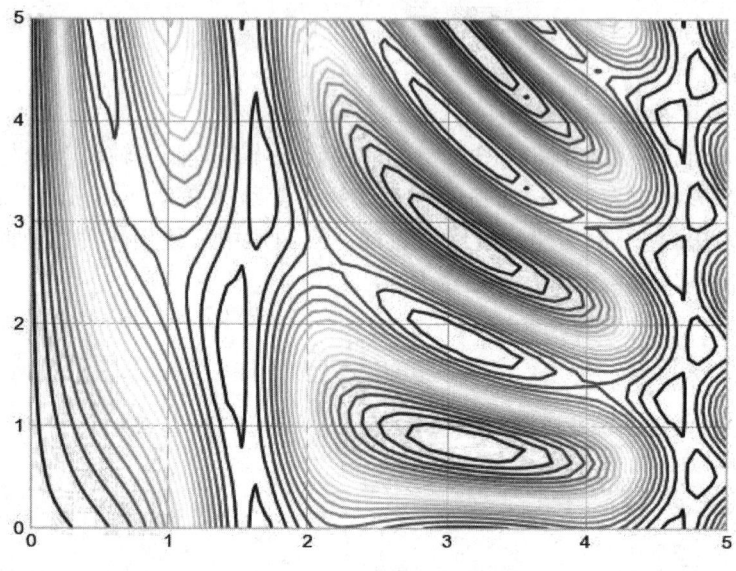

图 14.13　彩色等高线图

3. 带填充色的三维数据可视化

带填充色的三维数据可视化代码如下:

```
plt.contourf(X, Y, Z, 20, cmap = 'RdGy')
plt.colorbar()
```

通过颜色条可以看出,黑色区域是"波峰"(peak),红色区域是"波谷"(valley)。但这么做的不足之处是颜色看起来不自然(由于颜色的改变是一个离散而非连续的过程),但是可以通过 plt.imshow 函数来处理,将二维数组渲染成渐变图,如图 14.14 所示。

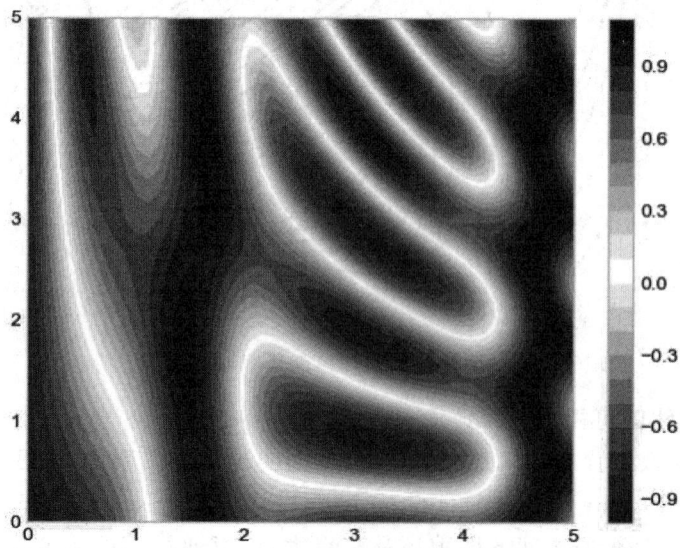

图 14.14　带填充色的高等线图

4. 重新渲染三维数据彩色图

plt.imshow 不支持用 x 轴和 y 轴数据设置网格，而必须通过 extent 参数设置图形的坐标范围[xmin, xmax, ymin, ymax]。其默认使用标准的图形数组定义，原点位于左上角，而不是位于绝大多数等高线图中使用的左下角，这一点在显示网格数据图形的时候必须调整。它会自动调整坐标轴的精度，以适应数据显示，可以通过"axis(aspect='image')"来设置 x 轴与 y 轴的单位，如图 14.15 所示。

```
plt.imshow(Z, extent = [0, 5, 0, 5], origin = 'lower', cmap = 'RdGy')
plt.colorbar()
plt.axis(aspect = 'image')
```

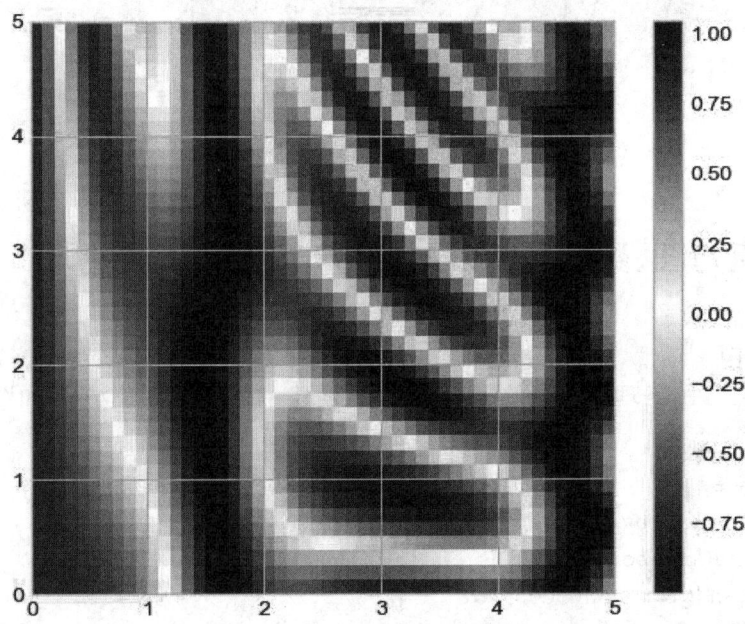

图 14.15　重新渲染三维数据彩色图

5. 在彩色图上加上带数据标签的等高线

将等高线图与彩色图组合起来，通过 alpha 参数设置透明度，实现背景色半透明的彩色图与另一幅坐标轴相同、带数据标签的等高线图叠放在一起，上述操作可利用 plt.clabel 函数来实现，如图 14.16 所示。

```
contours = plt.contour(X, Y, Z, 3, colors = 'black')
plt.clabel(contours, inline = True, fontsize = 8)
plt.imshow(Z, extent = [0, 5, 0, 5], origin = 'lower', cmap = 'RdGy', alpha = 0.5)
plt.colorbar()
```

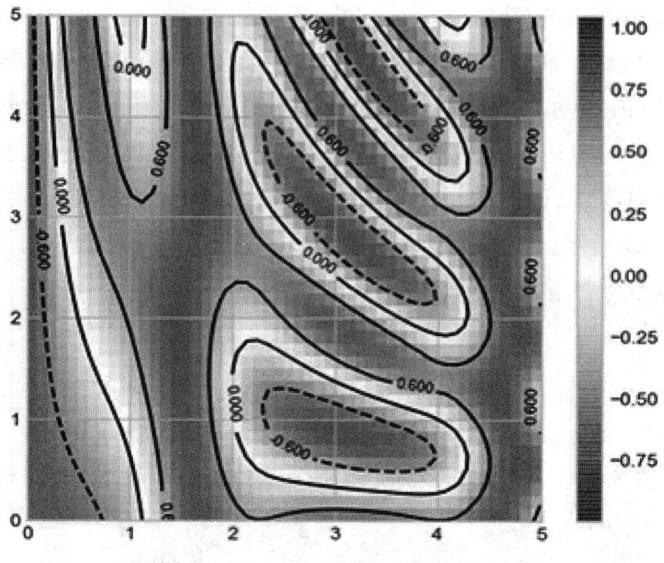

图 14.16 带数据标签的等高线图

14.5 频次直方图、数据区间划分和分布密度

1. 频次直方图

绘制简单的直方图是理解数据的第一步,首先创建一个基本的直方图,如图 14.17 所示。

```
%matplotlib inline
import numpy as np
import matplotlib.pyplot as plt
plt.style.use('seaborn-white')
data = np.random.randn(1000)
#最基本的频次直方图命令
plt.hist(data)
```

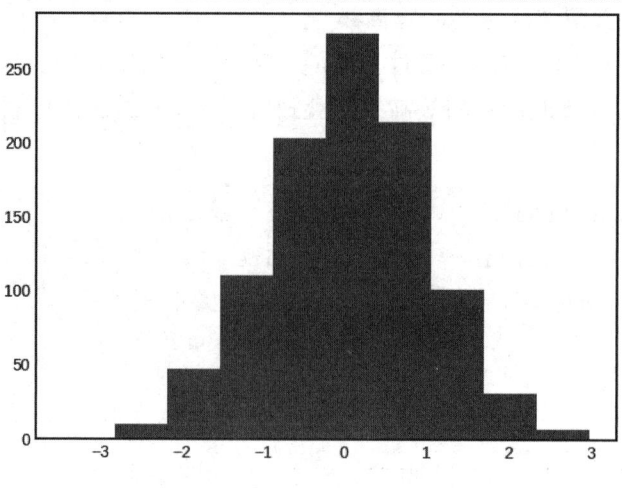

图 14.17 频次直方图

然后调节具体参数,plt.hist 可以自定义详细信息,bins 用于调节横坐标分区个数,alpha 参数用于设置透明度,如图 14.18 所示。

```
plt.hist(data, bins = 30, normed = True, alpha = 0.5, histtype = 'stepfilled',
        color = 'steelblue', edgecolor = 'none'
```

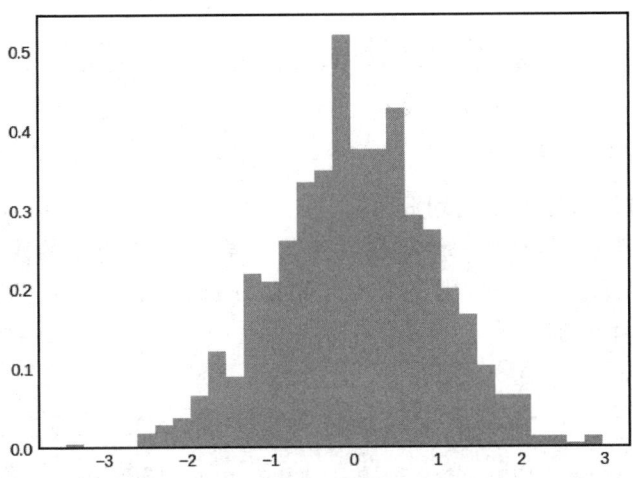

图 14.18　修改透明度的频次直方图

对具有不同分布特征的样本进行对比时,将"histtype='stepfilled'"与透明性设置参数 alpha 搭配使用的效果好,如图 14.19 所示。

```
x1 = np.random.normal(0, 0.8, 1000)
x2 = np.random.normal(-2, 1, 1000)
x3 = np.random.normal(3, 2, 1000)
kwargs = dict(histtype = 'stepfilled', alpha = 0.3, normed = True, bins = 40)
plt.hist(x1, ** kwargs)
plt.hist(x2, ** kwargs)
plt.hist(x3, ** kwargs)
```

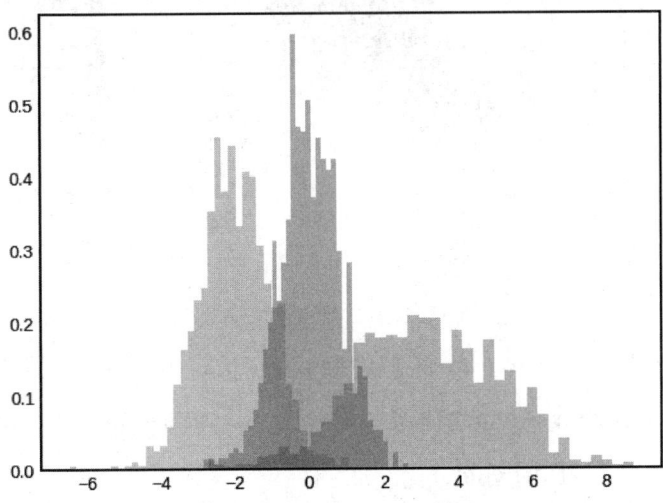

图 14.19　修改透明度的频次直方图

如果只需要简单地计算每段区间的样本数,而并不想画图显示它们,那么可以直接用 np.histogram,如下所示。

```
counts, bin_edges = np.histogram(data, bins = 50)
print(counts)
```

输出结果如下:

```
[  1   1   2   4   6   9  16  16  28  34  52  42  61  85 135 172 188 231
 295 315 343 386 383 400 401 364 325 319 279 240 195 147 136 100  80  69
  40  28  23  11   9   9   7   3   4   2   1   1   1   1]
```

2. 二维频次直方图与数据区间划分

同将一维数组分为区间,创建一维频次直方图一样,也可以将二维数组按照二维区间进行切分,创建二维频次直方图。首先,用一个多元高斯分布(multivariate Gaussian distribution)生成 x 轴与 y 轴的样本数据。

```
mean = [0, 0]
cov = [[1, 1], [1, 2]]
x, y = np.random.multivariate_normal(mean, cov, 10000).T
```

(1) plt.hist2d:二维频次直方图

绘制二维频次直方图最简单的方法就是使用 Matplotlib 的 plt.hist2d 函数,如图 14.20 所示。

```
plt.hist2d(x, y, bins = 30, cmap = 'Blues')
cb = plt.colorbar()
cb.set_label('counts in bin')
```

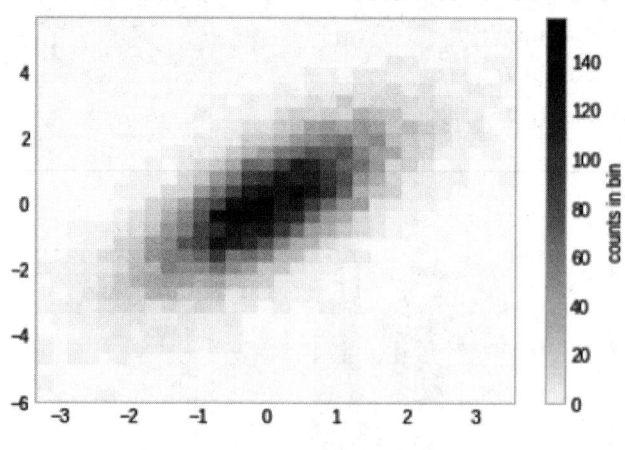

图 14.20 二维频次直方图

在 plt.hist2d 中,与 np.histogram 类似的函数是 np.histogram2d,可以按如下示例使用:

```
counts, xedges, yedges = np.histogram2d(x, y, bins = 30)
```

(2) plt.hexbin:六边形区间划分

二维频次直方图是由与坐标轴正交的方块分割而成的,还有一种常用的方式是用正六边形分割。Matplotlib 提供了 plt.hexbin 函数,它可以将二维数据集分割成蜂窝状,如图 14.21 所示。

```
plt.hexbin(x, y, gridsize = 30, cmap = 'Blues')
cb = plt.colorbar(label = 'count in bin')
```

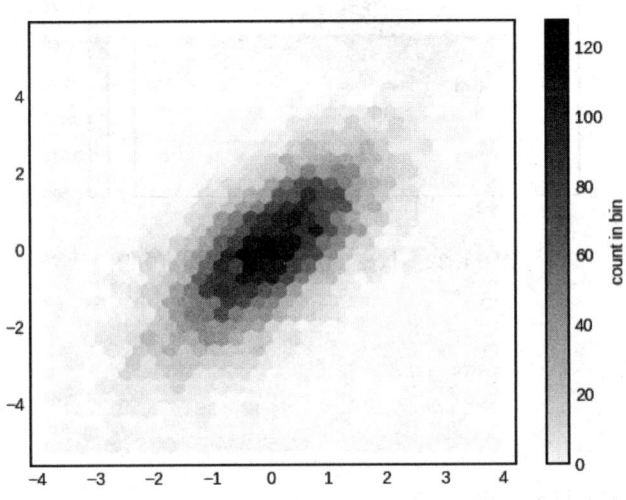

图 14.21　六边形区间划分二维频次直方图

3. 核密度估计

还有一种评估多维数据分布密度的常用方法,即核密度估计(Kernel Density Estimation, KDE)。KDE 方法通过不同的平滑带宽长度(smoothing length)在拟合函数的准确性与平滑性之间作出权衡。找到恰当的平滑带宽长度是一件很难的事,gaussian_kde 通过一种经验方法试图找到输入数据平滑带宽长度的近似最优解。在 Scipy 的生态系统中还有其他的 KDE 方法实现,每个版本都有各自的优缺点,用 Matplotlib 做 KDE 的可视化图的过程比较烦琐,seaborn 提供了更加简洁的 API 来创建基于 KDE 的可视化图,如图 14.22 所示。

```
from scipy.stats import gaussian_kde
# 拟合数组维度[Ndim, Nsamples]
data = np.vstack([x, y])
kde = gaussian_kde(data)
# 用一对规则的网格数据进行拟合
xgrid = np.linspace(-3.5, 3.5, 40)
ygrid = np.linspace(-6, 6, 40)
Xgrid, Ygrid = np.meshgrid(xgrid, ygrid)
Z = kde.evaluate(np.vstack([Xgrid.ravel(), Ygrid.ravel()]))
# 画出结果图
plt.imshow(Z.reshape(Xgrid.shape), origin = 'lower', aspect = 'auto',
            extent = [-3.5, 3.5, -6, 6], cmap = 'Blues')
cb = plt.colorbar()
cb.set_label('density')
```

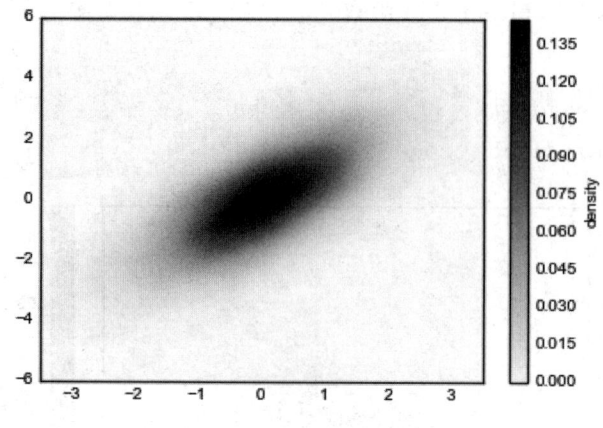

图 14.22　核密度估计二维频次直方图

14.6　配置图例

14.6.1　选择图例显示的元素

可以使用 plt.legend 创建简单图例，如图 14.23 所示。

```
import matplotlib.pyplot as plt
plt.style.use('classic')
% matplotlib inline
import numpy as np
x = np.linspace(0, 10, 1000)
fig, ax = plt.subplots()
ax.plot(x, np.sin(x), '-b', label='Sine')
ax.plot(x, np.cos(x), '--r', label='Cosine')
ax.axis('equal')
leg = ax.legend();
```

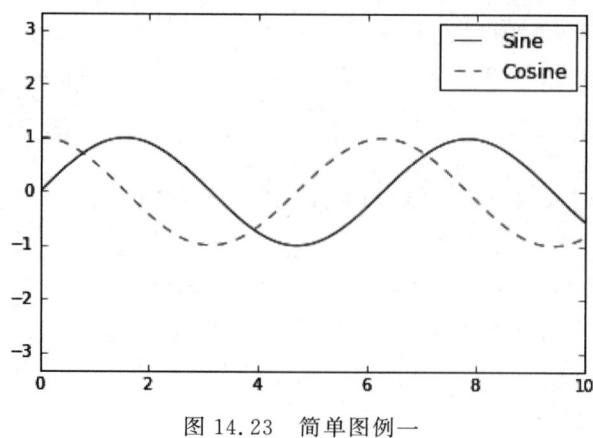

图 14.23　简单图例一

在默认情况下图例包括所有标记的元素,可以使用 plt.plot 命令返回的对象来微调图例中出现的元素和标签。该 plt.plot 命令能够一次创建多行,并返回创建的行实例列表。plt.legend 将其中任何一个传递给它,并会告诉它要识别哪个指定的标签,如图 14.24 所示。

```
y = np.sin(x[:, np.newaxis] + np.pi * np.arange(0, 2, 0.5))
lines = plt.plot(x, y)
# lines 是 plt.Line2D 实例
plt.legend(lines[:2], ['first', 'second']);
```

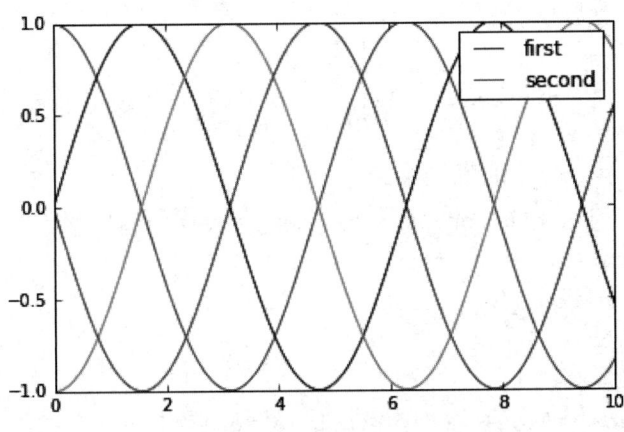

图 14.24　简单图例二

通常在实践中发现使用 plt.legend 创建图例的方法更清楚,将标签应用于你想要在图例上显示的绘图元素。请注意,在默认情况下,图例会忽略所有没有设置 label 属性的元素,如图 14.25 所示。

```
plt.plot(x, y[:, 0], label = 'first')
plt.plot(x, y[:, 1], label = 'second')
plt.plot(x, y[:, 2:])
plt.legend(framealpha = 1, frameon = True);
```

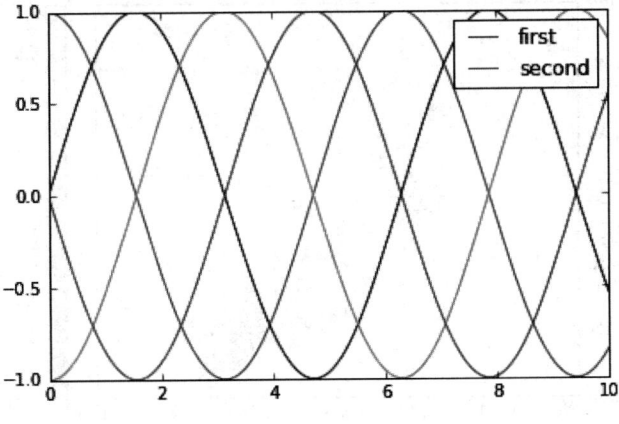

图 14.25　简单图例三

14.6.2 在图例中显示不同尺寸的点

有时图例默认值不足以满足给定的可视化。下面是一个实例,使用点的大小来表示加利福尼亚城市的人口。图 14.26 所示为一个指定点大小比例的图例,我们将通过绘制一些没有条目的标记数据来实现这一点:

```
import pandas as pd
cities = pd.read_csv('data/california_cities.csv')
# 提取我们感兴趣的数据
lat, lon = cities['latd'], cities['longd']
population, area = cities['population_total'], cities['area_total_km2']
# 使用大小和颜色,但不使用标签
plt.scatter(lon, lat, label = None,
            c = np.log10(population), cmap = 'viridis',
            s = area, linewidth = 0, alpha = 0.5)
plt.axis(aspect = 'equal')
plt.xlabel('longitude')
plt.ylabel('latitude')
plt.colorbar(label = 'log $ _{10} $ (population)')
plt.clim(3, 7)
# 在这里创建一个图例
# 绘制空列表与所述所希望的大小和标签
for area in [100, 300, 500]:
    plt.scatter([], [], c = 'k', alpha = 0.3, s = area,
                label = str(area) + ' km $ ^2 $ ')
plt.legend(scatterpoints = 1, frameon = False, labelspacing = 1, title = 'City Area')
plt.title('California Cities: Area and Population');
```

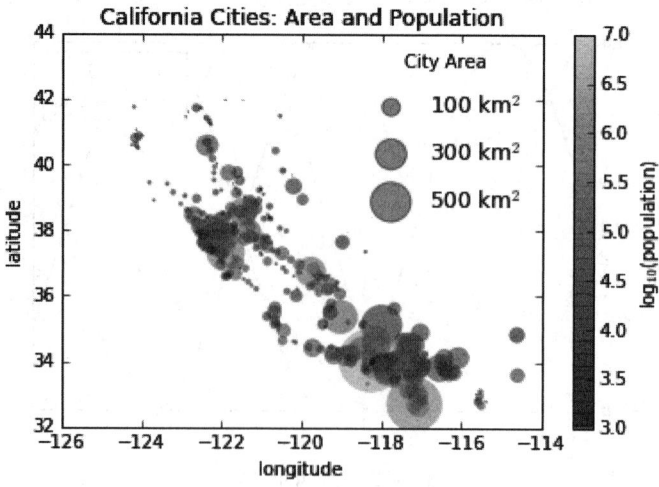

图 14.26 指定点大小比例的图例

图例将始终引用绘图上的某个对象,如果想显示特定形状的图例需要绘制它。在这种情况下,需要的对象(灰色圆圈)不在图中,因此通过绘制空列表来伪造它们。需要注意的是图例仅列出了指定标签的绘图元素。通过绘制空列表,我们创建了由图例拾取的带标签的绘图对象,此策略可用于创建更复杂的可视化。

14.6.3 同时显示多个图例

有时将图例条目拆分为多个图例会更清晰,可以多次调用 legend,但会发现 Axes 上只存在一个图例。这样做是为了可以重复调用 legend,将图例更新为轴上的最新句柄。为了保留旧的图例实例,必须手动将它们添加到 Axes,如下所示。

```
line1, = plt.plot([1, 2, 3], label = "Line 1", linestyle = '--')
line2, = plt.plot([3, 2, 1], label = "Line 2", linewidth = 4)
# 为第一行创建图例。
first_legend = plt.legend(handles = [line1], loc = 'upper right')
# 将图例手动添加到当前轴。
plt.gca().add_artist(first_legend)
# 为第二行创建另一个图例。
plt.legend(handles = [line2], loc = 'lower right')
plt.show()
```

图 14.27 所示为显示多个图例的结果。

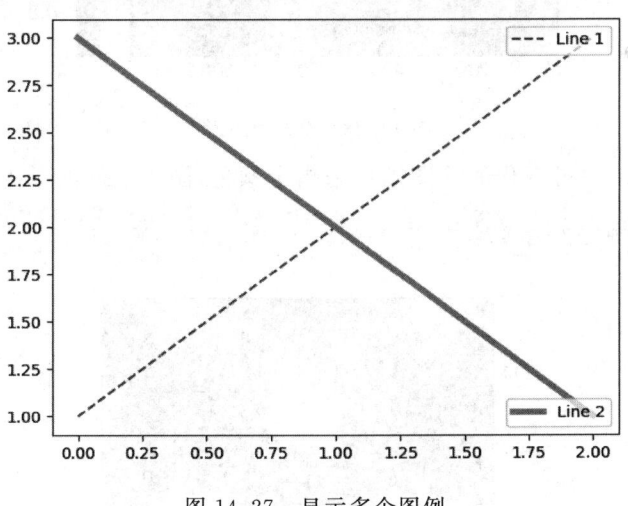

图 14.27　显示多个图例

14.7　配置颜色条

对于图形中由彩色的点、线、面构成的连续标签,用颜色条来表示的效果比较好。在 Matplotlib 中,颜色条是一个独立的坐标轴,可以指明图形中颜色的含义。

可以将颜色条本身看作一个 plt.Axes 实例,它适用于关于坐标轴和刻度值的格式配置,如 plt.clim。可以使用函数 plt.colorbar 创建最简单的颜色条。图 14.28 所示为简单颜色图。

```
#导入包和模块
import matplotlib.pyplot as plt
plt.style.use('classic')
import numpy as np
x = np.linspace(0,10,1000)
I = np.sin(x) * np.cos(x[:,np.newaxis])
plt.inshow(I)
plt.colorbar()
plt.show()
```

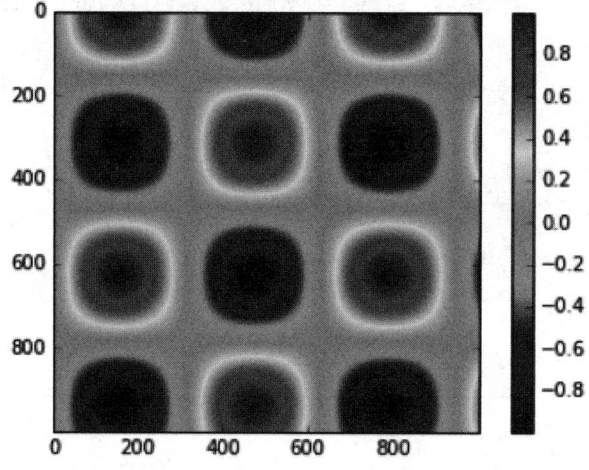

图 14.28　简单颜色图

可以使用 cmap 创建可视化的绘图函数来指定颜色,图 14.29 所示为自定义颜色图。

```
plt.imshow(I, cmap = 'gray');
```

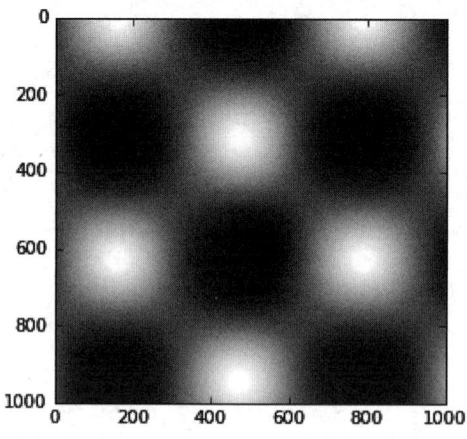

图 14.29　自定义颜色图

所有可用的颜色图都在 plt.cm 命名空间中。

plt.cm 命令的形式如下:

plt.cm.

在默认情况下,颜色图是连续的,但如果希望用颜色图表示离散值,则最简单的方法是使用函数 plt.cm.get_cmap,使用该函数时需要传递合适的颜色的名称以及所需的 bin 数量:

plt.imshow(I, cmap = plt.cm.get_cmap('Blues', 6))
plt.colorbar()
plt.clim(-1, 1);

颜色图的离散版本可以像任何其他颜色图一样使用。图 14.30 所示为离散颜色图。

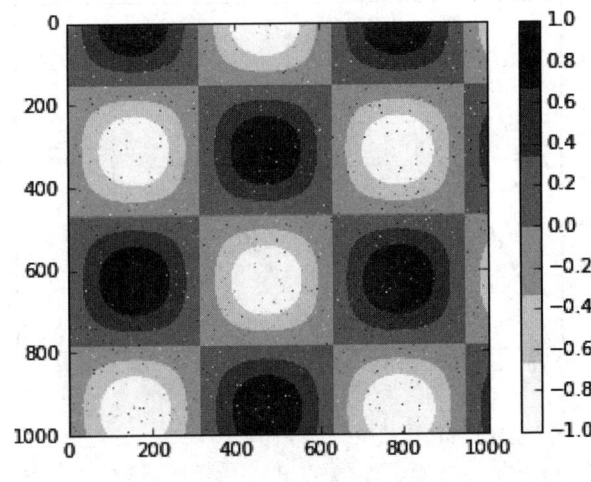

图 14.30 离散颜色图

14.8 多子图

14.8.1 plt.axes:手动创建子图

plt.axes 是 Matplotlib 库的功能,该函数将轴添加到当前图形并将其作为当前轴。其输出取决于所使用的参数。

matplotlib.plt.axes(*args, **kwargs)

参数说明如下:

① *Args:它可能包含 None(nothing)或 4 个 float 类型的元组。
- None:它给出了一个新的全窗口轴。
- 4 个元组:它以 4 个元组作为列表,即左、底部、宽度和高度,并将这些尺寸的窗口作为轴。

② **kwargs:这是一些可选的关键字参数(kwargs),可用作 pyplot.axes 的参数,最常见的包括 facecolor、gid、in_layout、label、position、xlim、ylim 等。

```
import matplotlib.pyplot as plt
# 为 x 和 y 提供值
x = [8, 5, 11, 13, 16, 23]
y = [14, 8, 21, 7, 12, 15]
# 绘制 x 和 y
plt.plot(x, y)
# 生成完整的窗口轴
plt.axes()
```

输出如图 14.31 所示。

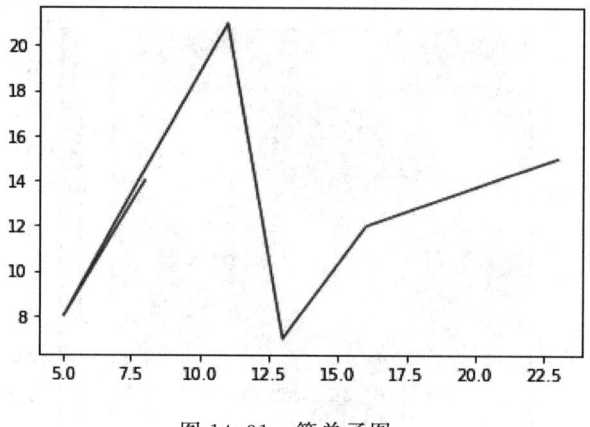

图 14.31　简单子图一

```
import matplotlib.pyplot as plt
# 为 x 和 y 提供值
x = [8, 5, 11, 13, 16, 23]
y = [14, 8, 21, 7, 12, 15]
# 绘制 x 和 y
# 生成自定义窗口
# 尺寸[左,下,宽,高度]
plt.axes([0, 2.0, 2.0, 2.0], facecolor = 'black')
```

输出如图 14.32 所示。

图 14.32　简单子图二

14.8.2 plt.subplot:简易网格子图

对齐子图的列或行是一个很普通的需求,在 Matplotlib 可以使用函数 plt.subplot 在网格内创建单个子图。plt.subplot 采用 3 个整数参数,如行数、列数和要在此方案中创建的图的索引,如下所示。

```
fig = plt.figure()
fig.subplots_adjust(hspace = 0.4, wspace = 0.4)
for i in range(1, 7):
    ax = fig.add_subplot(2, 3, i)
    ax.text(0.5, 0.5, str((2, 3, i)),
        fontsize = 18, ha = 'center')
```

输出如图 14.33 所示。

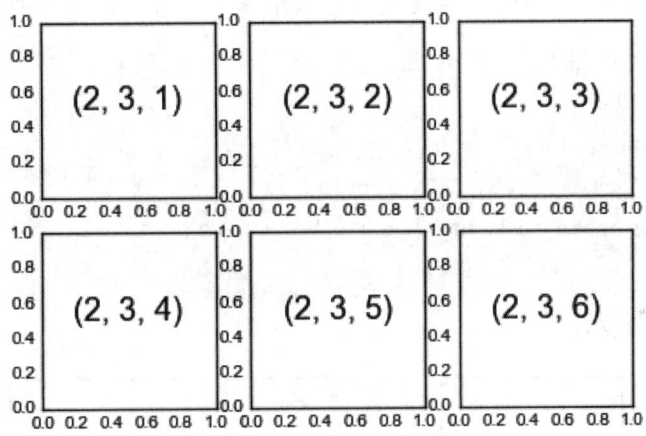

图 14.33 网格子图一

使用了 plt.subplots_adjust 的参数 hspace 和 wspace,指定了沿图形高度和宽度的间距,以子图大小为单位。

14.8.3 plt.subplots:用一行代码创建网格

在创建大型子图网格时,上文描述的方法可能会变得不适用,尤其是当想隐藏内部图上的 x 轴和 y 轴标签时。所以 plt.subplots 是更易于使用的工具,该函数不是创建单个子图,而是在一行中创建一个完整的子图网格,并在 NumPy 数组中返回它们。参数是行数和列数,以及可选的关键字 sharex 和 sharey,它们允许指定不同轴之间的关系。

在这里创建一个 2×32×3 的子图网格,其中同一行中的所有轴共享其 y 轴比例,同一列中的所有轴共享其 x 轴比例:

```
fig, ax = plt.subplots(2, 3, sharex = 'col', sharey = 'row')
```

输出如图 14.34 所示。

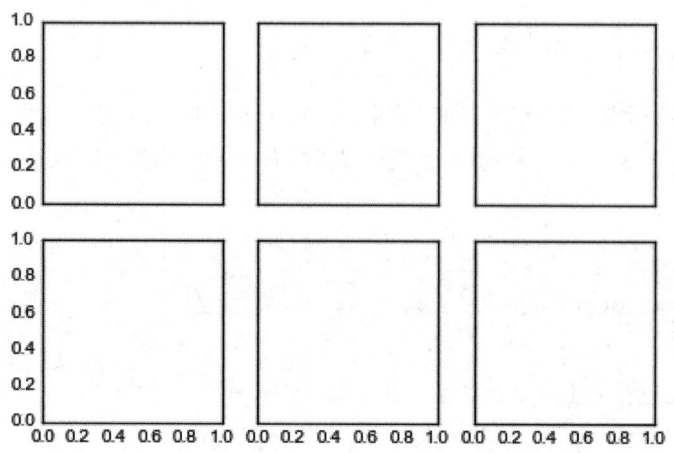

图 14.34　子图网格二

通过指定 sharex 和 sharey,已自动删除网格上的内部标签,以使绘图更清晰。生成的轴实例网格在 NumPy 数组中返回,允许使用标准数组索引符号指定所需的轴:

```
# 轴在二维数组中,由[行,列]索引
for i in range(2):
    for j in range(3):
        ax[i, j].text(0.5, 0.5, str((i, j)),
            fontsize = 18, ha = 'center')
fig
```

输出如图 14.35 所示。

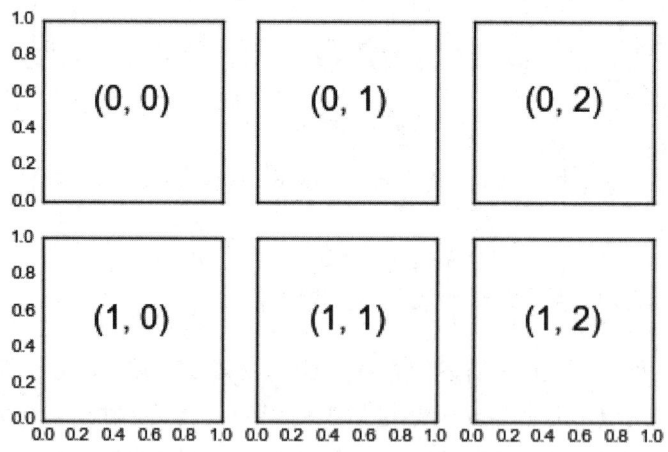

图 14.35　子图网格三

与 plt.subplot 相比,plt.subplots 更符合 Python 传统的基于 0 的索引。

14.8.4　plt.GridSpec:实现更复杂的排列方式

当需要超越常规网格布局(如跨越多行/列的子图)时,plt.GridSpec 是最好的工具。plt.GridSpec 是一个方便的界面,可以被 plt.subplot 命令识别。例如,具有指定宽度和高度空间的两行三列网格的 plt.GridSpec 函数如下所示。

```
grid = plt.GridSpec(2, 3, wspace = 0.4, hspace = 0.3)
```

可以使用 Python 切片语法指定子图的位置和范围：

```
plt.subplot(grid[0, 0])
plt.subplot(grid[0, 1:])
plt.subplot(grid[1, :2])
plt.subplot(grid[1, 2]);
```

输出如图 14.36 所示。

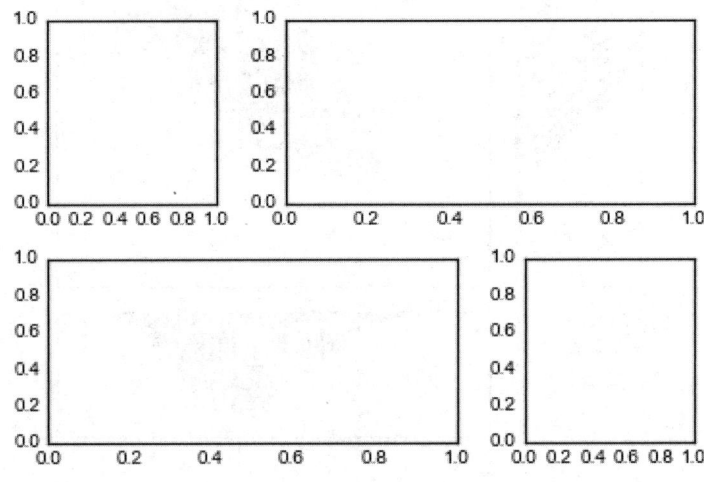

图 14.36 复杂子图一

这种灵活的网格对齐方式具有广泛的用途，创建多轴直方图时常使用它，如下所示。

```
# 创建一些正态分布的数据
mean = [0, 0]
cov = [[1, 1], [1, 2]]
x, y = np.random.multivariate_normal(mean, cov, 3000).T
# 使用 gridspec 设置轴
fig = plt.figure(figsize = (6, 6))
grid = plt.GridSpec(4, 4, hspace = 0.2, wspace = 0.2)
main_ax = fig.add_subplot(grid[:-1, 1:])
y_hist = fig.add_subplot(grid[:-1, 0], xticklabels = [], sharey = main_ax)
x_hist = fig.add_subplot(grid[-1, 1:], yticklabels = [], sharex = main_ax)
# 主轴上的散点
main_ax.plot(x, y, 'ok', markersize = 3, alpha = 0.2)
# 附加轴上的直方图
x_hist.hist(x, 40, histtype = 'stepfilled',
            orientation = 'vertical', color = 'gray')
```

```
x_hist.invert_yaxis()
y_hist.hist(y, 40, histtype='stepfilled',
            orientation='horizontal', color='gray')
y_hist.invert_xaxis()
```

输出如图 14.37 所示。

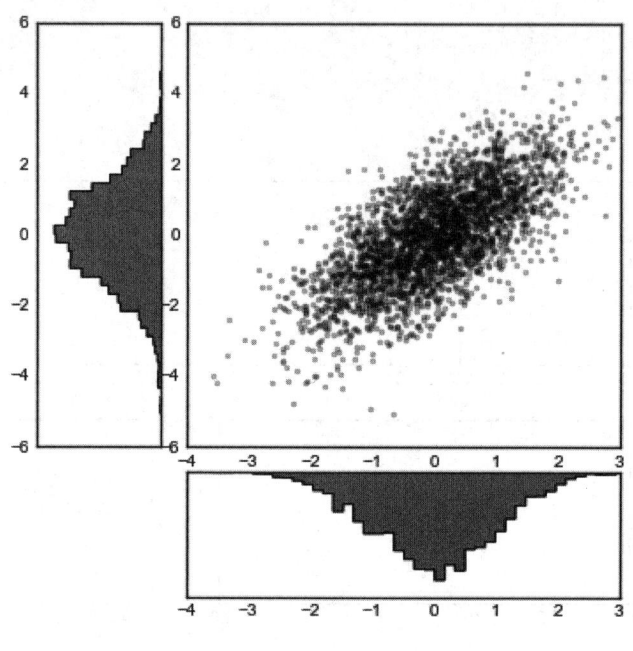

图 14.37　复杂子图二

14.9　文字与注释

在一些情况下,对可视化图形进行注释可以帮助读者从中获得更多更有用的信息。前面章节也介绍了简单的注释方法,如轴标签、标题等,本节将介绍更为便利的注释方法。

14.9.1　坐标变换与文字位置

在使用 Matplotlib 时,有时需要将文本固定到坐标轴或者图形上的某个位置,这是通过修改 transform 完成的。另外,任何图形显示框架都需要某种在坐标系之间进行变换的方案,可以在 Matplotlib 的 matplotlib.transforms 子模块中探索这样的坐标变换方案。以下 3 种为预定义的坐标变换。

① ax.transData:以数据为基准的坐标变换,由 xlim 和 ylim 控制。

② ax.transAxes:以坐标轴为基准的坐标变换(以轴尺寸为单位),(0,0)为轴域左下角,(1,1)为轴域右上角。

③ fig.transFigure:以图形为基准的坐标变换(以图形尺寸为单位),(0,0)为图形左下角,(width,height)是显示器右上角。

下面展示一个使用这些坐标变换在不同位置绘制文本的实例。

```
fig, ax = plt.subplots(facecolor ='lightgray')
ax.axis([0, 10, 0, 10])
# transform = ax.transData 是默认值,但还是设置一下
# 在默认情况下,文字在各自的坐标系中都是左对齐的
ax.text(1, 5, ". Data：(1, 5)", transform = ax.transData)
ax.text(0.5, 0.1, ". Axes：(0.5, 0.1)", transform = ax.transAxes)
ax.text(0.2, 0.2, ". Figure：(0.2, 0.2)", transform = fig.transFigure);
```

输出结果如图 14.38 所示。

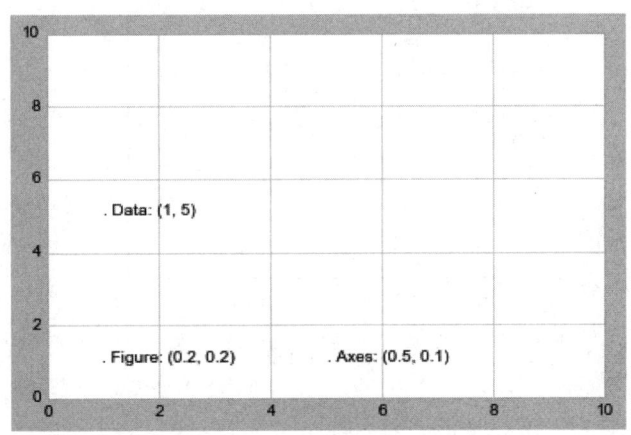

图 14.38　坐标变换与文字位置

该 transData 坐标得到与 x 轴和 y 轴标签相关联的数据坐标。该 transAxes 坐标以坐标轴(图 14.38 中的白框)左下角的位置为原点,按坐标轴尺寸的比例呈现坐标。该 transFigure 坐标与 transAxes 坐标是相似的,但指定以图 14.38(图 14.38 中的灰色框)左下角的位置为原点,按图形尺寸的比例呈现坐标。

14.9.2　箭头与注释

除了刻度线和文本,箭头也是很有用的注释标记。使用函数 plt.annotate 绘制连接轴中两点的箭头:

```
ax.annotate("Annotation",
            xy = (x1, y1), xycoords ='data',
            xytext = (x2, y2), textcoords ='offset points',
            )
```

运用 textcoords 中给定的 xytext 文本,注释给定坐标(xycoords)中的 xy 点。通常,注释点在数据坐标中指定,注释文本在偏移点中指定。ax. annotate 可以通过指定 arrowprops 参数来选择绘制连接 xy 与 xytext 的箭头。若仅绘制箭头,那么要使用空字符串作为第一个参数。

```
ax.annotate("",
            xy = (0.2, 0.2), xycoords = 'data',
            xytext = (0.8, 0.8), textcoords = 'data',
            arrowprops = dict(arrowstyle = " - >",
                              connectionstyle = "arc3"),
            )
```

绘制结果如图 14.39 所示。

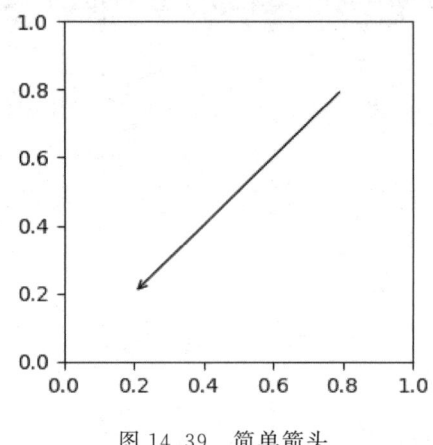

图 14.39　简单箭头

箭头绘制步骤如下：
① 根据 connectionstyle 参数的指定，创建连接两个点的路径。
② 如果设置了补丁 patchA 和 patchB，则会剪裁路径以避免补丁。
③ 路径通过 shrinkA 和 shrinkB(以像素为单位)进一步缩小。
④ 路径被转换为箭头补丁，arrowstyle 参数已指定。

箭头绘制结果如图 14.40 所示。

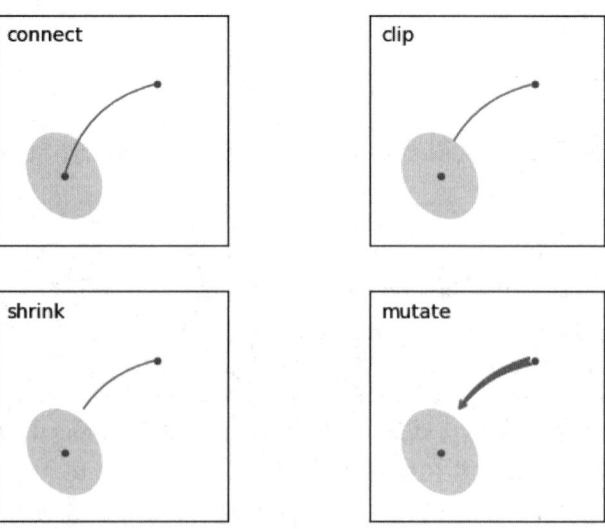

图 14.40　不同的箭头

文本的一个常见用途是对绘图的某些特征进行注释，ax.annotate 方法提供了辅助功能以使注释变得容易。在注释中，有两点需要考虑：由参数表示的被注释 xy 的位置和文本的位置 xytext。这两个参数都是元组。

```
ax = plt.subplot()
t = np.arange(0.0, 5.0, 0.01)
s = np.cos(2 * np.pi * t)
line, = plt.plot(t, s, lw = 2)
plt.annotate('local max', xy = (2, 1), xytext = (3, 1.5),
             arrowprops = dict(facecolor = 'black', shrink = 0.05),
             )
plt.ylim(-2, 2)
plt.show()
```

绘制结果如图 14.41 所示。

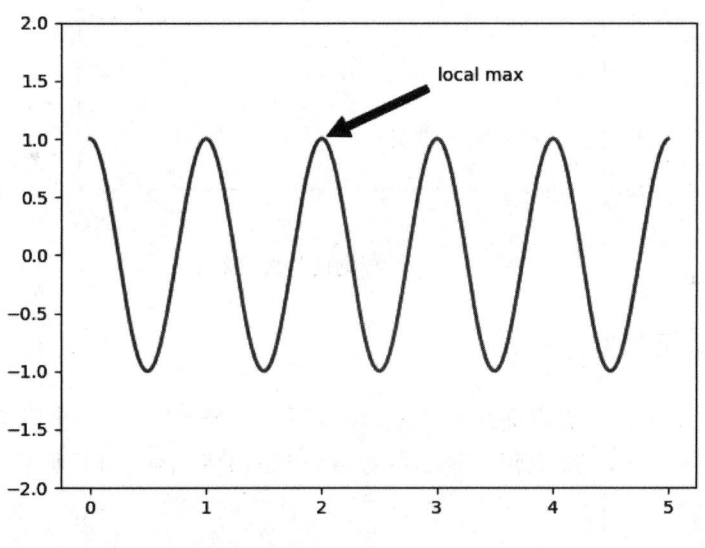

图 14.41　带有箭头和注释的图

在这个基本示例中，xy（箭头提示）和 xytext 位置（文本位置）都在数据坐标中。

14.10　自定义坐标轴刻度

在通常情况下，Matplotlib 的默认刻度位置和格式即可满足需求，但可能对于某些图并不是最佳的，为了绘制特定图，本节将介绍自定义坐标轴刻度。

14.10.1　主要刻度与次要刻度

在坐标轴内，有主要刻度线和次要刻度线的概念。在通常情况下，主要刻度线更加明显，次要刻度线比较小。在默认情况下，Matplotlib 很少使用次要刻度线。

```
import matplotlib.pyplot as plt
plt.style.use('classic')
%matplotlib inline
import numpy as np
ax = plt.axes(xscale='log', yscale='log')
ax.grid();
```

通过观察图 14.42 可得，主要刻度会显示一个标签和刻度线，而次要刻度仅有一条小刻度线。

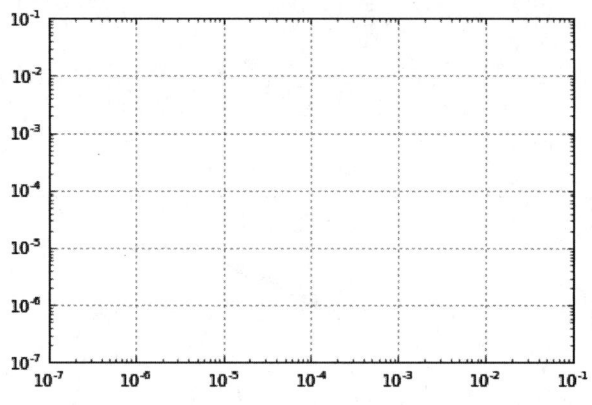

图 14.42　主要刻度与次要刻度

14.10.2　隐藏刻度与标签

对坐标轴的常见操作是隐藏刻度和标签，可以用 plt.NullLocator 来隐藏 y 轴上的刻度和标签，用 plt.NullFormatter 来隐藏 x 轴上的标签，但是保留刻度，如下所示。

```
ax = plt.axes()
ax.plot(np.random.rand(50))
#通过 plt.NullLocator 与 plt.NullFormatter 实现隐藏刻度与标签
#隐藏 y 轴上的刻度和标签
ax.yaxis.set_major_locator(plt.NullLocator())
#隐藏 x 轴上的标签，但是保留刻度
ax.xaxis.set_major_formatter(plt.NullFormatter())
```

输出如图 14.43 所示。

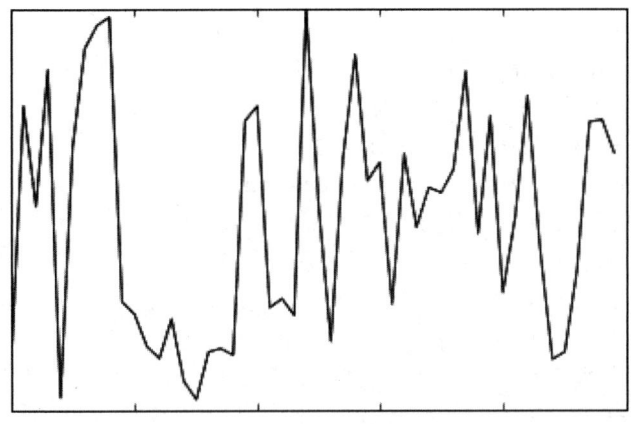

图 14.43　隐藏刻度与标签

14.10.3　自动设置刻度位置

函数 plt.MaxNLocator 可以设置最多显示多少刻度，根据设置的最多刻度数量，Matplotlib 会自动为刻度安排恰当的位置，如下所示。

```
# 为每个坐标轴设置主要刻度定位器
for axi in ax.flat:
    axi.xaxis.set_major_locator(plt.MaxNLocator(3))
    axi.yaxis.set_major_locator(plt.MaxNLocator(3))
fig
```

输出如图 14.44 所示。

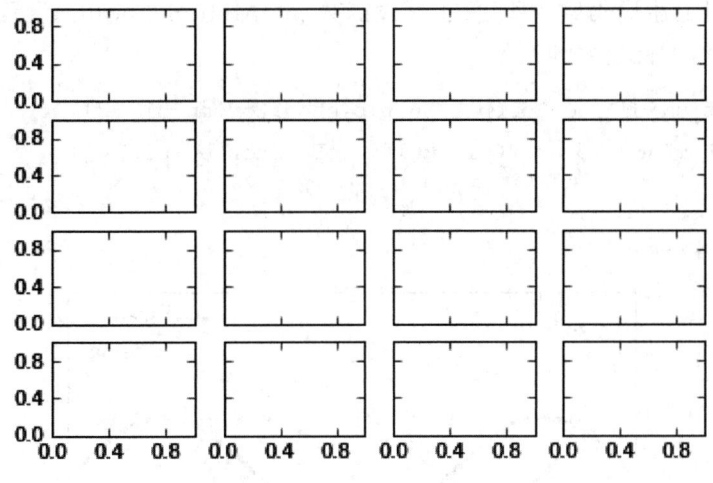

图 14.44　刻度位置自动设置

14.10.4　刻度格式

在 Matplotlib 的默认刻度格式下绘制图形可能会存在很多不足，例如在绘制正弦图和余弦图时亦如此。

```
# 绘制正弦和余弦曲线
fig, ax = plt.subplots()
x = np.linspace(0, 3 * np.pi, 1000)
ax.plot(x, np.sin(x), lw = 3, label = 'Sine')
ax.plot(x, np.cos(x), lw = 3, label = 'Cosine')
# 设置网格、图例和坐标轴上下限
ax.grid(True)
ax.legend(frameon = False)
ax.axis('equal')
ax.set_xlim(0, 3 * np.pi);
```

结果如图 14.45 所示。

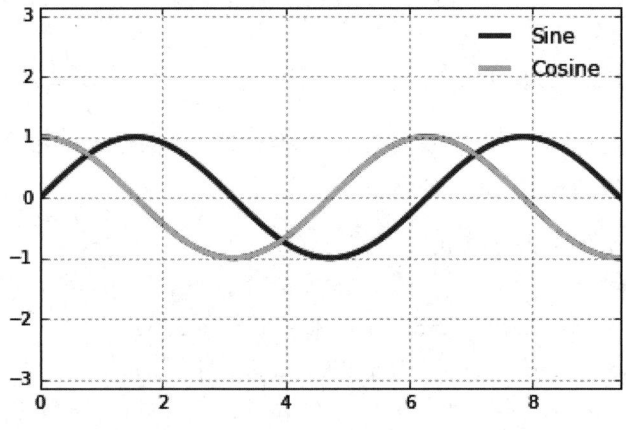

图 14.45 正弦图与余弦图

接下来我们对上述代码做一些更改,通过函数 plt.MultipleLocator 设置将刻度放在提供的数值的倍数上,以方便更好地衡量。

```
ax.xaxis.set_major_locator(plt.MultipleLocator(np.pi / 2))
ax.xaxis.set_minor_locator(plt.MultipleLocator(np.pi / 4))
fig
```

结果如图 14.46 所示。

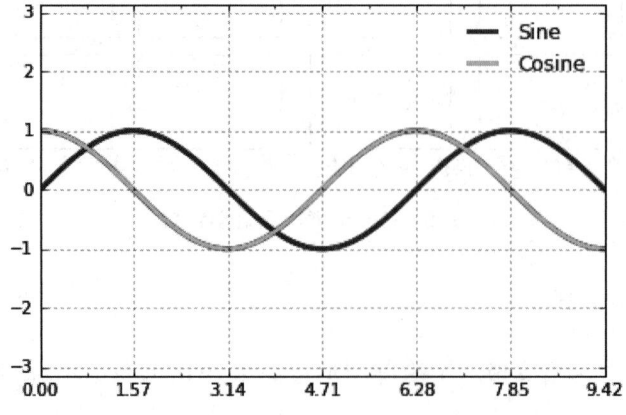

图 14.46 修改刻度格式后的正弦图与余弦图

plt.FuncFormatter 接受自定义的函数来设置刻度标签的显示格式。Matplotlib 支持 LaTex 语法,通过在字符串中使用美元符号($)包裹数学表达式(如 α),可以渲染数学公式。

```python
def format_func(value, tick_number):
    # 找到 pi/2 的倍数刻度
    N = int(np.round(2 * value / np.pi))
    if N == 0:
        return "0"
    elif N == 1:
        return r"$\pi/2$"
    elif N == 2:
        return r"$\pi$"
    elif N % 2 > 0:
        return r"${0}\pi/2$".format(N)
    else:
        return r"${0}\pi$".format(N // 2)
ax.xaxis.set_major_formatter(plt.FuncFormatter(format_func))
fig
```

结果如图 14.47 所示。

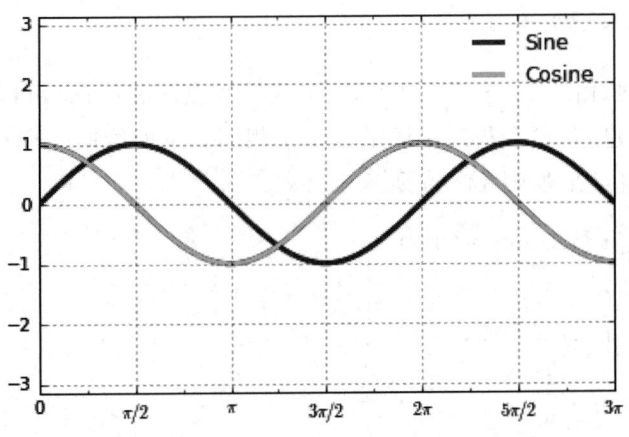

图 14.47　修改刻度格式后的正弦图和余弦图

14.11　用 Matplotlib 画三维图

要使用 Matplotlib 绘制三维图,首先要导入 Matplotlib 自带的 mplot3d 工具箱。然后要在创建二维坐标轴的基础上加入关键字"projection='3d'",从而实现一个建立在二维图基础上的三维坐标轴,代码如下所示,绘制结果如图 14.48 所示。

```
from mpl_toolkits import mplot3d
import numpy as np
import matplotlib.pyplot as plt
fig = plt.figure()
ax = plt.axes(projection = '3d')
```

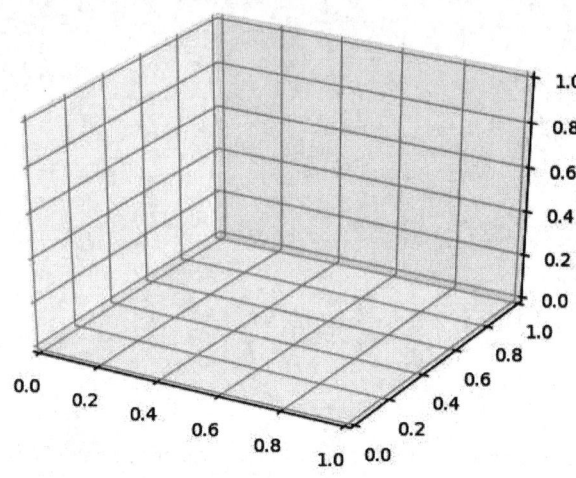

图 14.48　三维图

14.11.1　三维数据点与线

最基本的三维图是由(x,y,z)三维坐标点构成的散点图和线图,可以使用函数 ax.plot3D 和 ax.scatter3D 来创建,其参数与二维函数的基本相同。下面绘制一个三角螺旋线,在线上随机分布一些散点,绘制结果如图 14.49 所示.。

```
ax = plt.axes(projection = '3d')
# 三维线的数据
zline = np.linspace(0, 15, 1000)
xline = np.sin(zline)
yline = np.cos(zline)
ax.plot3D(xline, yline, zline, 'gray')
# 三维散点的数据
zdata = 15 * np.random.random(100)
xdata = np.sin(zdata) + 0.1 * np.random.randn(100)
ydata = np.cos(zdata) + 0.1 * np.random.randn(100)
ax.scatter3D(xdata, ydata, zdata, c = zdata, cmap = 'Greens');
```

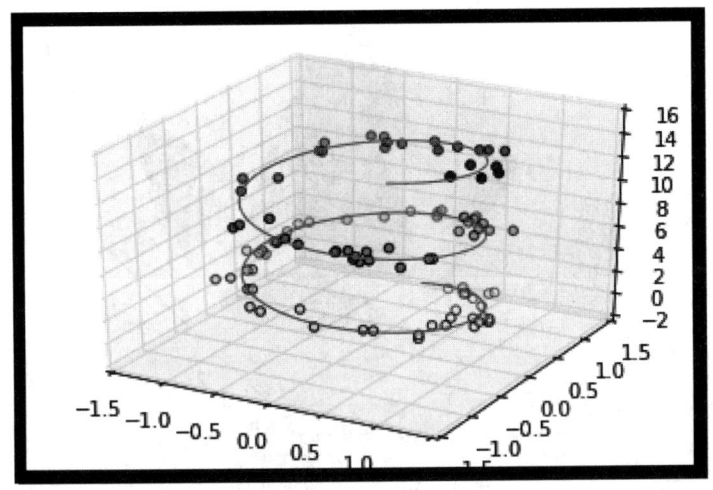

图 14.49　三角螺旋线

14.11.2　三维等高线图

ax.contour3D 是创建三维晕渲图的工具,它要求所有数据都是二维网格数据的形式,并且通过函数计算 z 轴数值。图 14.50 所示为用三维正弦函数绘制的三维等高线图。

```
def f(x, y):
    return np.sin(np.sqrt(x ** 2 + y ** 2))
x = np.linspace(-6, 6, 30)
y = np.linspace(-6, 6, 30)
X, Y = np.meshgrid(x, y)
Z = f(X, Y)
fig = plt.figure()
ax = plt.axes(projection = '3d')
ax.contour3D(X, Y, Z, 50, cmap = 'binary')
ax.set_xlabel('x')
ax.set_ylabel('y')
ax.set_zlabel('z');
#av.view_init()可以调整观察角度与方位角
#俯视角(x-y平面的旋转角度),方位角(绕 z 轴顺时针旋转)
ax.view_init(60,35)
```

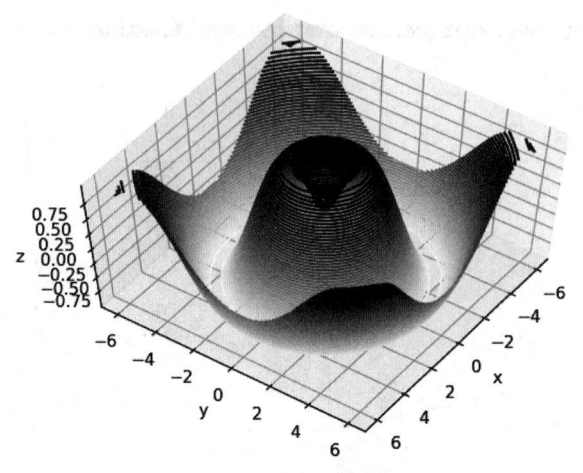

图 14.50 三维等高线图

14.11.3 线框图和曲面图

线框图和曲面图类似,都是将网格数据映射成三维曲面。下面是一个线框图的实例,绘制结果如图 14.51 所示。

```
# 获取 X,Y,Z 数据
def f(x,y):
    return np.sin(np.sqrt(x**2 + y**2))
x = np.linspace(-6,6,30)
y = np.linspace(-6,6,30)
X,Y = np.meshgrid(x,y)
Z = f(X,Y)
fig = plt.figure()
ax = plt.axes(projection='3d')
ax.plot_wireframe(X, Y, Z, color='black')
ax.set_title('wireframe');
ax.view_init(60,30)
```

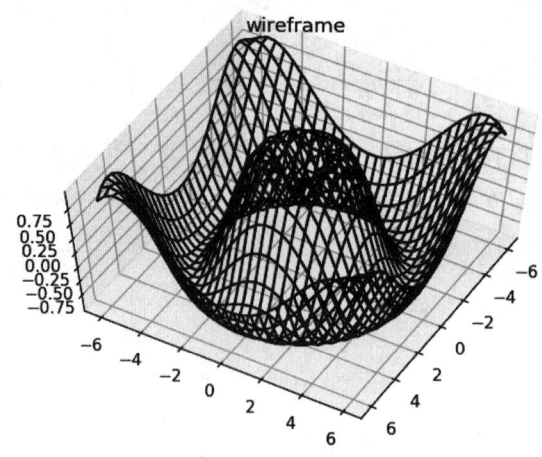

图 14.51 线框图

曲面图的每个面都是由多边形构成的,只要增加一个配色方案来填充这些多边形,就可以感受到可视化图形表面的拓扑结构,如图 14.52 所示。

```python
#获取 X,Y,Z 数据
def f(x,y):
    return np.sin(np.sqrt(x**2+y**2))
x = np.linspace(-6,6,30)
y = np.linspace(-6,6,30)
X,Y = np.meshgrid(x,y)
Z = f(X,Y)
fig = plt.figure()
ax = plt.axes(projection='3d')
ax.plot_surface(X, Y, Z, rstride=1, cstride=1,
                cmap='viridis', edgecolor='none')
ax.set_title('surface');
```

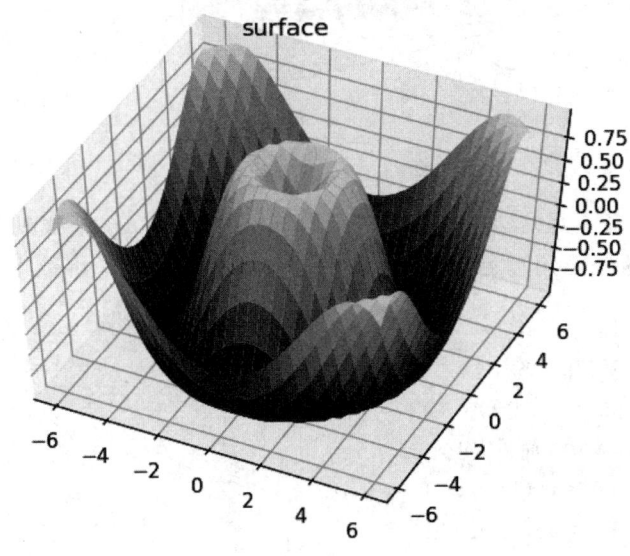

图 14.52　曲面图

14.11.4　曲面三角剖分

在某些应用场景中,没有要求严格的均匀采样的网格数据,这时可以使用三角剖分图(triangulation-basedplot)。如下代码绘制的图形如图 14.53 所示。

```python
def f(x,y):
return np.sin(np.sqrt(x**2+y**2))
theta = 2 * np.pi * np.random.random(1000)
r = 6 * np.random.random(1000)
x = np.ravel(r * np.sin(theta))
```

```
y = np.ravel(r * np.cos(theta))
z = f(x, y)
fig = plt.figure()
ax = plt.axes(projection = 'sd')
ax.scatter(x,y,z,c = z,cmap = 'viridis',linewidth = 0.5)
```

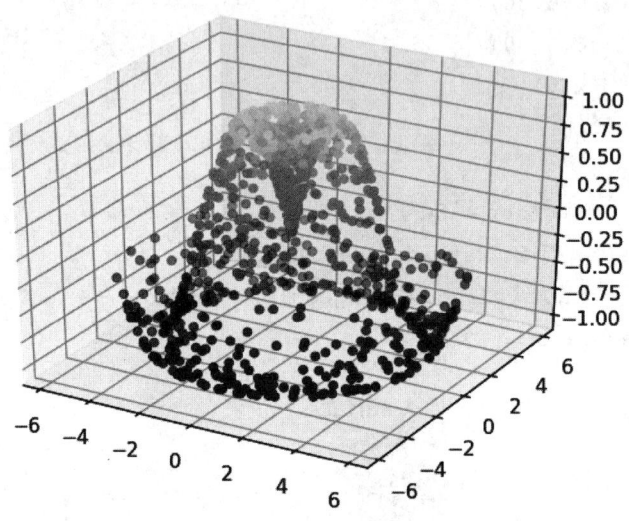

图 14.53　三角剖分图

图 14.53 还有很多不足之处，可以使用函数 ax.plot_trisurf 来找到一组将所有点都连起来的三角形，然后用这些三角形创建曲面（其中 x、y、z 参数都是一维数组），如下所示。

```
def f(x,y):
    return np.sin(np.sqrt(x ** 2 + y ** 2))
theta = 2 * np.pi * np.random.random(1000)
r = 6 * np.random.random(1000)
x = np.ravel(r * np.sin(theta))
y = np.ravel(r * np.cos(theta))
z = f(x,y)
fig = plt.figure()
ax = plt.axes(projection = '3d')
ax.scatter(x,y,z,c = z,cmap = 'virdis',linewidth = 0.5)
ax.plot_trisurf(x, y, z,cmap = 'viridis', edgecolor = 'none');
```

本章小结

本章主要学习了 Matplotlib 库的相关操作，如学习了如何绘制简易图和三维图、如何对图形做文字和箭头注释、如何自定义坐标轴等。读者通过本章学习，可以实现对数据的图形化展示,希望读者多多练习,熟练掌握使用 Matplotlib 库绘图。

练习题

1. 使用 Matplotlib 库绘制一个三角螺旋线,在线上随机分布一些散点。
2. 使用 Matplotlib 库绘制一个带有箭头和注释的正弦图。
3. 使用 Matplotlib 库绘制一个带有填充色的等高线图。
4. 使用 Matplotlib 库绘制一个二维频次直方图。

第 2 部分
项目实战

第15章 项目1：Python语言基础

15.1 实验目的与要求

① 了解 Python 语言的基本语法和编码规范；
② 掌握 Python 语言中的变量赋值、运算符、常量、变量、列表、元组、字典和集合等基础知识；
③ 学习 Python 常用语句。

15.2 实验内容

1. Python 的 IDLE 使用

启动 IDLE 后，单击"File"菜单，选择"New File"创建一个新文件，在文件创建完成后保存该文件。

2. 运算符

```
x = 3
x += 3
print(x)
x -= 3
print(x)
x *= 3
print(x)
x /= 3
print(x)
```

执行结果如下：

```
6
3
9
3.0
```

3. 变量赋值

```
a = 10
a += 1
print(a)
a *= 10
print(a)
a **= 2
print(a)
```

执行结果如下:

```
11
110
12100
```

4. 列表

(1) 示例一

```
>>> cheeses = ['Cheddar','Edam','Gouda']
>>> numbers = [42, 123]
>>> empty = []
>>> print(cheeses, numbers, empty)
['Cheddar','Edam','Gouda'] [42, 123] []
```

(2) 示例二

```
>>> cheeses = ['Cheddar','Edam','Gouda']
>>> 'Edam' in cheeses
True
>>> 'Brie' in cheeses
False
```

(3) 示例三

```
>>> t = ['a','b','c']
>>> t.append('d')
>>> t
['a','b','c','d']
```

5. 元组

(1) 示例一

```
>>> t1 = 'a',
>>> type(t1)
<class 'tuple'>
>>> t2 = ('a')
>>> type(t2)
<class 'str'>
```

（2）示例二

```
>>> t = tuple()
>>> t
()
>>> t = tuple('lupins')
>>> t
('l','u','p','i','n','s')
```

（3）示例三

```
>>> t = ('a','b','c','d','e')
>>> t[0]
'a'
>>> t[1:3]
('b','c')
```

6．字典

```
>>> eng2sp = {'one':'uno','two':'dos','three':'tres'}
>>> eng2sp
{'one':'uno','three':'tres','two':'dos'}
>>> eng2sp['two']
'dos'
>>> eng2sp['four']
KeyError:'four'
```

7．集合

```
a = {1,2,0,(1,2,3),'a','b','b'}
print(a)
{0, 1, 2, 'b', (1, 2, 3), 'a'}
```

15.3 实验练习

① 格式输出练习：

```
print("%d %d %d"%(1,2,3))
print("%d %d %d"%(1.1,2.5,3.6))
print("%e %e %e"%(1.1,2.5,3.6))
print("%f %f %f"%(1.1,2.5,3.6))
print("%5.2f %5.3f %6.7f"%(1.1,2.5,3.6))
print("%10.2f %5.3f %6.7f"%(12345.12345,2.5,3.6))
```

② 下面的列表分片操作会打印什么内容？

```
>>> list1 = [1, 3, 2, 9, 7, 8]
>>> list1[2:5]
```

③ 下面的代码都在执行一样的操作吗？你看得出它们之间的差别吗？

```
>>> a = dict(one = 1, two = 2, three = 3)
>>> b = {'one': 1, 'two': 2, 'three': 3}
>>> c = dict(zip(['one', 'two', 'three'], [1, 2, 3]))
>>> d = dict([('two', 2), ('one', 1), ('three', 3)])
>>> e = dict({'three': 3, 'one': 1, 'two': 2})
```

第16章 项目2：Python字符串与流程控制

16.1 实验目的与要求

① 了解 Python 语言的基本语法和编码规范；
② 掌握 Python 语言中的字符串和流程控制等基础知识；
③ 学习 Python 常用语句。

16.2 实验内容

1. 字符串

```
>>> fruit = 'banana'
>>> len(fruit)
6
>>> word = 'banana'
>>> index = word.find('a')
>>> index
1
>>> 'a' in 'banana'
True
>>> 'seed' in 'banana'
False
```

2. 条件结构

① 执行如下代码：

```
x = 10
if x % 2 == 0:
```

```
        print('x is even')
    else:
        print('x is odd')
```

执行结果如下:

```
x is even
```

② 执行如下代码:

```
x,y = 3,3
if x < y:
    print('x is less than y')
elif x > y:
    print('x is greater than y')
else:
    print('x and y are equal')
```

执行结果如下:

```
x and y are equal
```

③ 执行如下代码:

```
x,y = 3,5
if x == y:
    print('x and y are equal')
else:
    if x < y:
        print('x is less than y')
    else:
        print('x is greater than y')
```

执行结果如下:

```
x is less than y
```

3. 循环结构

① 使用 while 来计算 1 到 100 的总和:

```
n = 100
sum = 0
counter = 1
while counter <= n:
    sum = sum + counter
    counter += 1
print("1 到 %d 之和为: %d" % (n,sum))
```

执行结果如下：

```
1 到 100 之和为：5050
```

② 循环输出数字，并判断大小：

```
count = 0
while count < 5:
    print (count, " 小于 5")
    count = count + 1
else:
    print (count, " 大于或等于 5")
```

执行结果如下：

```
0  小于 5
1  小于 5
2  小于 5
3  小于 5
4  小于 5
5  大于或等于 5
```

③ 执行如下代码：

```
sites = ["Baidu","Google","Runoob","Taobao"]
for site in sites:
    if site == "Runoob":
        print("菜鸟教程!")
        break
    print("循环数据 " + site)
else:
    print("没有循环数据!")
print("完成循环!")
```

执行结果如下：

```
循环数据 Baidu
循环数据 Google
菜鸟教程!
完成循环!
```

④ 执行如下代码：

```
for i in range(5):
    print(i)
```

执行结果如下：

```
0
1
2
3
4
```

16.3 实验练习

① 编写程序：输入若干个成绩，求所有成绩的平均分。每输入一个成绩后询问是否继续输入下一个成绩，如果回答 yes 就继续输入下一个成绩，如果回答 no 就停止输入成绩。

② 编写程序：快速判断一个数是不是素数。

③ 编写程序：给定一个句子（只包含字母和空格），将句子中的单词位置反转，单词用空格分割，单词之间只有一个空格，句子前、后没有空格，比如"hello xiao mi"→"mi xiao hello"。

④ 编写程序：给定字符串 A 和字符串 B，请检测字符串 A 是否在字符串 B 中，如果存在则返回字符串 B 中每次出现字符串 A 的起始位置，否则返回－1。例如：给定一个字符串 A——GBRRGBRGG，以及另一个字符串 B——RG，那么字符串 RG 在 GBRRGBRGG 中出现的位置为 3、6。

第 17 章 项目3：Python函数

17.1 实验目的与要求

① 了解函数的概念；
② 了解局部变量与全局变量的作用域；
③ 学习定义与调用函数的方法；
④ 学习使用函数的参数和返回值；
⑤ 学习使用 Python 中的内置函数。

17.2 实验内容

1. 定义和调用函数

① 创建 Python 自定义函数：

```python
# 定义函数
def test_a():
    print('hello world')
```

② 创建 Python 调用函数：

```python
# 调用函数
test_a()
```

2. 全局变量与局部变量

```python
name = "jack"
drink = "orange"
fruit = ["pear","peach"]    # 可以直接被全局修改
student = {"macale":120,"canne":170} # 可以被全局修改
def func():
    global drink      # 通过 global 直接修改为全局变量
    name = "may"      # 只能局部修改
```

```
            drink = "mulk"
            fruit[0] = "banana"
            student["macale"] = 200
            print("name:%s" % name)
            print("drink:%s" % drink)
            print("fruit:{0}".format(fruit))
            print("student:{0}".format(student))
func()
print("-- name:%s", name)
print("-- drink:%s", drink)
print("-- fruit:{0}".format(fruit))
print("student:{0}".format(student))
```

输出结果如下:

```
name:may
drink:mulk
fruit:['banana','peach']
student:{'macale': 200,'canne': 170}
-- name:%s jack
-- drink:%s mulk
-- fruit:['banana','peach']
student:{'macale': 200,'canne': 170}
```

3. 函数的参数和返回值

(1) 函数按值传递参数

```
def double(arg):
    print('Before:', arg)
    arg = arg * 2
    print('After:', arg)
num = 10
double(num)
print('num:', num)
saying = 'Hello'
double(saying)
print('saying:', saying)
```

输出结果如下:

```
Before: 10
After: 20
num: 10
```

```
Before: Hello
After: HelloHello
saying: Hello
```

(2) 函数按引用传递参数

```
def change(arg):
    pring('Before:', arg)
    arg.append('More data')
    print('After:', arg)
numbers = [42, 256, 16]
change(numbers)
print(numbers)
```

输出结果如下：

```
Before: [42, 256, 16]
After: [42, 256, 16, 'More data']
numbers: [42, 256, 16, 'More data']
```

(3) 用 id 函数输出变量地址

```
str1 = "这是一个变量"
print("变量 str1 的值是:" + str1)
print("变量 str1 的地址是:%d" % (id(str1)))
str2 = str1
print("变量 str2 的值是:" + str2)
print("变量 str2 的地址是:%d" % (id(str2)))
str1 = "这是另一个变量"
print("变量 str1 的值是:" + str1)
print("变量 str1 的地址是:%d" % (id(str1)))
print("变量 str2 的值是:" + str2)
print("变量 str2 的地址是:%d" % (id(str2)))
```

输出结果如下：

```
变量 str1 的值是:这是一个变量
变量 str1 的地址是:2287593530960
变量 str2 的值是:这是一个变量
变量 str2 的地址是:2287593530960
变量 str1 的值是:这是另一个变量
变量 str1 的地址是:2287593551104
变量 str2 的值是:这是一个变量
变量 str2 的地址是:2287593530960
```

(4) 函数的返回值

```
def test1():
    print("in the test1") #无返回值
def test2():
    print("in the test2") #返回 0
    return 0
def test3():
    print("in the test3") #返回参数
    return 'test3'
def test4():
    print("in the test4") #返回函数
    return test2()
x = test1()
y = test2()
z = test3()
a = test4()
print(x)
print(y)
print(z)
print(a)
```

输出结果如下:

```
in the test1
in the test2
in the test3
in the test4
in the test2
None
0
test3
0
```

4. Python 中的一些常用内置函数

(1) 数学相关

abs(a): 求取 a 的绝对值,如

```
<<< abs(-1)
1
```

max(list): 求取 list 中的最大值,如

```
<<< max([1,2,3])
3
```

min(list):求取 list 中的最小值,如

```
>>> min([1,2,3])
1
```

sum(list):求取 list 中元素的和,如

```
>>> sum([1,2,3])
6
```

sorted(list):对 list 进行排序,返回排序后的 list。

len(list):获取 list 的长度,如

```
>>> len((1,2,3))
3
```

divmod(a,b):获取商和余数,如

```
>>> divmod(5,2)
(2,1)
```

pow(a,b):获取乘方数,如

```
>>> pow(2,3)
8
```

round(a,b):获取指定位数的小数,其中 a 代表浮点数,b 代表要保留的位数,如

```
>>> round(3.1415926,2)
3.14
```

range(a[,b]):生成一个从 a 到 b 的数组,左闭右开,如

```
>>> range(1,10)
[1,2,3,4,5,6,7,8,9]
```

(2)类型转换

int(str):转换为整型,如

```
>>> int('1')
1
```

float(int/str):将 int 型或字符型转换为浮点型,如

```
>>> float('1')
1.0
```

str(int):转换为字符型,如

```
>>> str(1)
'1'
```

bool(int):转换为布尔类型,如

```
>>> bool(0)
False
>>> bool(1)
true
```

bytes(str,code)：接收一个字符串,及这个字符串所要编码的格式,返回一个字节流类型,如

```
>>> bytes('abc','utf-8')
b'abc'
>>> bytes(u'爬虫','utf-8')
b'\xe7\x88\xac\xe8\x99\xab'
```

list(iterable)：转换为表,如

```
>>> list((1,2,3))
[1,2,3]
```

iter(iterable)：返回一个可迭代的对象,如

```
>>> iter([1,2,3])
<list_iterator object at 0x0000000003813B00>
```

dict(iterable)：转换为字典,如

```
>>> dict([('a', 1), ('b', 2), ('c', 3)])
{'a':1,'b':2,'c':3}
```

enumerate(iterable)：返回一个枚举对象。

tuple(iterable)：转换为元组,如

```
>>> tuple([1,2,3])
(1,2,3)
```

set(iterable)：转换为集合。

```
>>> set([1,4,2,4,3,5])
{1,2,3,4,5}
>>> set({1:'a',2:'b',3:'c'})
{1,2,3}
```

hex(int)：转换为16进制。

```
>>> hex(1024)
'0x400'
```

oct(int)：转换为8进制。

```
>>> oct(1024)
'0o2000'
```

bin(int):转换为 2 进制。

```
>>> bin(1024)
'0b10000000000'
```

chr(int):转换数字为相应的 ASCII 字符。

```
>>> chr(65)
'A'
```

ord(str):转换 ASCII 字符为相应的数字。

```
>>> ord('A')
65
```

(3) 功能相关

eval():执行一个表达式,如

```
>>> eval('1 + 1')
2
```

exec():执行 Python 语句,如

```
>>> exec('print("Python")')
Python
```

filter(func,iterable):通过判断函数 fun 筛选符合条件的元素,如

```
>>> filter(lambda x: x > 3, [1,2,3,4,5,6])
<filter object at 0x0000000003813828>
```

map(func, *iterable):将 func 用于每个 iterable 对象,如

```
>>> map(lambda a,b: a + b, [1,2,3,4], [5,6,7])
[6,8,10]
```

zip(*iterable):将 iterable 分组合并,返回一个 zip 对象,如

```
>>> list(zip([1,2,3],[4,5,6]))
[(1, 4), (2, 5), (3, 6)]
```

type():返回一个对象的类型。

id():返回一个对象的唯一标识值。

hash(object):返回一个对象的 hash 值,具有相同值的 object 具有相同的 hash 值,如

```
>>> hash('python')
7070808359261009780
```

help():调用系统内置的帮助系统。

isinstance():判断一个对象是不是一个类的一个实例。

issubclass():判断一个类是不是一个类的子类。

globals():返回当前全局变量的字典。

next(iterator[,default]):接收一个迭代器,返回迭代器中的数值,如果设置了 default,则当迭代器中的元素遍历后,输出 default 内容。

reversed(sequence):生成一个反转序列的迭代器,如

```
>>> reversed('abc')
['c','b','a']
```

17.3 实验练习

① 写一个函数,判断用户传入的对象(字符串、列表、元组)的元素是否为空。
② 写一个函数,统计字符串中的字母、数字、空格、其他字符的个数,并返回结果。
③ 写一个函数判断某一年是不是闰年。(闰年分为普通闰年和世纪闰年。普通闰年:公历年份是 4 的倍数,且不是 100 的倍数,如 2004 年就是闰年。世纪闰年:公历年份是 400 的倍数,如 1900 年不是世纪闰年,而 2000 年是世纪闰年。
④ 写一个函数打印九九乘法表。

第18章 项目4：Python函数的其他相关结构

18.1 实验目的与要求

① 学习 Lambda 表达式；
② 学习 filter 函数；
③ 学习 map 函数；
④ 学习 zip 函数；
⑤ 学习闭包函数和递归函数。

18.2 实验内容

1. 使用 Lambda 表达式

```
# lambda 表达式,解决简单函数的情况
def func(a1,a2):
    return a1 + a2
func = lambda a1,a2:a1 + a2
wdc = func(100,200)
print(wdc)
```

执行结果如下：

```
300
```

2. 使用 filter 函数

下列代码可过滤出列表中的所有奇数：

```
def is_odd(n):
    return n % 2 == 1
```

```
tmplist = filter(is_odd, [1, 2, 3, 4, 5, 6, 7, 8, 9, 10])
newlist = list(tmplist)
print(newlist)
```

执行结果如下：

```
[1, 3, 5, 7, 9]
```

3. 使用 map 函数

```
>>> def square(x):                                  # 计算平方数
...    return x ** 2
...
>>> map(square, [1,2,3,4,5])                        # 计算列表各个元素的平方
[1, 4, 9, 16, 25]
>>> map(lambda x: x ** 2, [1, 2, 3, 4, 5])          # 使用 lambda 匿名函数
[1, 4, 9, 16, 25]
# 提供了两个列表,对相同位置的列表数据进行相加
>>> map(lambda x, y: x + y, [1, 3, 5, 7, 9], [2, 4, 6, 8, 10])
[3, 7, 11, 15, 19]
```

4. 使用 zip 函数

```
>>> a = [1,2,3]
>>> b = [4,5,6]
>>> c = [4,5,6,7,8]
>>> zipped = zip(a,b)              # 打包为元组的列表
[(1, 4), (2, 5), (3, 6)]
>>> zip(a,c)                       # 元素个数与最短的列表一致
[(1, 4), (2, 5), (3, 6)]
>>> zip(*zipped)                   # 与 zip 相反,*zipped 可理解为解压
[(1, 2, 3), (4, 5, 6)]             # 返回二维矩阵式
```

5. 使用闭包函数

按照图 18.1 练习使用闭包函数。

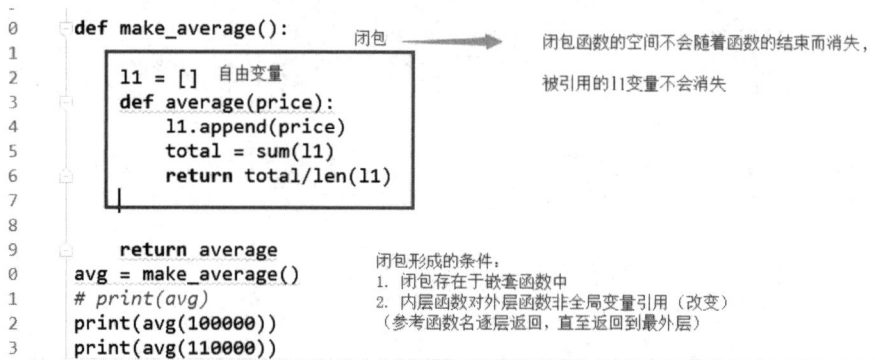

图 18.1　闭包函数练习

6. 使用递归函数

如下是一个三层汉诺塔的问题：

```
def move(n,a,b,c):
    if n == 1:
        print(a+'-->'+c)
    else:
        move(n-1,a,c,b)
        print(a+'-->'+c)
        move(n-1,b,a,c)
if __name__ == '__main__':
    move(3,'A','B','C')
```

执行结果如下：

```
A--> C
A--> B
C--> B
A--> C
B--> A
B--> C
A--> C
```

18.3 实验练习

① 使用递归函数求 10!。
② 使用递归函数求斐波那契数列。
③ 输出下列程序的结果：

```
g = lambda x, y = 1, z = 2: x + y + z
print(g(1))
print(g(1,y = 3,z = 4))
```

第19章 项目5：Python面向对象程序设计

19.1 实验目的与要求

① 了解面向对象的程序设计思想；
② 了解对象、类、封装、继承、方法、构造函数和析构函数等面向对象程序设计的基本概念；
③ 学习类的声明；
④ 学习静态类、静态方法、抽象类和抽象方法；
⑤ 学习类的继承与多态。

19.2 实验内容

1. 类的相关使用

```
class Animal(object):          # 类对象
    age = 0                    # 公有类属性
    __like = None              # 私有类属性
    def __init__(self):        # 魔法方法
        self.name = 'haha'     # 公有实例属性
        self.__sex = 'man'     # 私有实例属性
    def smile(self):           # 公有方法 self 指向实例对象
        pass
    def __jump(self):          # 私有方法
        pass
    @classmethod
    def run(cls):              # 类方法 cls 指向类对象
        pass
```

```
@staticmethod
def msg():    # 静态方法,可以没有参数
    Pass
```

2. 类的继承

```
class Parent(object):
    x = 1
class Child1(Parent):
    pass
class Child2(Parent):
    pass
print(Parent.x, Child1.x, Child2.x)
Child1.x = 2
print(Parent.x, Child1.x, Child2.x)
Parent.x = 3
print(Parent.x, Child1.x, Child2.x)
```

执行结果如下:

```
1 1 1
1 2 1
3 2 3
```

3. 类的多态

```
import abc
class Animal(metaclass = abc.ABCMeta):    # 同一类事物:动物
@abc.abstractmethod
def talk(self):
    pass
class Cat(Animal):    # 动物的形态之一:猫
def talk(self):
    print('say hello')
class Dog(Animal):    # 动物的形态之二:狗
def talk(self):
    print('say wangwang')
class Pig(Animal):    # 动物的形态之三:猪
def talk(self):
    print('say aoao')
```

4. 抽象类和抽象方法

```
# coding: utf-8
import abc
# 抽象类
class StudentBase(object):
    __metaclass__ = abc.ABCMeta
    @abc.abstractmethod
    def study(self):
        pass
    def play(self):
        print("play")
    # 实现类
class GoodStudent(StudentBase):
    def study(self):
        print("study hard!")
if __name__ == '__main__':
    student = GoodStudent()
    student.study()
    student.play()
```

执行结果如下：

```
study hard!
play
```

19.3 实验练习

① 执行如下代码会输出什么？

```
class People(object):
    __name = "luffy"
    __age = 18
p1 = People()
print(p1.__name, p1.__age)
```

② 执行如下代码会输出什么？

```
class People(object):
    def __init__(self):
        print("__init__")
    def __new__(cls, *args, **kwargs):
        print("__new__")
        return object.__new__(cls, *args, **kwargs)
People()
```

第20章 项目6：Python文件的使用

20.1 实验目的与要求

① 掌握文件的基本方法和相关操作；
② 掌握目录的基本方法和相关操作。

20.2 实验内容

```
# 【文件路径操作】
# 生成路径方法
str = os.path.join('usr', 'bin', 'spam');
# print(str);  # usr\bin\spam
# 获取当前工作目录
current_dir = os.getcwd();
# print(current_dir); # E:\Python3Excute
# 切换当前工作目录
# os.chdir('E:/');
# ch_dir = os.getcwd();
# print(ch_dir);   # E:\
# 创建新的文件夹:第一个参数表示路径,第二个参数表示权限
os.makedirs('test_dir', 0o777, True);
# 绝对路径返回:True,相对路径返回:False
path = os.path.isabs('E:\\');
# print(os.path.abspath('.\\ss'));  # 返回字符串的绝对路径(即当前文件的绝对路径)
path_1 = 'E:\\Python3Excute\\copy.py';
# print(os.path.basename(path_1));   # copy.py; 返回一个字符串,包含path参数中最后一个斜杠之后的所有内容
```

```python
# print(os.path.dirname(path_1));    # E:\Python3Excute；返回一个字符串,包含path参数中最后一个斜杠之前的所有内容
# print(os.path.split(path_1));    # ('E:\\Python3Excute','copy.py')；获取一个路径的目录名称和基本名称,以元组的形式返回
# print(path_1.split(os.path.sep));# ['E:','Python3Excute','copy.py']；以列表的形式返回【相当于字符串分割】
path_2 = 'E:\\Python3Excute\\2.txt';    # 存在
path_3 = 'E:\\Python3Excute\\3.txt';
# print(os.path.getsize(path_2));# 50；返回文件中的字节数
#【文件检查:文件有效性检查】
# print(os.listdir('E:\\Python3Excute'));#[2.txt,A.txt....];返回当前目录下的文件名称(包含目录)
# print(os.path.exists(path_3));    # False；检查文件或者目录是否存在(存在:True,否则:False)
# print(os.path.isdir(path_2));    # 检查是否为目录
# print(os.path.isfile(path_2));    # 检查是否为文件
#【文件操作:读写操作】
# fp = open(path_2);
# print(fp.read());# 输出文本文件的所有内容
# print(fp.readline());# 输文s本文件第一行内容(可以通过循环的方式全部读取)
# print(fp.readlines());# ['Hello World\n','Python\n','12344'] 以列表形式输出文本文件所有行内容
# fp3 = open(path_3,'a');# a:追加模式,w:覆盖模式
# fp3.write('Hesssssss\n');
# fp3.close();# 关闭文件,释放资源
#【文件存储数据:二进制文件】
import shelve;    #【二进制文件】
# 生成mydata.bak,mydata.dat,mydata.dir,三个文件【二进制文件】即shelve以文件的形式存储数据
# sheftFile = shelve.open('mydata');    # 设置以上生成三个文件的目录,
# cats = ['Zophiess','Pookasss','Simon11'];
# sheftFile['cats'] = cats;
# sheftFile['oks'] = cats;
# sheftFile.close();
#【原样输出数据类型】
import pprint
cats = [{'name':'Zophie','desc':'chubby'},{'name':'Pooka','desc':'fluffy'}]
# 返回一个原始类型的字符串:"[{'desc':'chubby','name':'Zophie'},{'desc':'fluffy','name':'Pooka'}]"
```

```
# 主要是用来便于分析数据结构类型
# str = pprint.pformat(cats);
# ----------------------------------------------shuti[文件&目录]复制移动等操作----
import shutil;
# 【复制文件】
# shutil.copy('2.txt','2_bak.txt');
# 【移动并重命名文件】(弊端,如果存在,会直接覆盖文件,如果前面包含目录,请(先检查目录))
# shutil.move('2.txt','2_move.txt');
# 【删除文件】
# os.unlink('2_move.txt');
# 【删除目录】
# os.rmdir('test_dir');    # 必须是空目录
# 【删除目录】
# shutil.rmtree('test_dir');# 删除目录及所有的子目录和文件
import send2trash;  # 需要安装:pip3 install send2trash
# 【删除文件至回收站】
# send2trash.send2trash('2_bak.txt');# 删除文件或目录(直接送到垃圾箱)
# 【遍历目录】
# for forlder, subfulders, filename in os.walk('E:\\Python3Excute\\test_dir'):
#   print(forlder);     # 当前文件夹的名(如果有子目录会依次循环)
#   print(subfulders);  # 当前文件夹中的文件列表,如果目录为空,则以[ ]表示
#   print(filename);    # 当前文件夹中的文件的字符串列表,如果目录为空,则以[ ]表示
```

20.3 实验练习

① 下面只有一种方式不能打开文件,请问是哪一种? 为什么?

```
>>> f = open('E:/test.txt','w')      # A
>>> f = open('E:\test.txt','w')      # B
>>> f = open('E://test.txt','w')     # C
>>> f = open('E:\\test.txt','w')     # D
```

② 编写程序:统计当前目录下每个文件类型的文件数。

第21章 项目7：Python中的正则表达式

21.1 实验目的与要求

① 理解正则表达式的含义；
② 掌握正则表达式的基本语法。

21.2 实验内容

```
# 签名的字符:r,表示将该字符串标记为原始字符串,它不包括转义字符
test_str = '415-555-0001 My number is 415-555-4221';
#【简单匹配提取】
reg_1 = re.compile(r'\d\d\d-\d\d\d-\d\d\d\d');
mo = reg_1.search(test_str);    # 如果没有匹配到则返回:None
print('我的电话号码是:' + mo.group());    # 415-555-4242【匹配电话号码,并返回相应的号码】
#【分组匹配提取】【可以得到多个提取的文本】
reg_2 = re.compile(r'(\d\d\d)-(\d\d\d\-\d\d\d\d)');
mo_2 = reg_2.search(test_str);
# print(mo_2.groups());    # (415,55-4221)
# print(mo_2.group());     # 匹配全部:415-555-4221
# print(mo_2.group(0));    # 匹配全部:415-555-4221
# print(mo_2.group(1), mo_2.group(2));    #:415 555-4221,从左到右,开始匹配,
#【使用转义符】
reg_3 = re.compile(r'(\(\d\d\d\))-(\d\d\d-\d\d\d\d)');
test_str_2 = 'My number is (415)-555-4221';
```

```python
mo_3 = reg_3.search(test_str_2);
# 打印结果,类似如上分组匹配输出;
# 【使用管道匹配多个分组】
# 将匹配:Batman 或者 Tina Fey,但只把第一匹配到的文本作为对象返回
# reg_4 = re.compile(r'Batman|Tina Fey');
# mo_4 = reg_4.search('Batman and Tina Fey');
# print(mo_4.group());    # Batman
#
# #【使用问号(?)实现可选匹配[]】
# reg_5 = re.compile(r'Bat(wo)? man');    # ? 匹配零次或者一次
# mo_5 = reg_5.search('The Batwoman Adventures of Batman');
# print(mo_5.group())    # Batwoman 只以第一次匹配到的文本返回
#
# #【使用星号(*)匹配零次或多次】
# reg_6 = re.compile(r'Bat(wo)*man');
# mo_6 = reg_6.search('The Batwoman Adventures of Batman');
# print(mo_6.group());    # Batwoman,只以第一次匹配到的文本返回
# 【使用加号(+)匹配一次或多次】
# reg_7 = re.compile(r'Bat(wo)+man');
# mo_7 = reg_7.search('wo The Batwowowoman Adventures of Batman');
# print(mo_7.group());    # Batwowowoman,只以第一次匹配到的文本返回
# 【使用括号匹配】
## 备注:Python 所有的正则都是贪心匹配的,如果需要非贪心匹配则在大括号后面加上?
# reg_8 = re.compile(r'(Ha){2,4}? ');
# mo_8 = reg_8.search('This HaHaHaHas OK');
# print(mo_8.group());    # HaHaHaHa 只以第一次匹配到的文本返回
# 【findall()】提取匹配到的所有内容:匹配到的内容,以列表的形式返回;
# reg_9 = re.compile(r'\d\d\d-\d\d\d\d');
# mo_9 = reg_9.findall('125-7894 This Ok is 789-1451');
# print(mo_9);    # ['125-7894','789-1451']
# \d 0-9 的数字
# \D 除 0-9 之外的任何字符
# \w 任何字母,数字,下划线
# \W 除字母,数字,下划线之后的任何字符
# \s 空格,制表符,换行符
# \S 除空格,制表符,换行符之外的任何字符
# 'r[aeionsde]' #匹配这些字符,'r[^aldjlass]' #匹配这些字符之外的任何字符
# 【使用.通匹配符】
```

```
# reg_10 = re.compile(r'.at');
# mo_10 = reg_10.search('Hat,cat,oat');
# print(mo_10.group());#Hat
# #【使用.*匹配任意字符】
# reg_11 = re.compile(r'.*at');
# mo_11 = reg_11.search('Hat,cat,oat');   # 匹配整个字符
# print(mo_11.group());   # Hat,cat,oat
#【使用.*匹配任意字符,如果添加 re.DOTALL,就可以让句点字符匹配所有字符,即包含换行符后面的字符】
# reg_12 = re.compile(r'.*at', re.DOTALL);#如果同时拥有多个参数,则用管道符号,如:
re.DOTALL|re.I;
# mo_12 = reg_12.search('Hat,cat\nssoat');   # 匹配整个字符
# print(mo_12.group());   # Hat,cat ssoat(会自动换行显示)
#【不区分大小写】,re.compile(r'\w',re.I),传入 re.IGNORECASE 或 re.I,则可以不区分大小写
#【替换字符串】通过正则的方式-替换字符串 sub()
# nameRegex = re.compile(r'Agent \w+');
# res = nameRegex.sub('Cosumer','Agent Alice gave the secret documents to Agent Bob');
# print(res);#Cosumer gave the secret documents to Cosumer
```

21.3 实验练习

① 编写程序:将一句英语文本中的单词倒置,标点不倒置,假设单词之间使用一个或多个空格进行分割。比如,"I like beijing."经过函数后变为"beijing. like I"。

② 编写程序:使用正则表达式提取一个 Python 程序中的所有函数名。

③ 假设有一句英文,其中某个单词中有一个不在两端的字母误写为大写。编写程序:使用正则表达式对单词进行检查并将不该写为大写的字母纠正为小写。注意不要影响每个单词两端的字母。

第22章 项目8：Python异常处理

22.1 实验目的与要求

① 掌握 Python 异常的捕获；
② 掌握 Python 异常的处理。

22.2 实验内容

① 执行如下代码：

```
try:
    print('try')
    r = 10/0 #除零错误
    print('result',r)
except ZeroDivisionError as e: #假如上面没有#错误就执行该语句
    print('except',e) #获取错误提示
finally:
    print('finally') #无论如何都会执行,同时释放内存
```

执行结果如下：

```
try
except division by zero
finally
```

② 执行如下代码：

```
try:
    print('try')
    r = 10/0
except ZeroDivisionError as e:
```

```
        print('except',e)
else:
        print('result',r) #计入 try 中没有错误就执行该语句
finally:
print('finally')
```

执行结果如下：

```
try
except division by zero
finally
```

③ 执行如下代码：

```
raise ValueError('This is a ValueError！')
```

执行结果如下：

```
ValueError Traceback (most recent call last)
<ipython-input-26-dfda0edb5140> in <module>()
----> 1 raise ValueError('This is a ValueError！')
ValueError: This is a ValueError！
```

④ 执行如下代码：

```
class NotIntError(Exception): #定义 NotIntError 错误类型
def __init__(self,error):
self.error = error #获取属性：提示错误
raise NotIntError('This is not an Int value！')
```

执行结果如下：

```
-------------------------------
NotIntError Traceback (most recent call last)
<ipython-input-28-fd16324046e5> in <module>()
----> 1 raise NotIntError('This is not an Int value！')
NotIntError: This is not an Int value！
---------------------------
```

⑤ 执行如下代码：

```
a = [1,2,'',4,5,'a',[1,2,3]]
for ele in a:
    try:
        if type(ele) != int: #如果元素不是整型就抛出错误
            raise NotIntError('This is not an Int value！')
```

```
        except NotIntError as e:
            print(e.error)
        else:
            print(ele)
```

执行结果如下:

```
1
2
This is not an Int value!
4
5
This is not an Int value!
This is not an Int value!
```

⑥ 执行如下代码:

```
import logging #导入错误日志包
def foo(num):
    try:
        return 100/int(num)
    except Exception as e:
        logging.exception(e)
foo(0)
print('End') #即使出错也不会停止运行
```

执行结果如下:

```
ERROR:root:division by zero
Traceback (most recent call last):
    File "< ipython-input-32-49dea5892d89 >", line 5, in foo
        return 100/int(num)
ZeroDivisionError: division by zero
END
```

22.3 实验练习

① 编写一个函数:提示输入两个数字 a、b,并进行 a 与 b 的除法运算,把运算结果打印出来,要求对输入和程序进行检测,以排除所有错误。(要求:可以使用异常检查 IOError、ValueError、ZeroDivisionError 等错误,不可以使用 BaseException。)

② 编写一个函数:以读的方式打开一个文件,如果文件路径不对,则要求重新输入,直到输入成功。

第23章 项目9：GUI编程

23.1 实验目的与要求

① 了解 GUI 的概念以及相关基础知识；
② 学习 wxPython 界面编程；
③ 动手实现自己的登录界面。

23.2 实验内容

1. wx 模块的安装

```
>>> pip3 install wxpython
```

2. 组件介绍：

组件的主要参数如下：

```
parent = None  # 父元素，假如为 None，代表顶级窗口
id = None      # 组件的标识，唯一，假如 id 为 -1 代表系统分配 id
title = None   # frame 窗口的标题栏
value = None   # 文本框当中的内容
    GetValue   # 获取文本框的值
    SetValue   # 设置文本框的值
pos = None     # 组件的位置，就是组件左上角点距离父组件或者桌面左和上的距离
size = None    # 组件的尺寸，宽高
style = None   # 组件的样式
name = None    # 组件的名称，它是用来标识组件的，但是也用于传值
```

3. 创建窗口

```
import wx  # 引入 wx 模块
app = wx.App()  # 实例化一个主循环
frame = wx.Frame(None,title = '实验',size = (300,300))  # 实例化一个窗口
frame.Show()  # 调用窗口展示功能
app.MainLoop()  # 启动主循环
```

结果如图 23.1 所示。

图 23.1 创建窗口

4. 向窗口中添加文本框

```
import wx     # 导入 wxPython
class MyFrame(wx.Frame):
    def __init__(self, parent, id):
        wx.Frame.__init__(self, parent, id, title = "实验", size = (400, 300))
        panel = wx.Panel(self)    # 创建面板
        # 创建文本和输入框
        self.title = wx.StaticText(panel, label = "请输入用户名和密码", pos = (140, 20))
        self.label_user = wx.StaticText(panel, label = "用户名:", pos = (50, 50))
        self.text_user = wx.TextCtrl(panel, pos = (100, 50), size = (235, 25), style = wx.TE_LEFT)
        self.label_pwd = wx.StaticText(panel, label = "密码:", pos = (50, 90))
        self.text_pwd = wx.TextCtrl(panel, pos = (100, 90), size = (235, 25), style = wx.TE_PASSWORD)
if __name__ == '__main__':
    app = wx.App()            # 初始化应用
```

```
        frame = MyFrame(parent = None, id = -1)    # 初始化MyFrame类,并传递参数
        frame.Show()         # 显示窗口
app.MainLoop()               # 调用主循环方法
```

结果如图23.2所示。

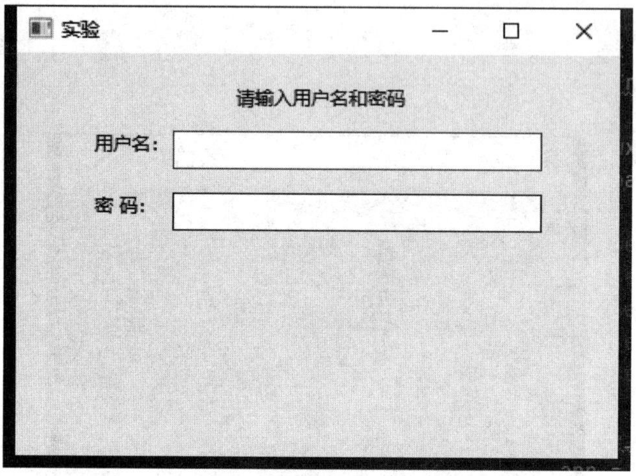

图23.2 添加文本框

5. 添加按钮

```
import wx
class MyFrame(wx.Frame):
    def __init__(self, parent, id):
        wx.Frame.__init__(self, parent, id, title = "实验", size = (400, 300))
        panel = wx.Panel(self)      # 创建面板
        # 创建文本和输入框
        self.title = wx.StaticText(panel, label = "请输入用户名和密码", pos = (140, 20))
        self.label_user = wx.StaticText(panel, label = "用户名:", pos = (50, 50))
        self.text_user = wx.TextCtrl(panel, pos = (100, 50), size = (235, 25), style = wx.TE_LEFT)
        self.label_pwd = wx.StaticText(panel, label = "密 码:", pos = (50, 90))
        self.text_pwd = wx.TextCtrl(panel, pos = (100, 90), size = (235, 25), style = wx.TE_PASSWORD)
        # 创建确定和取消的界面
        self.bt_confirm = wx.Button(panel, label = '确定', pos = (105, 130))
        self.bt_cancel = wx.Button(panel, label = '取消', pos = (195, 130))
if __name__ == '__main__':
    app = wx.App()               # 初始化应用
```

```
        frame = MyFrame(parent = None, id = -1)    # 初始化 MyFrame 类,并传递参数
        frame.Show()         # 显示窗口
app.MainLoop()              # 调用主循环方法
```

结果如图 23.3 所示。

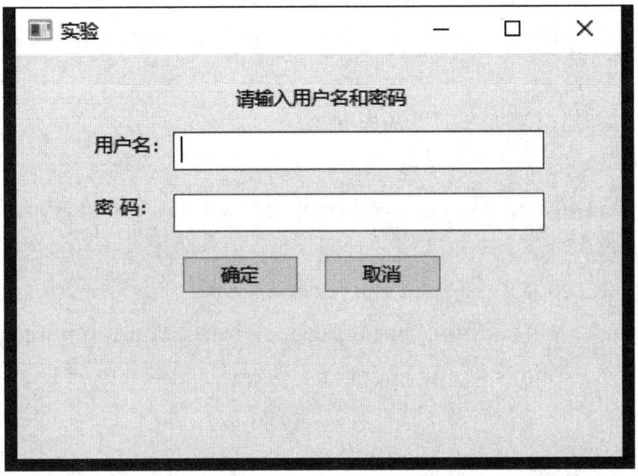

图 23.3 添加按钮

6. 运用 BoxSizer 布局

```
import wx    # 导入 wxPython
class MyFrame(wx.Frame):
    def __init__(self, parent, id):
        wx.Frame.__init__(self, parent, id, '实验', size = (400, 300))
        # 创建面板
        panel = wx.Panel(self)
        # 创建"确定"和"取消"按钮,并绑定事件
        self.bt_confirm = wx.Button(panel, label = '确定')
        self.bt_cancel = wx.Button(panel, label = '取消')
        # 创建文本,左对齐
        self.title = wx.StaticText(panel, label = "请输入用户名和密码")
        self.label_user = wx.StaticText(panel, label = "用户名:")
        self.text_user = wx.TextCtrl(panel, style = wx.TE_LEFT)
        self.label_pwd = wx.StaticText(panel, label = "密  码:")
        self.text_pwd = wx.TextCtrl(panel, style = wx.TE_PASSWORD)
        # 添加容器,容器中控件横向排列
        hsizer_user = wx.BoxSizer(wx.HORIZONTAL)
        hsizer_user.Add(self.label_user, proportion = 0, flag = wx.ALL, border = 5)
        hsizer_user.Add(self.text_user, proportion = 1, flag = wx.ALL, border = 5)
        hsizer_pwd = wx.BoxSizer(wx.HORIZONTAL)
```

```
            hsizer_pwd.Add(self.label_pwd, proportion = 0, flag = wx.ALL, border = 5)
            hsizer_pwd.Add(self.text_pwd, proportion = 1, flag = wx.ALL, border = 5)
            hsizer_button = wx.BoxSizer(wx.HORIZONTAL)
            hsizer_button.Add(self.bt_confirm, proportion = 0, flag = wx.ALIGN_CENTRE, border = 5)
            hsizer_button.Add(self.bt_cancel, proportion = 0, flag = wx.ALIGN_CENTRE, border = 5)
            # 添加容器,容器中控件纵向排列
            vsizer_all = wx.BoxSizer(wx.VERTICAL)
            vsizer_all.Add(self.title, proportion = 0, flag = wx.BOTTOM|wx.TOP | wx.ALIGN_CENTRE, border = 15)
            vsizer_all.Add(hsizer_user, proportion = 0, flag = wx.EXPAND, border = 45)
            vsizer_all.Add(hsizer_pwd, proportion = 0, flag = wx.EXPAND, border = 45)
            vsizer_all.Add(hsizer_button, proportion = 0, flag = wx.ALIGN_CENTRE | wx.TOP, border = 15)
            # 设置面板 panel 的尺寸管理器为 vsizer_all
            panel.SetSizer(vsizer_all)
    if __name__ == '__main__':
        app = wx.App()                                          # 初始化
        frame = MyFrame(parent = None, id = -1)                 # 实例化,并传参
        frame.Show()                                            # 显示窗口
        app.MainLoop()
```

结果如图 23.4 所示。

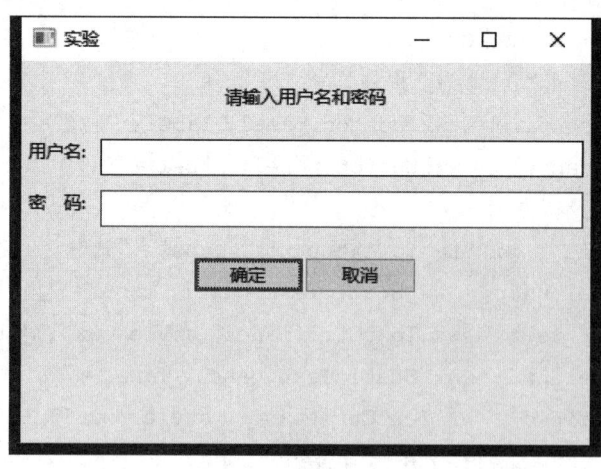

图 23.4 运用 BoxSizer 布局

7. 添加事件监听

```
import wx        # 导入 wxPython
class MyFrame(wx.Frame):
```

```python
        def __init__(self, parent, id):
            wx.Frame.__init__(self, parent, id, '实验', size=(400, 300))
            # 创建面板
            panel = wx.Panel(self)
            # 创建"确定"和"取消"按钮并绑定事件
            self.bt_confirm = wx.Button(panel, label='确定')
            self.bt_confirm.Bind(wx.EVT_BUTTON, self.OnclickSubmit)
            self.bt_cancel = wx.Button(panel, label='取消')
            self.bt_cancel.Bind(wx.EVT_BUTTON, self.OnclickCancel)
            # 创建文本,左对齐
            self.title = wx.StaticText(panel, label="请输入用户名和密码")
            self.label_user = wx.StaticText(panel, label="用户名:")
            self.text_user = wx.TextCtrl(panel, style=wx.TE_LEFT)
            self.label_pwd = wx.StaticText(panel, label="密  码:")
            self.text_pwd = wx.TextCtrl(panel, style=wx.TE_PASSWORD)
            # 添加容器,容器中的控件横向排列
            hsizer_user = wx.BoxSizer(wx.HORIZONTAL)
            hsizer_user.Add(self.label_user, proportion=0, flag=wx.ALL, border=5)
            hsizer_user.Add(self.text_user, proportion=1, flag=wx.ALL, border=5)
            hsizer_pwd = wx.BoxSizer(wx.HORIZONTAL)
            hsizer_pwd.Add(self.label_pwd, proportion=0, flag=wx.ALL, border=5)
            hsizer_pwd.Add(self.text_pwd, proportion=1, flag=wx.ALL, border=5)
            hsizer_button = wx.BoxSizer(wx.HORIZONTAL)
            hsizer_button.Add(self.bt_confirm, proportion=0, flag=wx.ALIGN_CENTRE, border=5)
            hsizer_button.Add(self.bt_cancel, proportion=0, flag=wx.ALIGN_CENTRE, border=5)
            # 添加容器,容器中的控件纵向排列
            vsizer_all = wx.BoxSizer(wx.VERTICAL)
            vsizer_all.Add(self.title, proportion=0, flag=wx.BOTTOM | wx.TOP | wx.ALIGN_CENTRE, border=15)
            vsizer_all.Add(hsizer_user, proportion=0, flag=wx.EXPAND, border=45)
            vsizer_all.Add(hsizer_pwd, proportion=0, flag=wx.EXPAND, border=45)
            vsizer_all.Add(hsizer_button, proportion=0, flag=wx.ALIGN_CENTRE | wx.TOP, border=15)
            # 设置面板 panel 的尺寸管理器为 vsizer_all
            panel.SetSizer(vsizer_all)
        def OnclickSubmit(self, event):
```

```python
            """ 单击确定按钮,执行方法 """
            message = ""
            username = self.text_user.GetValue()     # 获取输入的用户名
            password = self.text_pwd.GetValue()      # 获取输入的密码
            if username == 'CUMT' and password == '123':
                message = "登录成功"
            else:
                message = "用户名和密码不匹配"
            wx.MessageBox(message)
        def OnclickCancel(self, event):
            """ 单击取消按钮,执行方法 """
            self.text_user.SetValue("")
            self.text_pwd.SetValue("")
if __name__ == '__main__':
    app = wx.App()              # 初始化应用
    frame = MyFrame(parent = None, id = -1)    # 实例化,并传参
    frame.Show()      # 显示窗口
    app.MainLoop()    # 调用主循环方法
```

结果如图 23.5 所示。

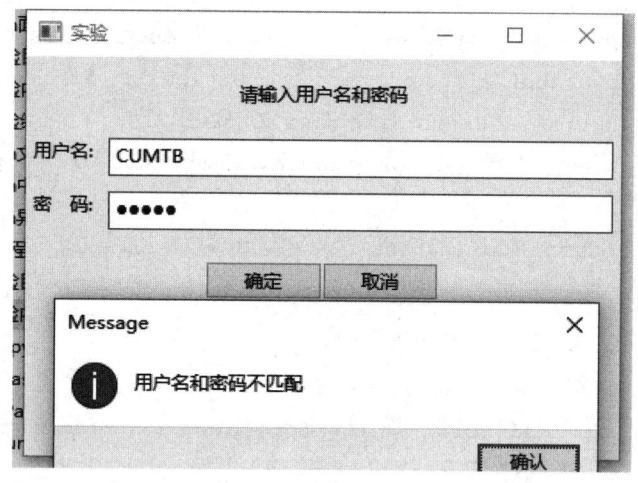

图 23.5 添加事件监听

23.3 实验练习

根据所学内容,设计自己的登录界面。

第24章 项目10：Numpy库的使用

24.1 实验目的与要求

① 了解 Numpy 库的基本功能；
② 掌握 Numpy 库中对数组的操作与运算方法。

24.2 实验内容

1. 数组的创建
（1）创建全 0 数组

```
>>> import numpy as np
>>> a = np.array([[1,2,3],[4,5,6],[7,8,9]])
>>> np.zeros((2,3))
```

（2）创建全 1 数组

```
>>> np.ones((2,3))
```

（3）创建随机数数组

```
>>> np.random.random((2,3))
>>> np.random.randint(0,10,(3,2))
```

2. 数组属性的查看
（1）查看数组的维度

```
>>> a.shape
```

（2）查看数组元素的个数

```
>>> a.size
```

3. 数组的维度操作

(1) 将数组的行变列

```
>>> a.T
```

(2) 返回数组的最后一个元素

```
>>> a[-1]
```

(3) 返回数组第 2 个到第 4 个元素

```
>>> a[2:4]
```

(4) 返回逆序的数组

```
>>> a[::-1]
```

4. 数组的合并

(1) 水平合并

```
>>> a = np.arange(9).reshape(3,3)
>>> b = np.arange(9,18).reshape(3,3)
>>> np.hstack((a,b))
```

(2) 垂直合并

```
>>> np.vstack((a,b))
```

(3) 深度合并

```
>>> np.dstack((a,b))
```

5. 数组的拆分

(1) 水平拆分

```
>>> a = np.arange(9).reshape(3,3)
>>> np.hsplit(a,3)
```

(2) 垂直拆分

```
>>> np.vsplit(a,3)
```

(3) 深度拆分

```
>>> a = np.arange(27).reshape(3,3,3)
>>> np.dsplit(a,3)
```

注意：dsplite 只对 3 维以上的数组起作用。

```
raise ValueError('dsplit only works on arrays of 3 or more dimensions')
ValueError: dsplit only works on arrays of 3 or more dimensions
```

6. 数组运算

(1) 数组与常数的四则运算

```
>>> a+2
```

（2）数组与数组的四则运算

```
>>> a/2
```

（3）判断数组是否相等

```
>>>(a == b).all()
```

7. 数组的常用函数

（1）求数组所有元素的和

```
>>> a = np.array([3,2,4])
>>> a.sum()
```

（2）求数组所有元素的积

```
>>> a.prod()
```

（3）求数组所有元素的平均值

```
>>> a.mean()
```

（4）求数组所有元素中的最大值

```
>>> a.max()
```

（5）求数组所有元素中的最小值

```
>>> a.min()
```

（6）替换数组中的元素

例如，将数组中小于3的元素替换为3，将大于4的元素替换为4

```
>>> a.clip(3,4)
```

（7）求数组所有元素的方差

```
>>> a.var()
```

（9）求数组所有元素的标准差

```
>>> a.std()
```

24.3 实验练习

① 创建一个值域为10到49的向量。
② 创建一个3×3的矩阵，值域为0到8。
③ 创建一个3×3×3的随机数组。
④ 创建一个10×10的随机数组，并找出该数组中的最大值与最小值。

第25章 项目11：Pandas库的使用

25.1 实验目的与要求

① 了解 Pandas 库的基本功能；
② 掌握 Pandas 库的操作。

25.2 实验内容

① 导入 Pandas 库并将其简写为 pd，输出其版本号。

```
import pandas as pd
pd.version__
```

② 从 NumPy 数组创建表 25.1 所示的 DataFrame。

表 25.1 从 NumPy 数组创建的 DataFrame

	A	B	C	D
2021-07-14 22:46:01.642021	0.277099	0.665053	0.882637	−0.598895
2021-07-14 22:46:01.642021	0.365233	−2.529804	−0.699849	0.159623
2021-07-14 22:46:01.642021	−0.831850	−2.099049	−0.976407	−0.342800
2021-07-14 22:46:01.642021	0.680800	1.682999	0.144469	−2.503013
2021-07-14 22:46:01.642021	−0.413880	0.876169	−1.047877	0.996865
2021-07-14 22:46:01.642021	1.373956	0.029732	−0.549268	−0.287584

注：其中第一列为时间序列，后面几列为随机生成的序列。

```
import numpy as np
dates = pd.date_range('today', periods = 6)    # 定义时间序列作为 index
num_arr = np.random.randn(6, 4)                # 传入 numpy 随机数组
columns = ['A','B','C','D']                    # 将列表作为列名
df = pd.DataFrame(num_arr, index = dates, columns = columns)
df
```

③ 从字典对象创建 DataFrame，并设置索引，如表 25.2 所示。

表 25.2　从字典对象创建的 DataFrame

	age	animal	priority	visits
a	2.5	cat	yes	1
b	3.0	cat	yes	3
c	0.5	snake	no	2
d	NaN	dog	yes	3
e	5.0	dog	no	2
f	2.0	cat	no	3
g	4.5	snake	no	1
h	NaN	cat	yes	1
i	7.0	dog	no	2
j	3.0	dog	no	1

```
import numpy as np
data = {
    'animal':
    ['cat','cat','snake','dog','dog','cat','snake','cat','dog','dog'],
    'age': [2.5, 3, 0.5, np.nan, 5, 2, 4.5, np.nan, 7, 3],
    'visits': [1, 3, 2, 3, 2, 3, 1, 1, 2, 1],
    'priority':
    ['yes','yes','no','yes','no','no','no','yes','no','no']
}
labels = ['a','b','c','d','e','f','g','h','i','j']
df = pd.DataFrame(data, index = labels)
df
```

④ 展示 df 的前 3 行，并显示 df 的基础信息，包括行的数量、列名、每一列值的数量及其类型。

```
df.iloc[:3]
df.info()
```

⑤ 计算 visits 的总和。

```
df['visits'].sum()
```

⑥ 先按 age 降序排列,后按 visits 升序排列。(提示:使用 sort 函数。)

```
df.sort_values(by = ['age','visits'], ascending = [False, True])
```

25.3 实验练习

1. 取出表 25.2 中的 animal 和 age 列。
2. 取出表 25.2 中 age 值大于 3 的行。
3. 计算表 25.2 中每个不同种类 animal 的 age 的平均数。(提示:使用 groupby、mean 方法。)
4. 将表 25.2 中 animal 列中的 snake 替换为 python。(提示:使用 replace 方法。)

第26章 项目12：Matplotlib库的使用

26.1 实验目的与要求

① 了解 Matplotlib 库的基本用法；
② 学习修改 Matplotlib 库的默认配置；
③ 学习修改线条的颜色和粗细；
④ 学习设置记号标签。

26.2 实验内容

使用 Matplotlib 库修改配置，逐步美化图形，绘出如图 26.1 所示的正弦函数和余弦函数。

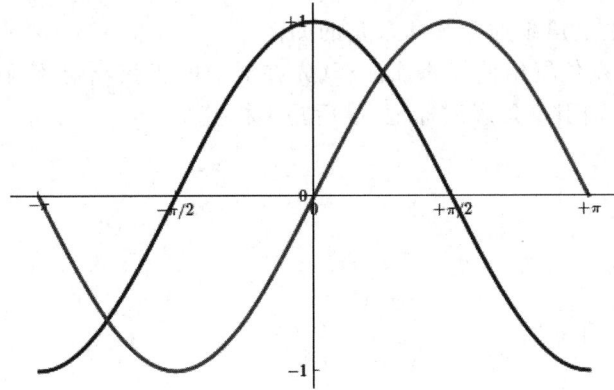

图 26.1 正弦函数和余弦函数

```python
import numpy as np
import matplotlib.pyplot as plt
plt.figure(figsize = (8,5), dpi = 80)
ax = plt.subplot(111)
ax.spines['right'].set_color('none')
ax.spines['top'].set_color('none')
ax.xaxis.set_ticks_position('bottom')
ax.spines['bottom'].set_position(('data',0))
ax.yaxis.set_ticks_position('left')
ax.spines['left'].set_position(('data',0))
X = np.linspace(-np.pi, np.pi, 256,endpoint = True)
C,S = np.cos(X), np.sin(X)
plt.plot(X, C, color = "blue", linewidth = 2.5, linestyle = "-")
plt.plot(X, S, color = "red", linewidth = 2.5, linestyle = "-")
plt.xlim(X.min() * 1.1, X.max() * 1.1)
plt.xticks([-np.pi, -np.pi/2, 0, np.pi/2, np.pi],
           [r'$-\pi$', r'$-\pi/2$', r'$0$', r'$+\pi/2$', r'$+\pi$'])
plt.ylim(C.min() * 1.1,C.max() * 1.1)
plt.yticks([-1, 0, +1],
           [r'$-1$', r'$0$', r'$+1$'])
plt.show()
```

26.3 实验练习

① 在图 26.1 的左上角添加正弦和余弦的图例。

② 在图形的特殊点位置给曲线添加注释(先在对应的正弦或余弦函数图像的某个特殊位置画一个点,然后向横轴引一条虚线标记,最后写上标签)。

第27章 项目13：Python网络爬虫与信息的提取

27.1 实验目的与要求

① 了解 HTTP 协议；
② 了解 Resquests 库；
③ 熟悉 request 方法；
④ 熟悉 get 方法；
⑤ 熟悉 post 方法；
⑥ 熟悉 put 方法。

27.2 实验内容

爬取网页的通用代码框架：

```
import requests
def getHTMLText(url):
    try:
        r = requests.get(url,timeout = 30)
        r.raise_for_status()
        r.recoding = r.apparent_encoding
        return r.text
    except:
        return "爬取失败"
if __name__ == "__main__":
    url = "http://www.baidu.com"
    print(getHTMLText(url))
```

27.3 实验练习

① 修改爬取网页的通用代码框架,向百度提交关键词。

```
import requests
url = "http://www.baidu.com"
try:
    kv = {'wd':'python'}
    r = requests.get(url,params = kv)
    print(r.request.url)
    r.raise_for_status()
    print(len(r.text))
except:
    print("爬取失败")
```

② 修改爬取网页的通用代码框架,获取网络图片并存储。

```
import requests
import os
url = "http://image.ngchina.com.cn/2021/0125/20210125050736193.jpg"
root = "D://pics//"
path = root + url.split('/')[-1]
try:
    if not os.path.exists(root):
        os.mkdir(root)
    if not os.path.exists(path):
        r = requests.get(url)
        with open(path,'wb') as f:
            f.write(r.content)
            f.close()
            print("文件保存成功")
    else:
        print("文件已存在")
except:
    print("爬取失败")
```

第28章 项目14：Python实现基于手写数字的BP神经网络

28.1 实验目的与要求

① 了解梯度下降优化函数；
② 了解层级结构设计；
③ 熟悉BP神经网络。

28.2 实验内容

1. 实验介绍

人工神经网络具有处理复杂模式的能力和进行联想、推理、记忆的功能，它是解决某些传统方法无法解决的问题的有力工具。目前，它日益受到重视，同时其他学科的发展为其提供了更多的机会。1986年，Romelhart和Mcclelland提出了误差反向传播算法（error back propagation algorithm），简称BP算法。由于多层前馈网络的训练经常采用误差反向传播算法，因此人们也把多层前馈网络称为BP神经网络。可设计一个BP神经网络，实现对MNIST手写数字集的识别。BP神经网络的结构包含一个输入层、一个隐层和一个输出层。

2. 载入数据集

```
import tensorflow as tf
import numpy as np
from tensorflow.examples.tutorials.mnist import input_data
data = input_data.read_data_sets('MNIST_data/', one_hot = True)
```

3. 层级结构设计

```
x = tf.placeholder(dtype = tf.float32, shape = [None, 784])
def weight_variable(shape):
    #权重的初始化
```

```python
        initial = tf.truncated_normal(shape, stddev = 0.1)
        return tf.Variable(initial)
def bias_variable(shape):
    #偏置项的初始化
        initial = tf.constant(0.5, shape = shape)
return tf.Variable(initial)
#定义神经网络结构
def bp_nn(x, keep_prob):
    with tf.name_scope('hidden_layer'):
        w1 = weight_varibal([784, 500])
        b1 = bias_variabl([500])
        h1 = tf.nn.relu(tf.matmul(x, w1) + b1)
        L1 = tf.nn.dropout(h1, keep_prob = keep_prob)
    with tf.name_scope('output_layer'):
        w2 = weight_varibal([500, 10])
        b2 = bias_variabl([10])
        y = tf.nn.softmax(tf.matmul(L1, w2) + b2)
        return y
```

4. 实现过程

```python
# dropout 随机断开的概率
keep_prob = tf.placeholder(dtype = tf.float32)
#标签
y_ = tf.placeholder(dtype = tf.float32, shape = [None, 10])
#最终预测值
y = bp_nn(x, keep_prob)
#定义交叉熵损失函数
cross_entropy = -tf.reduce_sum(y_ * tf.log(y))
#梯度下降优化目标函数
train_step = tf.train.GradientDescentOptimizer(0.001).minimize(cross_entropy)
#算法运行过程中判断的模型准确率
correct_prediction = tf.equal(tf.argmax(y, 1), tf.argmax(y_, 1))
accuracy = tf.reduce_mean(tf.cast(correct_prediction, tf.float32))
#迭代代码
with tf.Session() as sess:
    sess.run(tf.global_variables_initializer())
    for i in range(10000):
        x_batch, y_batch = data.train.next_batch(100)
```

```
            sess.run(train_step, feed_dict = {x: x_batch, y_: y_batch, keep_prob: 0.8,})
            if i % 1000 == 0:
                train_accuracy = sess.run(accuracy, feed_dict = {x: x_batch, y_:y_batch, keep_prob:1.0})
                print('精度' + str(train_accuracy))
        print('---------------------载入测试集---------------------')
        acc = []
        for i in range(1000)
            batch = data.test.next_batch(100)
            test_accuracy = sess.run(accuracy, feed_dict = {x: batch[0], y_:batch[1], keep_prob:1.0}
            acc.append(test_accuracy)
        mean_accuracy = np.mean(acc)
        print(mean_accuracy)
```

28.3 实验练习

① 从网上下载或自己编程实现一个卷积神经网络并在手写字符识别数据集 MNIST 上进行实验测试。

② 试述将线性函数用作神经元激活函数的缺陷。

③ 试编程实现标准 BP 算法和累积 BP 算法。

第29章 项目15：Python实现基于scikit-learn库的鸢尾花数据集的预测

29.1 实验目的与要求

① 了解 scikit-learn 库的使用；
② 了解 Seaborn 库的使用；
③ 学习 k 近邻算法；
④ 学习逻辑回归。

29.2 实验内容

1. 实验介绍

鸢尾花数据集是机器学习入门中一个十分经典的数据集。鸢尾花数据集预测时通过花萼长度、花萼宽度、花瓣长度、花瓣宽度 4 个属性预测鸢尾花卉属于 Setosa、Versicolour、Virginica 3 个种类中的哪一类。我们可以在此数据集上同时构建多个机器学习模型，并对比它们分类效果的好坏，能从实际项目中对机器学习的各个基础算法的应用背景有一个初步的掌握，把这些基础算法理论运用到实践中。

2. 数据预处理

在网络上有很多鸢尾花的数据集资源，并且机器学习库 scikit-learn 中也内置了此数据集。可以运用如下方法读取数据：

```
from sklearn.datasets import load_iris
iris = load_iris()
```

也可以使用 Pandas 读取数据：

```
import pandas as pd
iris_data = pd.read_csv('iris.data')
#由于这个数据没有列名，所以先给每个列取个名字。
```

```
iris_data.columns = ['sepal_length','sepal_width','petal_length','petal_width',
'class']
    print(iris_data.head(5))
```

输出结果如下：

	sepal_length	sepal_width	petal_length	petal_width	class
0	4.9	3.0	1.4	0.2	Iris-setosa
1	4.7	3.2	1.3	0.2	Iris-setosa
2	4.6	3.1	1.5	0.2	Iris-setosa
3	5.0	3.6	1.4	0.2	Iris-setosa
4	5.4	3.9	1.7	0.4	Iris-setosa

取得数据后查看数据的分布规则，确认是否存在缺失值：

```
iris_data.describe()
```

输出结果如下：

	sepal_length	sepal_width	petal_length	petal_width
count	149.000000	149.000000	149.000000	149.000000
mean	5.848322	3.051007	3.774497	1.205369
std	0.828594	0.433499	1.759651	0.761292
min	4.300000	2.000000	1.000000	0.100000
25 %	5.100000	2.800000	1.600000	0.300000
50 %	5.800000	3.000000	4.400000	1.300000
75 %	6.400000	3.300000	5.100000	1.800000
max	7.900000	4.400000	6.900000	2.500000

借助图形可以更好地观察数据的分布情况，所以这里引入了 Matplotlib 库和 Seaborn 库进行可视化展示。

```
import matplotlib.pyplot as plt
import seaborn as sb
sb.pairplot(iris_data.dropna(), hue='class')
```

输出结果如图 29.1 所示。

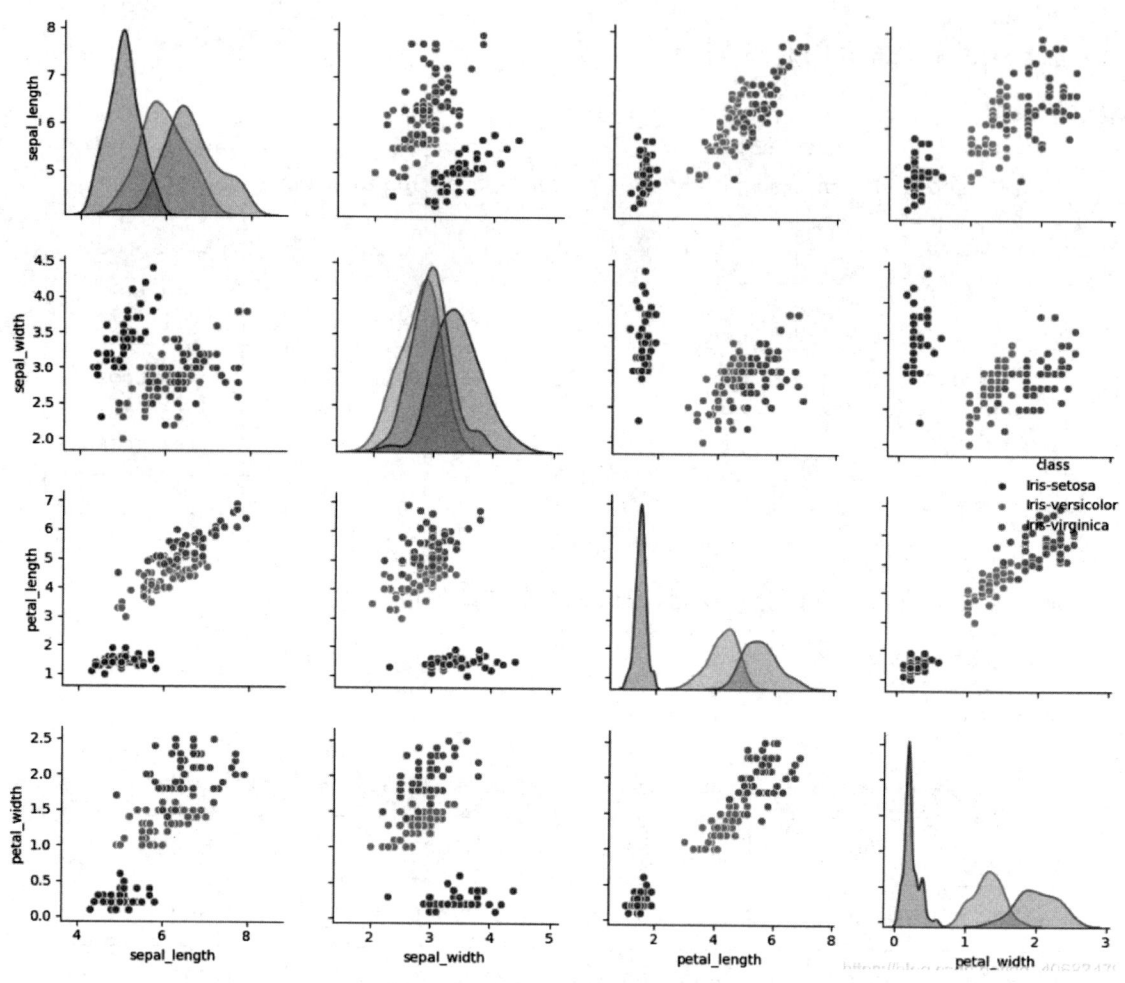

图 29.1　可视化展示示例一

图 29.2 也是对数据观察的一种方式,通过绘制这类图可以看出当前数据分布在哪一个区间内、数据在每一个区间的分布密度,以及分布密度最大的数据在哪个位置。

```
plt.figure(figsize = (10, 10))
for column_index, column in enumerate(iris_data.columns):
if column == 'class':
continue
plt.subplot(2, 2, column_index + 1)
sb.violinplot(x = 'class', y = column, data = iris_data)
```

输出结果如图 29.2 所示。

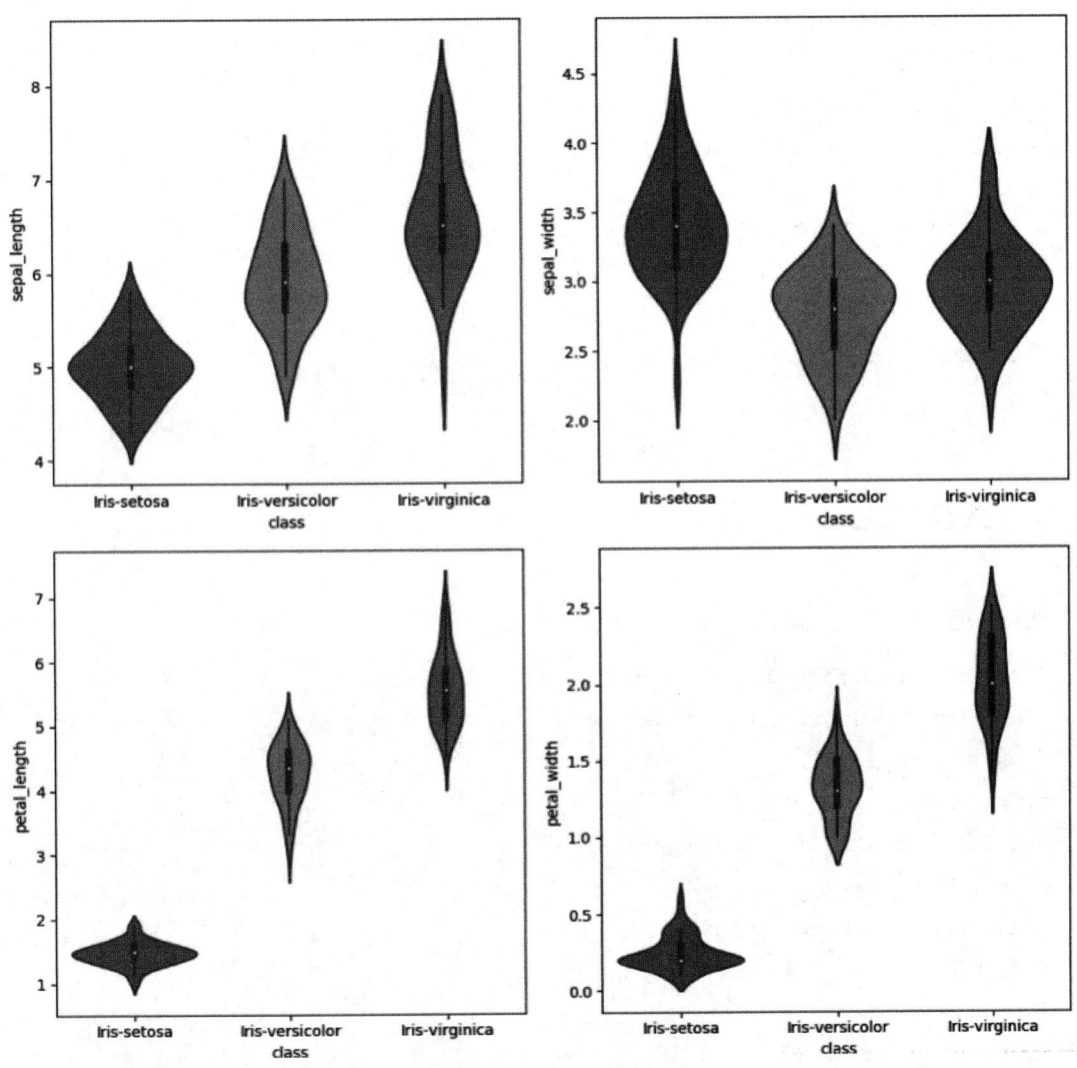

图 29.2 可视化展示示例二

3. 构建逻辑回归分类器,进行预测划分

```
from sklearn.datasets import load_iris
hua = load_iris()
#获取花瓣的长和宽
x = [n[0] for n in hua.data]
y = [n[1] for n in hua.data]
import numpy as np #转换成数组
x = np.array(x).reshape(len(x),1)
y = np.array(y).reshape(len(y),1)
#导入 Sklearn 机器学习扩展包中的线性回归模型,然后进行训练和预测
from sklearn.linear_model import LinearRegression
```

```
clf = LinearRegression()
clf.fit(x,y)
pre = clf.predict(x)
#调用 Matplotlib 扩展包并绘制相关图形
import matplotlib.pyplot as plt
plt.scatter(x,y,s = 100)
plt.plot(x,pre,"r-",linewidth = 4)
for idx, m in enumerate(x):
    plt.plot([m,m],[y[idx],pre[idx]],'g-')
plt.show()
```

29.3 实验练习

使用 k 近邻算法对鸢尾花数据集进行预测。

```
from sklearn.datasets import load_iris
from sklearn.cluster import KMeans
iris = load_iris()
clf = KMeans()
clf.fit(iris.data, iris.target)
print clf
predicted = clf.predict(iris.data)
#获取花卉两列数据集
X = iris.data
L1 = [x[0] for x in X]
print L1
L2 = [x[1] for x in X]
print L2
import numpy as np
import matplotlib.pyplot as plt
plt.scatter(L1, L2, c = predicted, marker = 's',s = 200,cmap = plt.cm.Paired)
plt.title("DTC")
plt.show()
```

参 考 文 献

[1] 马瑟斯. Python 编程：从入门到实践[M]. 袁国忠,译. 北京:人民邮电出版社,2016.
[2] Lutz M. Python 学习手册[M]. 李军,刘江伟,译. 4 版. 北京:机械工业出版社,2011.
[3] 萨默菲尔德. Python 3 程序开发指南[M]. 王弘博,孙传庆,译. 2 版. 北京:人民邮电出版社,2011.
[4] 卢布诺维克. Python 语言及其应用[M]. 北京:人民邮电出版社,2016.
[5] Chun W. Python 核心编程[M]. 孙波翔,李斌,李晗,译. 3 版. 北京：人民邮电出版社,2016.
[6] Python 知识整合[EB/OL]. (2019-08-01)[2021-07-20]. https://blog.csdn.net/qq_44105778/article/details/98057227.
[7] python-wxpython 开发图形界面 GUI[EB/OL]. (2019-01-23)[2021-07-20]. https://blog.csdn.net/weixin_42353331/article/details/86618963.
[8] 常用的 GUI 框架之 wxPython 框架[EB/OL]. (2019-01-15)[2021-07-20]. https://blog.csdn.net/qq_44105778/article/details/99169311.
[9] 数据处理之 Numpy[EB/OL]. (2019-04-01)[2021-07-20]. https://blog.csdn.net/zf_14159265358979/article/details/88780074.